园林育苗技术系列

YUANLIN YUMIAO JISHU XILIE

图说常见绿化树种育苗技术

张小红 ◎编著

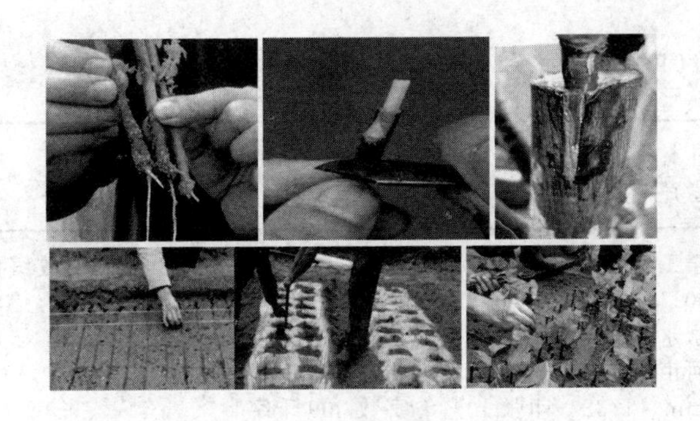

化学工业出版社

·北京·

全书共分六章。第一章介绍了绿化树种的常规育苗方法，包括苗圃的建立、播种育苗、嫁接育苗、扦插育苗、分株育苗、压条育苗及育苗的新技术。第二章介绍苗木的移植、整形修剪、苗圃的管理，其中以图解的形式详细介绍常见树形的整形过程，指导苗圃中的大苗培育。第三章主要介绍了苗木出圃的规格、苗木的挖掘、包装、运输。第四、五、六章介绍65种常见绿化树种的繁殖，落叶树种36种（乔木20种、灌木16种），常绿树种22种（乔木11种，灌木11种），藤本树种7种。书中应用大量图片，重点讲解树木的嫁接、扦插等育苗方法，苗木整形修剪、苗木起挖、包装技术等，图文并茂，直观、实用，可以为园林工作者提供详尽的操作指南。

图书在版编目（CIP）数据

图说常见绿化树种育苗技术/张小红编著. —北京：化学工业出版社，2016.2
（园林育苗技术系列）
ISBN 978-7-122-26042-0

Ⅰ.①图…　Ⅱ.①张…　Ⅲ.①苗木-育苗-图解
Ⅳ.①S723.1-64

中国版本图书馆CIP数据核字（2016）第007272号

责任编辑：邵桂林　　装帧设计：韩　飞
责任校对：王素芹

出版发行：化学工业出版社（北京市东城区青年湖南街13号　邮政编码100011）
印　　刷：北京永鑫印刷有限责任公司
装　　订：三河市宇新装订厂
850mm×1168mm　1/32　印张10¾　字数309千字
2016年1月北京第1版第1次印刷

购书咨询：010-64518888（传真：010-64519686）
售后服务：010-64518899
网　　址：http://www.cip.com.cn
凡购买本书，如有缺损质量问题，本社销售中心负责调换。

定　　价：38.00元　

《园林育苗技术系列》
编审专家委员会

前言

· Foreword ·

近年来，随着城市绿化工程的快速推进，绿化苗木的需求剧增，越来越多的人开始从事园林苗圃工作。培育优良的绿化苗木是确保城市绿化质量的重要条件，有专业知识的经营者和技术工人是优质苗木生产的保证。

全书共分六章。第一章介绍了绿化树种的常规育苗方法，包括苗圃的建立、播种育苗、嫁接育苗、扦插育苗、分株育苗、压条育苗及育苗的新技术。第二章介绍苗木的移植、整形修剪、苗圃的管理，其中以图解的形式详细介绍常见树形的整形过程，指导苗圃中的大苗培育。第三章主要介绍了苗木出圃的规格、苗木的挖掘、包装、运输。第四、五、六章介绍 65 种常见绿化树种的繁殖，落叶树种 36 种（乔木 20 种、灌木 16 种），常绿树种 22 种（乔木 11 种，灌木 11 种），藤本树种 7 种。书中应用大量图片，重点讲解树木的嫁接、扦插等育苗方法，苗木整形修剪、苗木起挖、包装技术等，图文并茂，直观、实用，可以为园林工作者提供详尽的操作指南。

书中图片大部分为笔者拍摄和绘制，部分选自相关资料或源自网络，在此对各种资料的提供者表示由衷的感谢。本书的编写过程中，得到了河北北方学院园艺系郑志新、贾志国老师的协助，在此表示衷心感谢。同时对关心、支持本书编写的同志表示诚挚的感谢。

由于编写时间仓促，书中疏漏和不足之处在所难免，恳请专家、广大读者及园林苗圃工作者批评指正，提出宝贵意见。

编者

2016 年 1 月

图说
常见绿化树种
育苗技术

目 录

·Contents·

第一章 绿化树种的常规育苗方法

第二章 苗圃的养护管理

第三章 苗木出圃

第四章　常见落叶树种的育苗技术

第五章　常见常绿树种的育苗技术

第六章 常见藤本树种的育苗技术

附录

参考文献

第一章

绿化树种的常规育苗方法

第一节　苗圃的建立

培育优良的绿化苗木是确保城市绿化质量的重要条件，而园林苗圃的建立是培育优良苗木的基础，在进行园林苗圃的建立之前，需要对苗圃的经营条件和自然条件进行综合分析。

一、苗圃的经营条件

1. 交通条件

建设园林苗圃要选择交通方便的地方，以便于苗木的出圃和育苗物资的运入。

2. 电力条件

园林苗圃所需电力应有保障，在电力供应困难的地方不宜建设园林苗圃。

3. 人力条件

园林苗圃应设在靠近村镇的地方，以便于调集劳动力。

4. 周边环境

应远离工业污染，防止工业污染对苗木生产产生的不良影响。

5. 销售条件

需求较大的区域往往具较强的销售竞争优势，但自然及周边的环境都应该考虑到。

二、园林苗圃的自然条件

1. 地形、地势

一般应建在平坦开阔的地带，应选择背风、向阳、稍有坡度的倾斜地。坡度大，应先修梯田，坡度一般为1°～3°为宜，在南方3°～5°，缓坡地对苗木非常有利。但一般不能大于5°，大于5°易水土流失。不宜在风口、盆地、低洼地建苗圃。

2. 土壤条件

选择适宜苗木生长的土壤，是建立园林苗圃、培育优良苗木必备的条件之一。沙壤、中壤、轻壤较好，黏重土、砂土、盐碱土需要先进行土壤改良。

3. 水源与地下水位

苗圃地要有较好的灌溉条件以保证苗木生长对水分的需要。灌溉水要求含盐量一般不超过0.1%，过高过低都不好，地下水位在1～1.5m。

4. 病虫害和植被情况

应对周边的病虫害进行调查，了解周边植物感病及发生虫害情况。尤其是对苗木危害较重的立枯病、根头癌肿病，地下害虫等，必须采取防治措施。

5. 气象条件

选气象稳定、灾害性天气很少发生的地区建园；地势低洼、风口、寒流处则不宜。

三、苗圃地的规划

（一）生产用地的规划

园林苗圃地一般分为生产用地和辅助用地两部分。生产用地即直接用来生产苗木的地块。一般生产用地占总面积的75%～85%。

1. 播种繁殖区

播种的幼苗对不良环境条件的抵抗力较弱，需要精细管理，因此播种繁殖区应选全圃自然条件经营条件最好地段，要求地势平坦，接近水源，灌排方便，土质最优良，背风向阳。

2. 营养繁殖区

培育无性繁殖的苗木与播种繁殖区要求基本相同，土质深厚，地下水位较高，灌排方便。珍贵树种的扦插繁殖应在最好的地方，要求有荫棚和小拱棚，有条件的应设喷灌、滴灌及自动间歇喷雾设备。

3. 移栽区

播种繁殖和营养繁殖的小苗需要进一步培育成大苗时，需移入移栽区进行培育。依据苗木规格要求和生长速度的不同，移栽区的苗木每隔2～3年需要移栽一次，逐渐扩大株行距，增加营养面积。所以，移栽区面积较大，一般在土壤条件中等，地块大而整齐的地方。

4. 大苗区

大苗区培育出圃规模苗木，一般培育年限较长，出圃前不再移栽。大苗区对土壤的肥水要求更高，土层要深厚，地下水位低，地块要整齐。为出圃方便，大苗区应设在苗圃中便于出圃运输的地方。

5. 设施育苗区

利用温室、荫棚等设施进行苗木培育。设施育苗区要求靠近管理区，土壤较好，用水、用电方便。

大型苗圃还设有母树采种区，以采集种子、插穗、接穗等；设有引种驯化区、展示区，进行新品种的培育和引种驯化，优良苗木比较研究和展示等。

(二) 辅助用地规划

辅助用地又称非生产用地，是指苗圃的管理区建筑用地和苗圃道路、排灌系统、防护林带、附属建筑等占用土地。一般辅助面积宜占苗圃总面积的20%～25%左右。

1. 道路系统

苗圃的道路系统，是苗圃中不可缺少的重要设施。道路规划设计的合理与否，直接影响着运输和作业效率，甚至因为运输路线不好，而降低了产品的质量。因此，在建园时必须充分重视。

苗圃的道路系统由主路、支路和小路三级组成。①主路一般贯穿全园，与外界公路相连，一般宽 6～8m。②支路一般结合大区划分进行设置，一般宽 3～4m。③大区内可根据需要分成若干小区，小区间可设置小路，路宽 1～2m。

2. 灌溉系统

灌溉系统是苗圃的重要工程设施，是保障苗木正常生长的重要条件。目前，灌水方法有地面灌溉、地下灌溉、喷灌和滴灌。

3. 排水系统

排水系统的规划布置，必须在调查研究，摸清地形、地质、排水路线、现有排水设施和排水规划上进行。

4. 附属建筑

办公室、宿舍、农具室、种子贮藏室、化肥农药室、包装工棚等应选位置适中、交通方便的地点建筑，以尽量不占好地为宜。

『经验推广』

园林苗圃的建立应调查附近苗圃的数量、位置、面积，进行科学规划，以育苗地靠近用苗地最为合理，可降低成本，提高栽植成活率。

第二节　播种育苗

由播种种子所长成的苗木为实生苗。其主要特点是根系发达，适应性强，而且繁殖方法简便，种子来源广，便于大量繁殖，至今，播种繁殖仍为育苗的主要方法。

一、种子的处理

种子采收后，有些植物的种子可立即播种，但大多数植物的种子都是春季或秋季成熟，冬季贮藏，第二年播种，还有些种子作为种质资源需要保存多年后播种，但必须在种子寿命年限内保存。

（一）种子的贮藏

1. 干藏法

将充分干燥的种子置于干燥环境下贮藏，称为干藏。主要适用于安全含水量低的种子。干藏又分为普通干藏法和密封干燥法。

（1）普通干藏法　种子贮藏在干燥的环境中。凡是安全含水量低的种子及在自然条件下不会很快失去发芽力的种子可用此方法。适合大多数针叶树类、白蜡、刺槐、合欢、丁香、紫荆、连翘、木槿等的种子。容易失去发芽力的种子如杨树、柳树、榆树、桦木、桉树等不可用本法。

具体方法是将经适当干燥、已达到贮藏要求安全含水量的种子，装入布袋、麻袋、桶、箱、缸等内（见图 1-1）。屋内湿度升高，可在屋四角堆放生石灰。贮藏期间要定期检查，如发现种子发热、潮湿、发霉，应立即采取通风、干燥、摊晾和翻倒仓库等有效措施。

（2）密封干藏法　种子贮藏于与外界隔绝的密闭的容器内（见图 1-2），不受外界空气湿度变化的影响，这样，种子保持生命力的时间较长。凡安全含水量低的种子，如柳树、榆树、桉树等用本法贮藏的效果都很好。

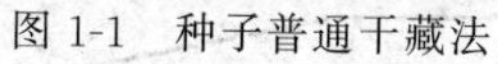

图 1-1　种子普通干藏法

图 1-2　种子密闭干藏法

具体方法是将种子装入不通气的容器中，密封容器口，将容器放入温度较低的环境中。为了防止种子含水量升高，可在密封容器里放入干燥剂。干燥剂有变色硅胶、氯化钙、木炭等。干燥剂的用量一般变色硅胶约为种子重量的 10%；氯化钙约为种子重量的 1%～5%；木炭约为种子重量的 20%～50%。

2. 湿藏法

湿藏是将种子贮藏在湿润、适度低温和通气的环境中，在贮藏期间使种子经常保持湿润状态。适于安全含水量高的种子，如榛子、板栗、栎类、油桐、胡桃、七叶树、樟树、榉树、油茶、厚朴、油棕和银杏等的种子。湿藏法的温度应控制在0℃，最高不超过5℃。如果种子含水量高且贮藏温度也高，易使种子发霉变质，失去生命力。湿藏法又分为坑藏和堆藏。

（1）坑藏　选择地势高、土壤较疏松、排水良好、背阴、背风和管理方便的地方挖沟或挖坑贮藏。沟（坑）宽1～1.5m，长度因种子数量而定，深度要求将种子放在土壤冻土层以下或附近、地下水位以上、沟内能经常保持所要求的温度，一般为1m左右。在沟底放厚度为10～15cm的石子或其他排水物。例如在沟底铺一些石子，上面加些粗沙，再铺3～4cm厚的湿沙，然后，按种子与沙1∶3的比例堆放种子。大粒种子宜分层放置，即一层种子一层湿沙，相互交替堆放。

（2）堆藏　堆藏可在室内或室外进行。室内堆藏要选择干燥、通风、阳光直射不到的屋子、地下室、种子库或地窖。先在地面上洒水，再铺10cm的湿沙，然后将种子与湿沙按1∶3的容积比混合或种沙交替放置。对于中、小粒种子将种沙混合堆放，堆至50cm高，再用湿沙封上，或用塑料薄膜蒙盖（见图1-3）。为保持通气，种子堆内每隔100cm放1束秸秆。

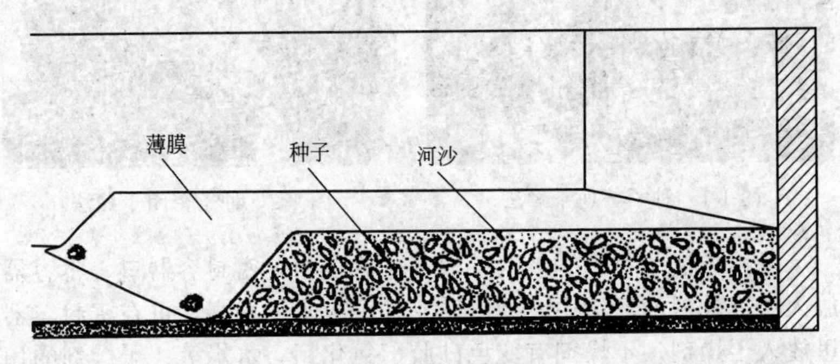

图1-3　室内种子堆藏

（二）种子的催芽

1. 水浸催芽

一些种子具有硬种皮、蜡质层不能吸水膨胀或休眠期长等原因，自然条件下，发芽持续的时间很长。水浸催芽是将种子浸泡到水中，硬种子经水浸泡后会膨胀，水可以帮助种子打破休眠状态，软化种皮和刺激发芽，加速贮藏物质的转化和利用以利于发芽。浸种所需水的温度及浸种时间的长短因种子不同而异。浸种主要有冷水、温水或热水浸种三种类型。

（1）冷水浸种　对于一些种皮较薄、种子含水量较低的种子采用冷水浸种，水温 0～30℃，浸种 24～48 小时，如侧柏、水杉、悬铃木、杨、桑、柳、溲疏、锦带花等。

（2）温水浸种　水温 40～60℃，浸种 6～24 小时，适合于温水浸种的种子有紫荆、珍珠梅、油松、枫杨、白蜡、油松、侧柏、杉木、臭椿、木麻黄、紫荆、紫穗槐、卫矛等。

（3）热水浸种　水温 70～90℃，浸种 24 小时，热水浸种的种子种皮坚韧致密、带油脂不易透水，如刺槐、皂荚、相思树、合欢、紫藤、乌桕等。水温对种子的影响与种子和水的比例有关。一般要求种子与水的体积比为 1∶3。

2. 低温层积处理

低温层积处理也叫沙藏，为解除种子休眠和促进种子萌发而进行的种子处理方法。土壤结冻前将种子与湿沙拌匀，埋于冻土层下，保持一定时间。

（1）层积处理的主要条件

① 温度 2～7℃，一般埋在冻土层以下；沙的湿度 40％～60％的含水量，即手握成团而不滴水，手一触即散。

② 沙藏前，除去种子里的杂质，进行漂洗，防治烂种；沙子要洁净的河沙，不能带土，过筛。种、沙比例要适当，一般种、沙比为 1∶3，种子以互不接触为准。

③ 在坑底铺排水层 10～20cm 厚（用石子、石砾），上面铺 10cm 的湿沙。可在被处理种子中立秫秸把，保持良好的通气条件。

④ 沙藏处理的后期，要注意经常检查种子，使保持合适的温、湿度和通气条件，并掌握种子的发芽

（2）种子层积处理过程（见图 1-4）

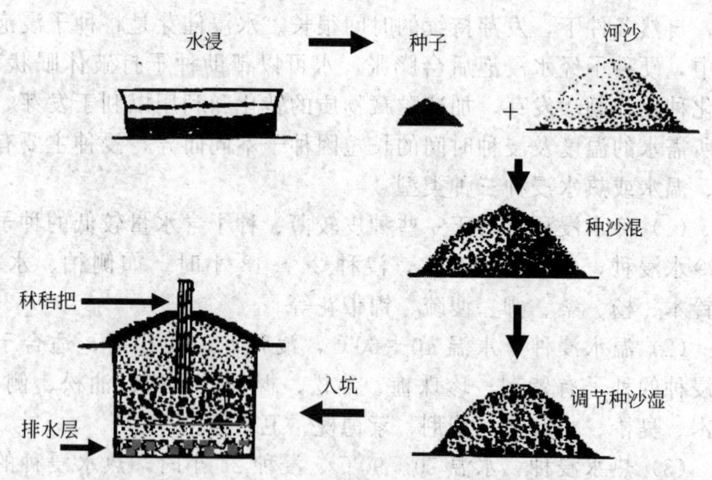

图 1-4　种子层积处理过程

3. 变温层积处理

变温层积处理是用高温和低温交替进行层积催芽的方法。即先用高温（15～25℃），后用低温（0～5℃），必要时再用高温进行短时间的催芽。如水曲柳、山楂、圆柏、红松、榛子、黄栌等。红松的种子先 25℃的高温与湿沙混合层积处理 1～2 个月，再在低温 2～5℃处理 2～3 个月才能打破休眠，完成催芽处理。

4. 机械损伤处理

适用于有坚硬种皮的种子。用锉刀、剪刀、小刀、砂纸等手工擦伤或用机械擦伤器处理大量种子，更为简便而有效的方法可以用粗沙和种子以 3∶1 的比例混合后轻碾，可以使种皮破裂，增强种子通气和透水性。

5. 化学药剂的处理

用化学药剂（小苏打、浓硫酸、氢氧化钠、双氧水等）、微量元素（硫酸锰、硫酸亚铁、硫酸铜等）和植物生长刺激素（赤霉素、萘乙酸等）等溶液浸种，用以解除种子休眠，促进种子萌发的

方法，称为药剂浸种催芽。如樟子松、鱼鳞云杉和红皮云杉，把它们的种子浸在0.1mg /L的赤霉素溶液中一昼夜，不仅可提高发芽势和发芽率，还促进种苗初期生长。

6. 光照处理

需光性种子种类很多，对照光的要求也很不一样。有些种子一次性感光就能萌发。如泡桐浸种后给予1000lx光照10分钟能诱发30%种子萌发，8小时光照萌发率达80%。有些则需经7～10天，每天5～10个小时的光周期诱导才能萌发，如团花、榕树等。

二、播种

（一）播种时间

园林植物播种时间的确定则要根据各种花卉的生长发育特性，花卉对环境的不同要求，计划供花时间，当地环境条件以及栽培设施而定。在自然条件下的播种时间，主要按下列原则处理。

1. 春季播种

春季是主要的播种季节，大多数植物多在春季播种。一般在土壤解冻后到树木发芽前播种。春播在土壤解冻后进行，在不受晚霜危害的前提下，尽量早播，可延长苗木的生长期，增加苗木的抗性。

2. 秋季播种

部分木本植物种子宜秋播，秋播时间因树种特性和当地气候的不同而异。一般自然休眠的种子应适当提早，可随采随播；被迫休眠的种子，应当晚秋播种，以防当年发芽受冻。秋播应当“宁晚勿早”。

秋播种子在冬季低温、湿润条件下起到层积作用，打破休眠，完成播种前的催芽阶段，翌春幼苗出土早而整齐，延长苗木的生长期，幼苗生长健壮。

3. 随采随播

种子含水量大、寿命短、不耐贮藏的植物种子应随采随播，如柳树、榆树、腊梅等。

4. 周年播种

一些植物，只要温度、湿度调控适宜，一年四季都可以随时进行播种。

（二）播种密度与播种量

1. 播种密度

播种密度是单位面积苗床上生长的秧苗株数，常用每平方米多少株来表示。播种密度的大小主要取决于种子的大小、发芽率、苗床土温、秧苗生长速度及生长量、秧苗在播种床上保留的时间等。如果苗床土温高、发芽率高或分苗晚则播种密度要适当小些，如果发芽率低、分苗早、地温低，则播种密度可适当增加。总的原则是，在移苗或定植时，秧苗要有足够的生长空间，相互之间不拥挤。一般一年生播种苗密度为：150～300 株/m^2；速生针叶树可达 600 株/m^2；一年生阔叶树播种苗、大粒种子或速生树为 25～120 株/m^2，生长速度中等的树种为 60～160 株/m^2。

2. 播种量

播种量是指单位面积上播种种子的重量。播种量的大小要依据计划育苗的数量、种子的千粒重、种子发芽势及秧苗的损耗系数来确定。在育苗过程中，影响出苗的因素很多，所以生产中实际播种量均高于计算播种量。常见树木播种量与产苗量见附表 1。

（三）播种技术

1. 整地、作床（畦）

播种前要进行翻地，使苗床土壤松软、平整，改善苗床土壤的水、肥、气、热等条件；根据要求作床，苗床可分为三类：高床（床面高于步道 15～25cm）、低床（床面低于步道 10～15cm）、平床（床面略高于或略低于步道）。南方多采用高床，北方多采用低床（见图 1-5）。

有些对管理要求不高的树种，可采用大田育苗的方法，常用垄作育苗。垄作育苗可加厚肥土层，提高地温，苗木通风透光好，生长健壮。垄作育苗便于机械化作业，降低育苗成本。垄作又分高垄和低垄，低垄又称平作，即土地平整后直接播种。

常见高垄规格：垄距 60～70cm，垄高 20cm，垄顶宽 20～

图 1-5 苗床类型（左为高床，右为低床）

图 1-6 垄作育苗整地方法

25cm，长度依地块或耕作方式而定（见图 1-6）。

2. 播种方法

（1）撒播 将种子均匀地抛撒于整好的苗床上，上面覆 0.5～1cm 厚的细土，主要适用于种子细小的植物种类，如悬铃木、玉兰、海棠等。

（2）条播 按一定的行距开沟，沟深 1～1.5cm，将种子均匀地撒到沟内，覆土厚度 1～3cm，适合于中粒或小粒种子，如海棠、鹅掌楸、月季等。

（3）穴播或点播 按一定的行距开沟或等距离开穴，将种子1～2粒按一定株距点到沟内或点入穴中，覆土厚度 3～5cm，适合于大粒或超大粒种子，如银杏、核桃、板栗、桂圆等（见图 1-7）。

图 1-7 点播或穴播

3. 播种深度

播种深度是指种子播下后覆土的厚度。播种深度通常视植物种类、种子大小及播种时的气候、土壤等环境条件决定。一般来说种子越小，覆土越浅，覆土厚度一般为种子体积的 2～3 倍。通常小粒种子覆土 0.5～1cm；中粒种子覆土 1～3cm；大粒种子覆土3～5cm。

播种深度也因土壤湿度、温度、土质等情况而定，如果土壤黏重、底墒足、地温高、应种的浅些，过深易造成烂籽或串黄顶不出土或幼苗黄瘦细弱；如果是沙质土、底墒差、低温，则应适当深些，过浅了容易使种子出苗不全，或带皮壳出土，子叶被皮壳夹住不能展开。

三、播种苗的管理

1. 覆盖

播种后至种子发芽出土前，可以对苗床进行覆盖或遮荫，可以保持土壤湿度，调节土温。覆盖的材料可以用稻草、秸秆、木屑等，覆盖厚度以不见土面为宜，种子出苗后覆盖物要及时撤除。

2. 遮荫

有些苗木在出苗去除覆盖物后要适当遮荫，防止幼苗灼伤死亡，如泡桐、桉树、羊蹄甲等。常用的遮荫方法是搭荫棚，每天上午 10 时左右开始遮荫，下午 4～5 时打开荫棚，阴雨天不必遮荫(见图 1-8)。

图 1-8 出苗后搭荫棚

3. 浇水

幼苗期耗水量较少，浇水以少量多次为原则。苗木进入生长期后，气温增高，耗水量增大，应增加喷水次数。

4. 松土与除草

松土与除草可以减少土壤水分的蒸发，促进气体交换，给土壤微生物创造适宜的生活条件，提高土壤中有效养分的利用率，减免杂草对土壤水分、养分与苗木的竞争。分两个时期进行：苗木出土前的松上除草；苗木出土后的松土除草。

5. 间苗和补苗

在播种过密和出苗不均匀的情况下，在出苗之后，为避免光照不足，通风不良，要在过密的地方间苗或疏苗，使苗木密度趋于合理。间苗时间依幼苗密度和幼苗生长速度而定，密度较大，生长速度较快的应早。间苗可以分两次进行，第一次间苗强度大，在苗木生长初期的前期（幼苗展开 3～4 片真叶）进行，留苗株数比计划产苗量多 40％；10～20 天后进行第二次间苗，间苗量比计划产苗量多 10％～20％。对于缺苗的地块要及时补苗。

6. 苗木追肥

苗木的不同生长发育时期，对营养元素的需要不同。生长初期需要氮肥和磷肥，速生期需要大量的氮、磷、钾肥和其他一些必需的微量元素。生长后期则以钾肥为主，磷肥为辅，忌施氮肥。追肥要掌握“由稀到浓，少量次多，适时适量，分期巧施”的技术要领。在整个苗木生长期内，一般可追肥2～6次，第一次在幼苗出土1个月左右开始，最后一次氮肥，要在苗木停止生长前一个月结束。

7. 越冬保苗

常见苗木寒害现象：因严寒使苗木体内水分结冰，组织受伤苗木死亡；由于冬春季节干旱多风，苗木地上部分蒸腾失水，而根系由于土壤冻结，无法吸收水分，苗木体内失去水分平衡而发生生理干旱，枝梢抽条干枯死亡。常用的苗木防寒措施如下。

（1）埋土法　几乎能防止各种寒害现象的发生，尤其对防止苗木生理干旱效果显著。因此是北方越冬保苗最好的方法，适于大多数苗木。具体方法是在苗木进入休眠土壤结冻前进行，从步道或垄沟取土埋苗3～10cm，较高的苗木可卧倒埋（见图1-9）。翌春在起苗时或苗木开始生长之前分两次撤除覆土。

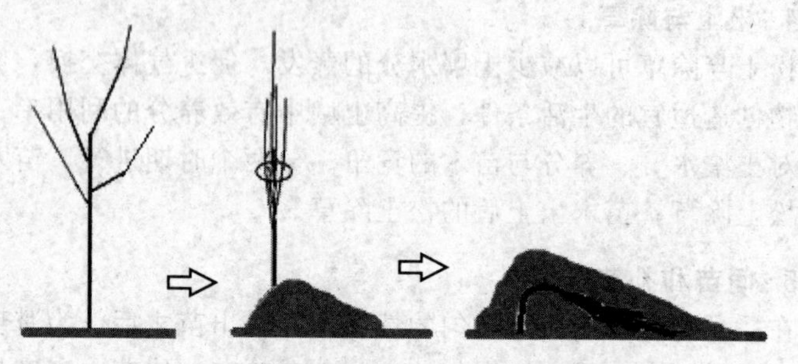

图1-9　幼树埋土防寒

（2）覆草　给苗木覆草也可降低苗木表面的风速，预防生理干旱的发生，并且减少强烈的太阳辐射对苗木可能产生的伤害。

（3）设防风障　设防风障能够减低风速，减少苗木蒸腾，防止生理干旱。防风障应与要害风方向垂直，在迎风面距第一苗床1～1.5m处设第一行较高而密的防风障，风障间的距离一般为风障高度的15倍左右。

（4）设暖棚或阳畦　与搭荫棚相似，但是除向阳面外都用较密的帘子与地面相接，多见于南方。

8. **苗期病虫害防治**

苗期常见的病虫害有猝倒病、立枯病、白粉病等；常见的虫害有蚜虫、白粉虱、叶螨、蚧类等。针对不同的病虫害采取相对应的措施进行防治。

『经验推广』

播种关键技术：

1. 选择优良的种子，播前用适宜的方法进行种子处理。掌握好播种量。

2. 播种时掌握好土壤墒情、播种深度。

3. 种子发芽出土前，对苗床进行覆盖或遮荫，可以保持土壤湿度，调节土温。

第三节 嫁接育苗

一、嫁接成活原理

（一）嫁接的概念

1. **嫁接**

嫁接就是人们有目的的将一株树的枝条或芽子等器官，接到另一株带有根系的植物上（见图 1-10），使这个枝条或者是芽子接受它的营养，成长发育成一株独立生长的植物。

例如：我们将苹果的枝条或芽子接到山定子或沙果的苗木上，使苹果的枝条或芽子接受山定子或沙果的根的营养，成长为一株苹果树。这种方法即嫁接。

2. **接穗**

嫁接时用的这个枝条或芽子称为接穗（俗称码子）（见图 1-10）。

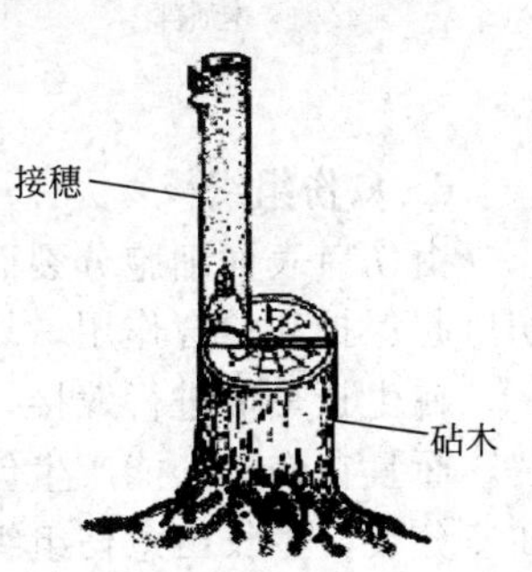

图 1-10　接穗和砧木

3. **砧木**

嫁接时用带有根系承受接穗的植物就叫砧木（见图 1-10）。

4. **嫁接苗**

用嫁接方法繁殖的苗木属无性或营养繁殖苗，简称嫁接苗。

5. **形成层**

形成层是树皮与木质部之间的一层很薄的细胞组织，这层细胞组织具有很高的生活能力，也是植物生长最活跃的部分（见图 1-11）。

形成层细胞不断地进行分裂，向外形成韧皮部，向内形成木质部引起果树的加粗生长。

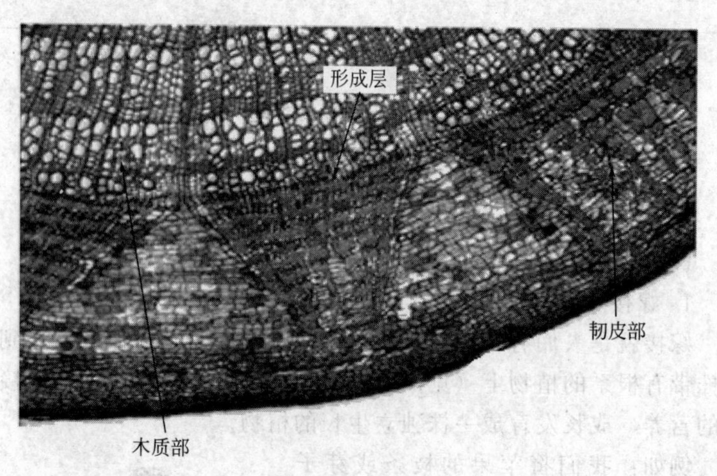

图 1-11　形成层

6. **愈伤组织**

由伤口表面细胞分裂而形成的一团没有分化的细胞。由于它对伤口起保护和愈合作用，故叫愈伤组织（见图 1-12）。

在生长季节进行嫁接，接穗和砧木形成层细胞仍然在不断地分裂，而且在伤口处能产生创伤激素，刺激形成层及附近的薄壁细胞加速分裂，生长出愈伤组织。另外，在创伤激素的影响下，刺激生长素的转移，特别是在黑暗的情况下，使伤口生长素的浓度增加，促进细胞分裂，形成更多的愈伤组织。

图 1-12 嫁接口的愈伤组织

『经验推广』

嫁接的意义：1. 保持和发展优良种性；2. 早开花、结果；3. 增强品种抗性和适应环境的能力；4. 改变株型；5. 克服不易繁殖的缺陷、加速优良品种的繁殖；6. 提高花木的观赏性。

（二）嫁接成活原理

嫁接成活的生理基础是植物的再生能力和分化能力。接口表面受伤细胞因受到切削伤口的刺激，分泌愈伤激素刺激细胞内原生质活泼生长，使接穗、砧木双方的形成层和薄壁组织细胞旺盛分裂，形成愈伤组织。愈伤组织不断增长，砧木、接穗两者愈伤组织的中间部分成为形成层，向内分化为木质部，向外分化为韧皮部，形成完整的疏导系统，砧木的根在土壤中吸收水和无机盐通过木质部向上运输给接穗，嫁接成活（见图 1-13）。

（三）影响嫁接成活的因素

1. 亲和力

亲和力是嫁接成功的最基本的条件，不管是什么植物，采取哪一种嫁接方法，在什么样的条件下，砧穗间必备一定的亲和力才能嫁接成活。亲和力越强，嫁接成活的概率越大，亲和力越弱嫁接越不容易成活，植物学分类上嫁接亲和力主要由亲缘关系决定，亲缘

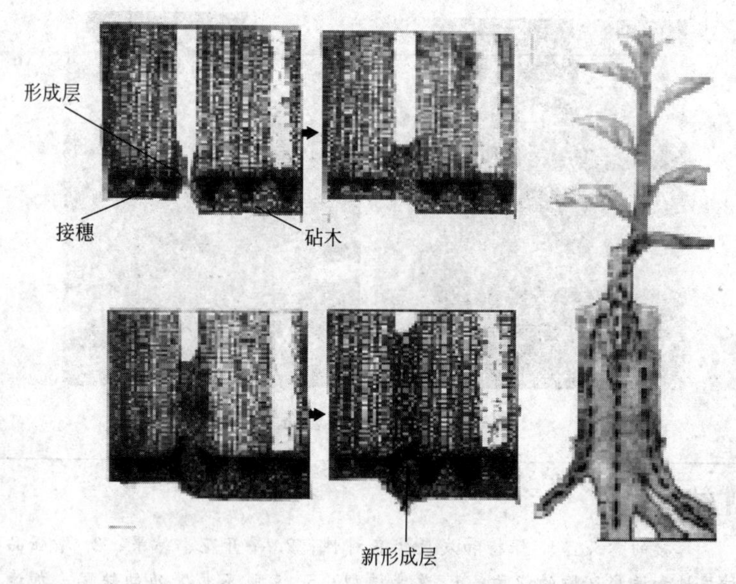

图 1-13　嫁接成活原理

关系越近其亲和力越强，亲缘关系越远，其亲和力越弱。亲缘关系由近及远的顺序为：同品种间、同种异品种间、同属异种间、同科异属间、不同科间。

2. **砧木和接穗质量**

由于愈合组织的形成的伤口愈合等都需要一定的养分，凡是砧木与接穗贮藏养分多的，特别是碳水化合物含量高的，嫁接较易成活。因此嫁接时宜选用健壮的砧木和生长充实的枝条作接穗。

砧木、接穗生活力的高低也是嫁接成活的关键，生活力保持越好，成活率越高。因此，接穗应从发育健壮、丰产、无病虫害的母树上选树冠外围、生长充实、发育良好、芽子饱满的一、二年枝上剪取。砧木要求生理年龄轻、生命力强的一、二年生的实生苗。

3. **嫁接的极性**

任何砧木和接穗都有形态上的顶端和基端，愈伤组织最初产生在基端部分，这种特性称为垂直极性。常规嫁接时，接穗形态基端应插入砧木形态顶端部分，这种正确的极性关系对接口愈合和成活是必要的。

如桥接时接穗接反，能存活一段时间，但接穗不能加粗生长；“T”字形芽接时，接芽倒接也能成活，形成层分化出的输导组织结构扭曲，水分、养分流通不畅，生长缓慢，树体早衰。

4. 伤流、树胶、单宁物质

有些植物，如葡萄、核桃等，春季根系开始活动后地上部有伤口的地方易产生伤流，既消耗了大量的营养物质，又窒息了切口处细胞的呼吸，影响了愈合组织的形成，故春季室外嫁接葡萄、核桃，会在很大程度上降低成活率。为此，可采用绿枝接或芽接。若一定在春季嫁接，可在嫁接前3～5天剪砧或进行砧基放流，以提高嫁接成活率。

有些树种，如，桃、枣等在嫁接时，往往会因伤口流胶而窒息伤口细胞呼吸，妨碍愈伤组织的形成而降低成活率。柿、核桃树体内含丰富的单宁物质，其氧化形成不溶于水的单宁复合物，和细胞内的蛋白质接触而形成沉淀，使削面的隔离层增厚，也影响了嫁接成活率。为此，春季嫁接时，要求动作要快，减少切面在空气中暴露的时间，削面要平滑，绑缚要严，即要减轻或克服以上问题。

5. 温度

温度影响愈伤组织的形成。温度过高，蒸发量太大，切口易失水，处理不当嫁接不易成活，温度太低，形成层活动差，愈合时间过长，嫁接不宜成活。通常愈伤组织生长适温是20～25℃，低于15℃或高于35℃愈伤组织形成慢甚至停止生长。但不同植物在形成愈伤组织时需要的适温是不同的，梅20℃，山茶26～30℃，枫30℃形成量多。

6. 湿度

由于愈伤组织的薄壁细胞存在和增殖均需要一定的湿度条件，接穗也只在较高的湿度条件下才能保持生活力。所以接口保湿和接穗保湿也是提高嫁接成活的一个关键因素。生产上常用的保湿施有：塑料布条包扎，蜡封接穗和埋土等。

7. 光照

光照是影响愈合组织形成快慢的一个因素，一般黑暗条件下，能促进愈伤组织的生长，黑暗中愈伤组织生长速度比在强光下快3倍左右。在黑暗条件下，嫁接削面上长出的愈伤组织多、嫩，伤口容易愈合，而光照则抑制愈伤组织的发育，愈伤组织产生的少而硬。故对伤口难以愈合的树种，可用黑塑料布包扎接口。

市场上塑料薄膜有多种，黑色薄膜不透光，嫁接效果最好；蓝色薄膜透光较差，嫁接效果较好；无色透光薄膜，比透水、透气的材料效果好，但市场上无色薄膜较多，价格便宜，购买方便，嫁接时使用最普遍。注意塑料薄膜的厚度，太厚弹性差，包扎不严，太薄包扎时容易拉断。

8. 嫁接技术的优劣

嫁接技术直接影响嫁接的成败，其主要因子有砧木、接穗削面粗糙或不清洁使砧穗形成层不能紧密结合；砧木和接穗的形成层未对齐，愈合困难或愈合时间长；操作速度太慢，接穗削面在空气中暴露时间太长，风干、氧化影响愈伤组织产生；塑料薄膜条绑扎不严、解除过早或过迟，以及剪砧不当等。概括地说，保证嫁接成活的操作技术关键是：平、净、快、紧、齐。

『经验推广』

嫁接关键技术：

平——削面要平滑，不能成凹凸面，不能成锯齿。

净——砧木和接穗的削面要干净。

快——速度快，以免削面风干，氧化。

紧——绑扎要紧，减薄隔离层。

齐——形成层对齐。

二、嫁接的准备

（一）砧木选择条件

不同气候、土壤类型，对砧木有适应范围的要求；不同的砧木对气候、土壤等环境条件的适应能力也不同。生产上应根据当地的生态环境条件，选择适宜的砧木，才能充分发挥植物的潜能，提高观赏效果。

（1）有良好的亲和力。

（2）风土适应性，抗性强，根系发达，生长健壮。

（3）有利于接穗品种的生长和结果。

（4）具有特殊的需要，矮化、集约化。

（5）砧木材料丰富，易于繁殖。

（6）芽接的砧木不宜过粗，否则不宜愈合。

（二）接穗的采集和贮藏

1. 接穗选择

采集接穗有三个环节，即树、枝、段。树选择优良纯正的、无病虫害的，具有早果性、丰产性、品质好的母本树；枝选择树冠外围生长充实的发育枝；段选取枝条中下部的枝段。

2. 接穗采集时间

（1）枝接　在秋季落叶后，采集一年生的发育枝贮藏一冬，温度1～17℃，保持一定的湿度，可用窖藏法和沟藏等法。也可春季萌芽前采接穗。

（2）芽接　采集成熟的，木质化程度高的新梢，一般不用徒长枝，采后立即剪掉叶片，减少水分蒸发，注意保留一段叶柄，嫁接时检查成活用（见图1-14）。

3. 接穗的贮藏方法

（1）窖藏法　接穗采集后，要按品种不同分别捆成小捆，挂上标签，写明品种，放入窖内，接穗堆放高度不应超过60cm。然后，在接穗上覆盖湿沙或湿锯末，并高出接穗10cm左右。贮后，随着气温的变化关闭或开启通风口或窖门。接穗贮藏后，应定期检查窖内的温、湿度，防止接穗失水、霉烂和后期发芽。一般前期窖内温度应保持在0℃左右，高于这个温度应在晴天无风的中午开窗通风，保持窖内的温、湿度，在贮藏后期要注意降温，此期温度应维持在10℃以下。整个贮藏期间要保持较高的相对湿度，一般湿度控制在90%左右（见图1-15）。

图 1-14　芽接接穗采集

（2）沟藏法　土壤冻结前挖沟，沟深 1m、宽 1m，长度以接穗数量而定。沟底铺上 10cm 厚的湿沙，接穗采集后，要按品种不同分别捆成小捆，挂上标签，写明品种，分层摆放，每层之间埋湿沙 5cm 左右。前期注意浅埋土，让冷空气进入沟内，春季再深埋土，避免热空气进入，以保持低温。采用沟藏的接穗，第二年嫁接前先取出用水浸泡，以补充枝条水分（见图 1-16）。

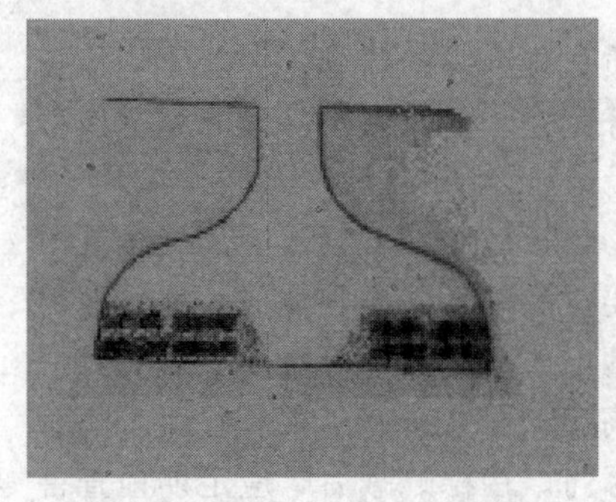

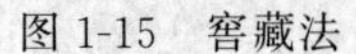

图 1-15　窖藏法

图 1-16　沟藏法

（3）芽接接穗贮藏　芽接接穗可在荫凉处贮藏，或湿沙掩埋，或吊在井里，外运时用塑料布或湿麻袋包扎，保持不致抽干，但最好应随接随采，嫁接时可放入桶中，桶内放少量水（见图 1-17）。

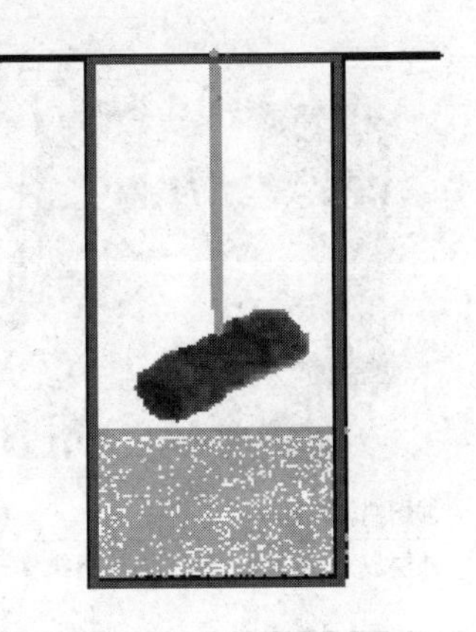

图 1-17　芽接接穗贮藏

(三) 接穗蜡封

嫁接前，把贮藏的作为接穗的枝条取出，去掉上端不成熟的和下端芽体不饱满的部分，按 10～15cm 长，约 3～4 芽剪成一段，第一个芽的距顶端留 0.5～1cm 剪成平面，蜡封备用。

蜡封接穗可用双层熔蜡器，也常用一般的广口器具，如铝锅，大烧杯，先在容器中加水，再加工业石蜡，当温度升到 90～95℃时，石蜡熔化，蜡液浮在水面上，即可蘸蜡。温度控制在 95℃左右，温度过高，易烫伤芽子；温度太低，接穗上的蜡层太厚，容易剥落，也浪费石蜡。蘸蜡速度要快（不超过 1 秒钟），以免烫伤接穗芽子，接穗蘸完一头后，翻过来再蘸另一头，使整个接穗被蜡包住。蜡封后蜡层应无色透明，无气泡。若蜡层发白，说明太厚，温度低，应等温度升上去后再蘸。此法操作简单，速度快，每天可封 1 万支左右，需石蜡 7.5kg。接穗蜡封后，用编织袋包装，注明品种、数量、日期，放于 1～5℃阴冷处贮藏待用，也可随封随用（见图 1-18）。

三、嫁接方法

(一) 嫁接时期

园林植物嫁接成活的好坏与气温、土温、砧木、接穗的生理活

①熔蜡器熔蜡

外层放水，内层放蜡，加热熔蜡

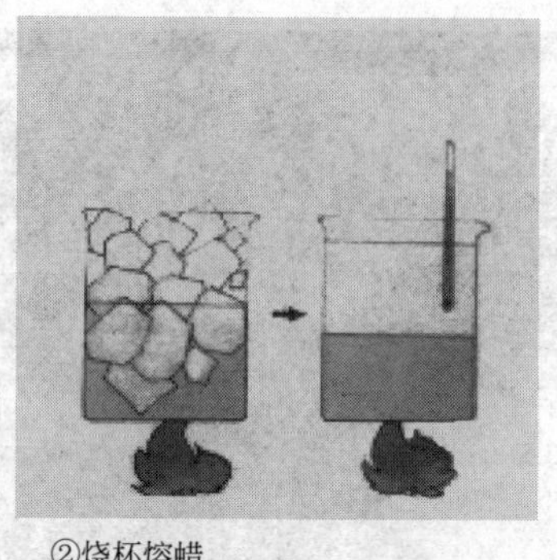

②烧杯熔蜡

先在容器中加水，再加工业石蜡，加热熔蜡

③铝锅熔蜡

先在容器中加水，再加工业石蜡，加热熔蜡

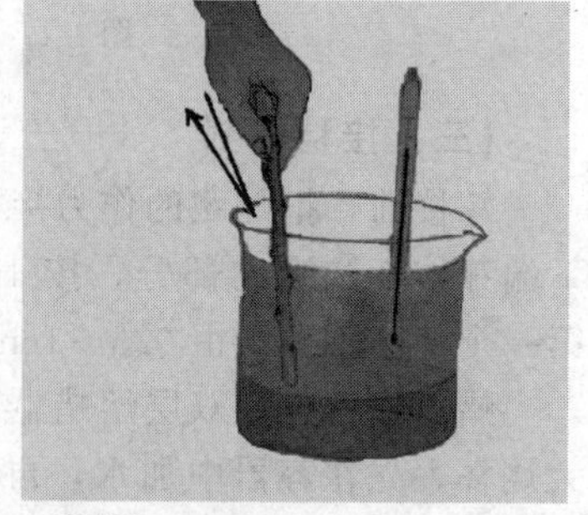

④蘸蜡

温度控制在95℃左右，迅速蘸蜡(不超过1秒钟)

图 1-18　接穗蜡封

性有着密切关系，因此，嫁接时期与植物种类、环境条件以及嫁接的方式方法不同而有所不同。一般硬枝嫁接、根接在休眠期进行，芽接和绿枝嫁接在生长季节进行，具体时期如下。

1. 休眠期嫁接

所谓休眠期嫁接实际上是在春季休眠期已基本结束，树液已开始流动时进行。主要在 2 月中下旬～4 月上旬进行，此时砧木的根部及形成层已开始活动，而接穗的芽即将开始萌动，嫁接成活率高。这个时期主要进行硬枝嫁接、根接。

2. 生长期嫁接

生长期嫁接主要是5月～9月进行，此时树液流动旺盛，枝条腋芽发育充实而饱满，新梢充实，养分贮藏多，增殖快，砧木树皮容易剥离，主要进行芽接和绿枝接。枝接中的插皮接和插皮舌接需要砧木离皮，5月嫁接效果较好（见表1-1）。

表1-1 不同嫁接方法适宜的嫁接时期

嫁接方法	适宜时期
芽接	6月下～9月上，砧木接穗均离皮
带木质部芽接	3月下～4月上中旬，砧木接穗不离皮
枝接	3月下～4月上中旬，砧木接穗不离皮
插皮接	4月下～5月中旬，砧木接穗均离皮
插皮舌接	4月下～5月中旬，砧木接穗均离皮

『经验推广』

嫁接时期影响成活：

① 接穗发育早于砧木不易成活；

② 接穗与砧木同时发育易成活；

③ 接穗发育晚于砧木最易成活。

(二) 嫁接方法分类

从自然条件下的“连理枝”发展到今天，嫁接方法可以说是层出不穷，名目繁多。

1. 按嫁接的场所分

（1）室外嫁接　在田间进行；

（2）室内嫁接　微体嫁接于室内进行，常规苗木嫁接也可通过掘起砧木于室内进行。

2. 按嫁接时期分

（1）生长期嫁接　又可分春、夏、秋三季；

（2）休眠期嫁接　主要指春季萌芽前的枝接。

3. 按嫁接位置分

（1）高接　是在干和枝的高处进行的嫁接，多用于品种更新上；

（2）低接　是指在近地面处进行的嫁接。

4. 按嫁接所用材料（器官）分

按嫁接所用材料（器官）不同，嫁接又可分为枝接、芽接、根接、微体嫁接等。

（三）枝接方法

所谓枝接就是把带有数芽或一芽的枝条接到砧木上，也就是以植株的枝条作接穗进行的嫁接。通常在枝接的同时，多将砧木的上部剪掉或锯掉，这样就使得根系吸收的水分，养分等集中供应接穗，而使接穗上的芽子迅速萌发、生长。故枝接的树木一般生长旺盛，树冠容易成形。所以大树的高接换头，芽接的补接和砧木粗大时都常用枝接法。枝接的方法很多，生产上常用的有以下几种。

1. 劈接

以前常用于较粗砧木的嫁接，现在也常用于苗圃地的小砧木嫁接。其优点是嫁接后结合牢固，可供嫁接时间长，缺点是伤口大，愈合慢。操作步骤见图 1-19～图 1-21。

『经验推广』

露白的作用：即接穗插入砧木时不要将削面全部插入，留一部分削面在砧木切口外。这样有利于愈合，使接穗与砧木结合紧密。劈接、切接、插皮接均要注意露白。

2. 切接

适用于砧木直径在 1～2cm 时嫁接，是春季苗圃常用嫁接方法。适用于乔木、灌木等大多数木本花木。操作步骤见图 1-22 和图 1-23。

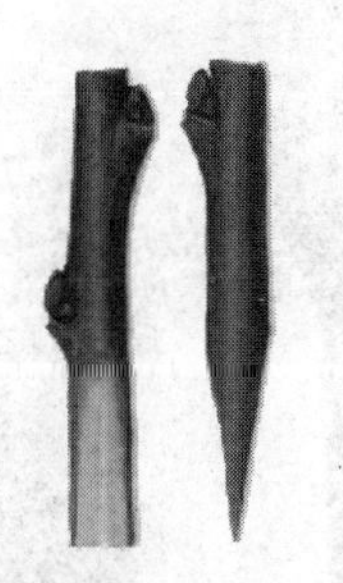

①削接穗

接穗削成楔形，有两个对称的长约3～5cm的削面，接穗的两侧一薄一厚

②劈砧木

将砧木在嫁接部位剪断或锯断，然后纵劈一刀

③插入接穗

用刀支开砧木，插入接穗。注意形成层对齐，接穗较厚的一侧在外面，注意露白

④插入另一接穗

在劈口的另一侧插入另一根接穗，然后包扎

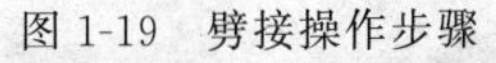

图 1-19　劈接操作步骤

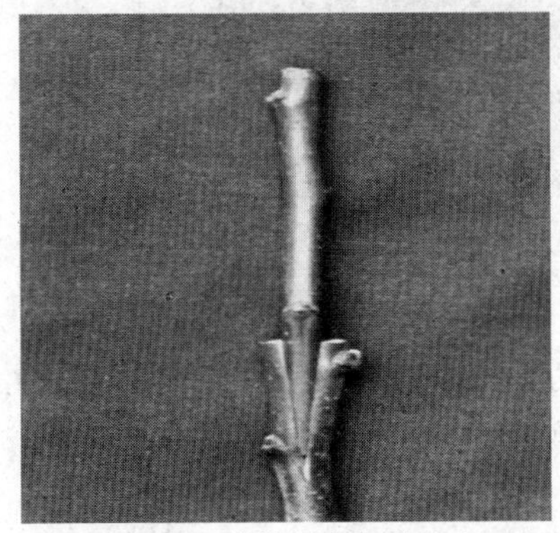

图 1-20　劈接用在细砧木上

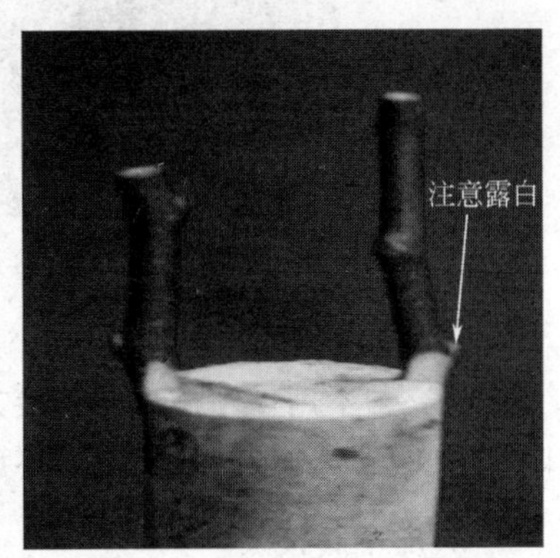

图 1-21　劈接用在粗砧木上

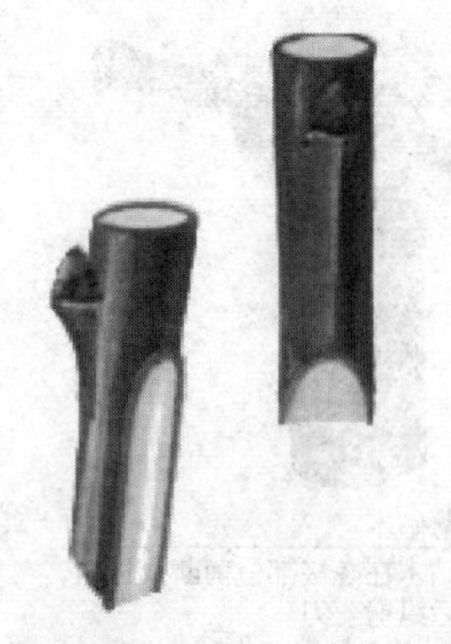

①削接穗

接穗两个削面一长一短，长削面长2.5cm左右，短削面1cm

②砧木切削及插入

剪断砧木，再向下切一刀，将接穗长削面向里插入，对齐形成层，包扎

图 1-22　切接操作步骤

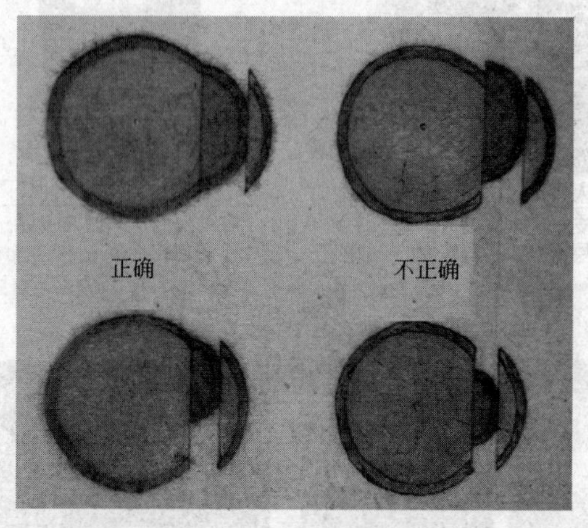

图 1-23　切接形成层对齐方法

3. 腹接

是一种不用切断砧木的嫁接方法，成活率高。育苗和更换品种时砧木可剪断，插枝补空时可不剪断砧木。操作步骤见图 1-24。

4. 皮下腹接

适用于大砧木上，与腹接一样不用切断砧木，常用于插枝补

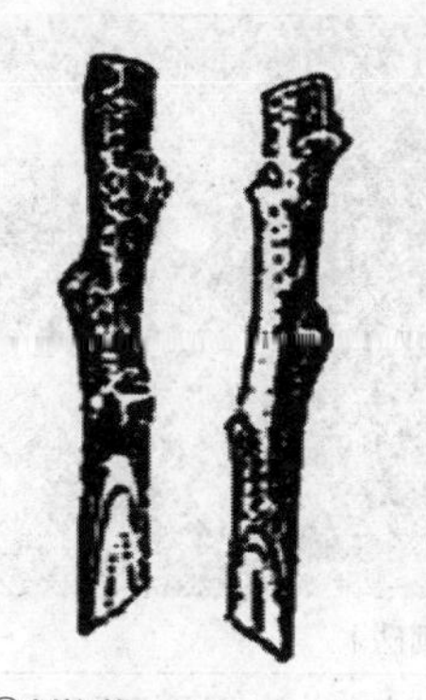

①削接穗

接穗削成一长一短两个削面，长削面长2.5cm，短削面长1.5cm

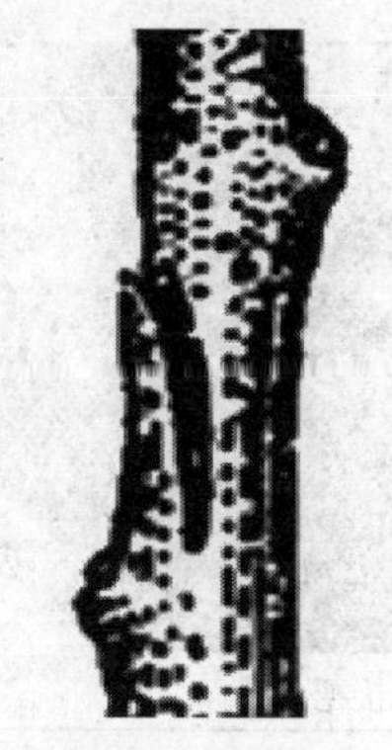

②削砧木

将砧木向下斜切一刀，刀口与砧木成一定角度，深达木质部

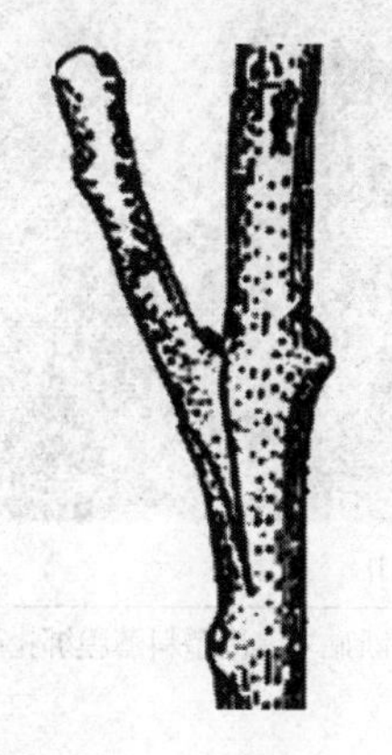

③插入接穗

将接穗插入砧木接口，形成层对齐

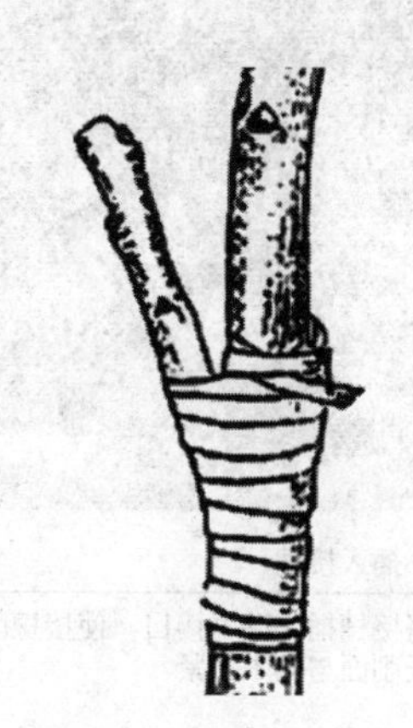

④绑扎

用塑料薄膜绑扎严密，腹接可以剪砧，也可不剪砧

图 1-24 腹接操作步骤

空，增加内膛枝条。操作步骤见图 1-25。

5. 插皮接

插皮接也叫皮下接，是枝接中应用广泛的一种方法，而且操作简便迅速，成活率较高。此法须在砧木芽萌动、皮层可以剥离时进

①削接穗

接穗削成一长一短两个削面，
长削面长3cm，短削长1～1.5cm

②削砧木

将砧木皮层削一V形切口，再在
V形尖端纵切一刀，深达木质部

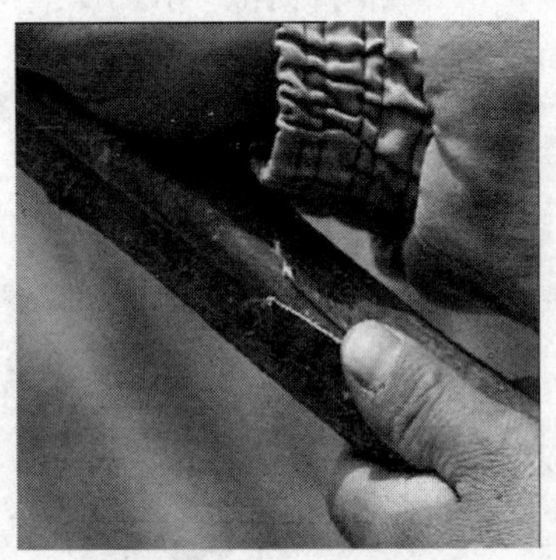

③插入接穗

将接穗插入砧木接口，使接穗的
长削面与砧木贴紧

④绑扎

不剪断砧木，用塑料薄膜绑扎严密

图 1-25　皮下腹接操作步骤

行。适于砧木较粗接穗较细的嫁接，也常用于嫁接难成活的树种，注意嫁接成活后及时绑支柱。操作步骤见图 1-26。

『经验推广』

插皮接成活率较高，要求砧木离皮时嫁接，常用粗砧木，如高砧金叶国槐、龙爪槐等嫁接，一个砧木可以同时嫁接 2～4 个接穗。

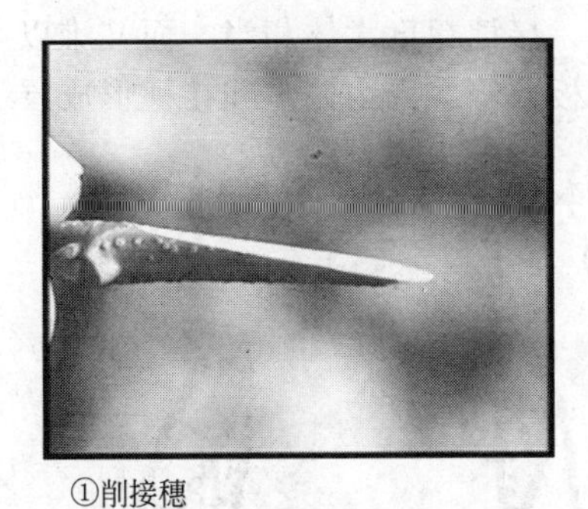

①削接穗

接穗削一长3cm的长削面

②砧木切削

剪断砧木，再切一个纵向切口，深达木质部

③插入接穗

将砧木皮层拨开，插入接穗，然后可绑扎

④注意露白

接穗插入后注意露白，有利于接口愈合

⑤插接穗

粗砧木可插入2～4个接穗

⑥成活

插皮接成活

图 1-26 插皮接操作步骤

6. 舌接

也叫双舌接、对接，用于砧木、接穗粗度大体相当，而又难以嫁接成活的树种，如葡萄、核桃、板栗等，因为砧木和接穗形成层的接触面相当大，所以成活率极高。操作步骤见图 1-27。

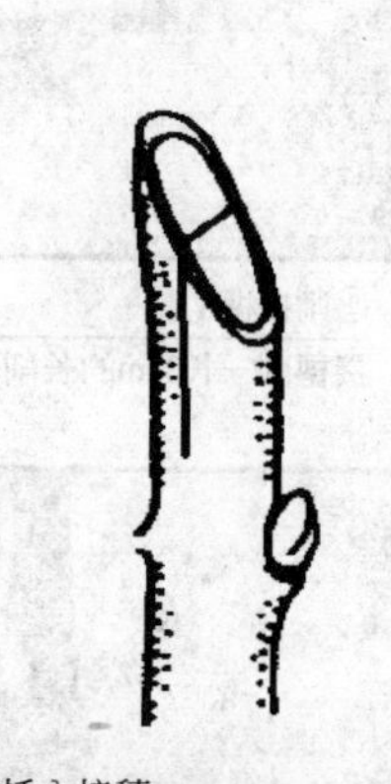

①削接穗

基部削成3cm长的削面，再于削面顶端1/3处，垂直切1cm长的竖切口

②砧木处理

砧木处理与接穗基本相同，但应注意削面的倾斜度基本一致

③插入接穗

将砧木与接穗斜削面相对，削面上纵切口插合在一起，形成层对齐，然后可绑扎

图 1-27　舌接操作步骤

7. 靠接

靠接又名诱接，它的特点是砧木和接穗在嫁接的过程中各有自己的根系，均不脱离母体，只有在成活后才各自断离。靠接通常在生长季节进行，具体有分枝靠接、幼苗靠接、根靠接等，生产上常用分枝靠接法（见图 1-28）。

（四）芽接方法

用芽作为接穗进行嫁接的方法，在生长季形成层旺盛活动、树皮易剥离时期进行。芽接具有繁殖系数高，接穗和砧木结合紧密，成苗率高，方法简单容易掌握等特点，是目前应用较为广泛的嫁接方法。

1. “T”字形芽接

也称“丁”字形芽接，最为常用的芽接方法。砧木的切口像一

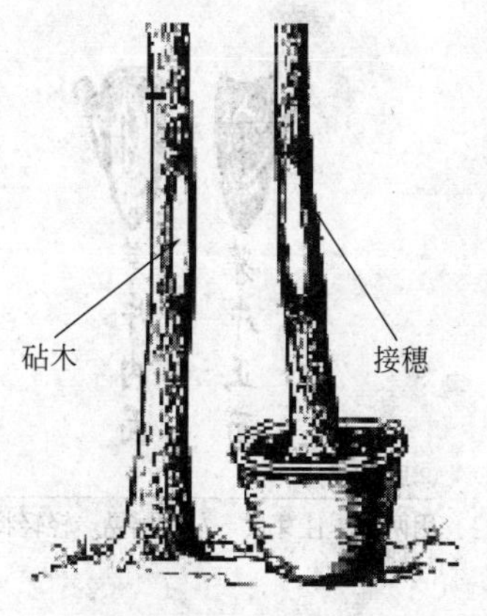

①靠接方法

将砧木和接穗各削掉一块皮层

②靠接方法

将两个削面对在一起，再用塑料薄膜绑扎

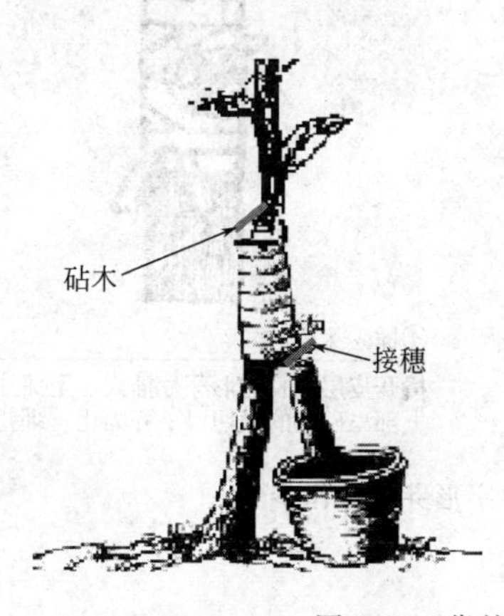

③靠接方法

接口穗愈合后，将砧木的接口以上部分剪掉，将接穗的接口以下部分剪掉

图 1-28 靠接操作步骤

个“T”字，故名“T”字形芽接。由于芽接的芽片形状像盾形，又名盾状芽接。操作步骤见图 1-29。

2. 嵌芽接

嵌芽接是带木质芽接的一种，可在春季或秋季应用，砧木离皮与否均可进行，用途广、效率高、操作方便。操作步骤见图 1-30。

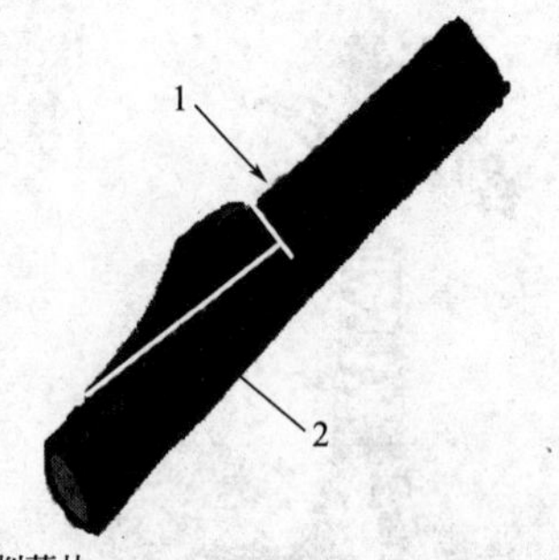

①削芽片

在芽上方约1cm横切一刀，深达木质部。在芽下约2cm处，斜向由上削至横切处为止

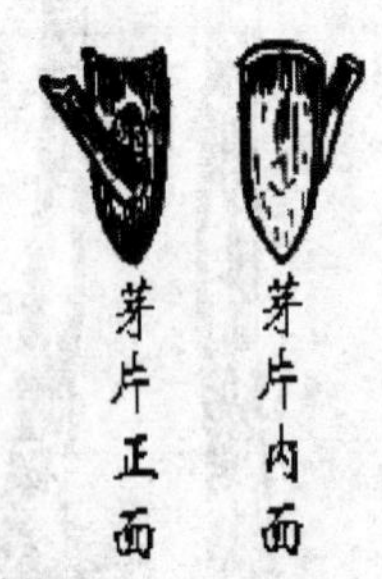

②取下芽片

用两指捏住芽片，左右摇晃，轻轻将芽片掰起

③砧木处理

在光滑无节处割一丁字形接口，横切刀宽约1cm，从切刀约长1.5cm

④插入芽片

撬开皮层，将盾形芽片插入，至芽片的上部与砧木的横切口平齐为止，绑扎

图 1-29　“T”字形芽接操作步骤

3. 套芽接

套芽接又称哨接，此法适用于接穗与砧木粗度相近的情况，当砧穗粗度不相匹配时，可用相近似的管状芽接法。操作步骤见图 1-31。

4. 方块形芽接

接芽片削成方块状，同时砧木切开与接芽片相同大小的方形切口，适用于比较粗的接穗和砧木，常用在核桃育苗上。操作步骤见图 1-32。

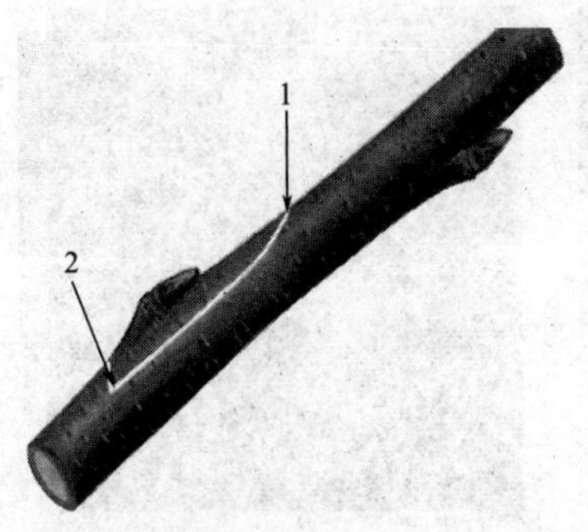

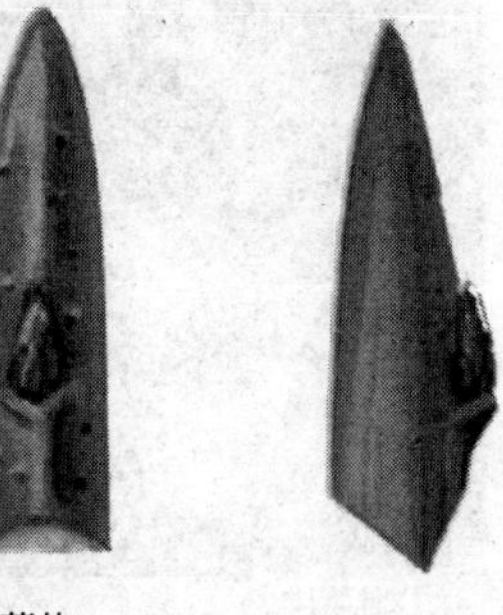

①削芽片

首先从接芽上方向下方斜切一刀，再在芽下方向下斜切一刀

②取芽片

用手轻轻取下芽片

③削砧木

砧木切一与接穗形状相似的切口

④插芽片

将芽片插入切口，对齐一侧的形成层，最后绑严

图 1-30 嵌芽接操作步骤

四、嫁接后的管理

（一）解除绑扎物

目前嫁接多用塑料条绑扎，优点是有弹性、绑得紧，保湿效果好；缺点是不会腐烂，长时间不解绑，会造成树体枝干的“环缢”，抑制了养分的下运，故影响了加粗生长。

解除绑扎物的时间要根据嫁接方法和伤口愈合情况来定，解绑过早不利于伤口的愈合，过晚，会影响接穗的加粗生长。枝接的解绑时间一般在成活后 20～30 天进行，芽接在成活后 10 天左右进

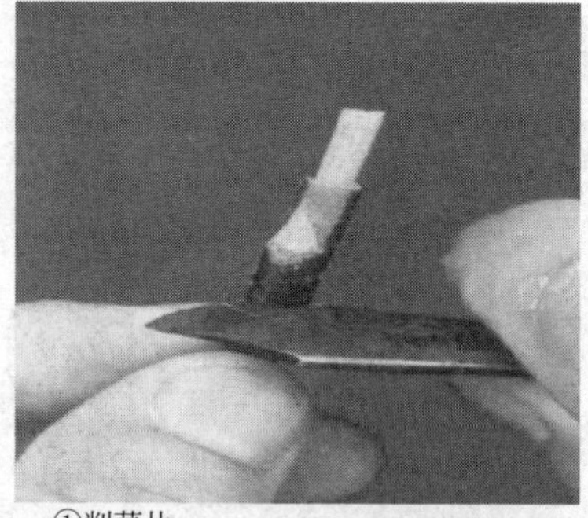

①削芽片

在芽上方转圈横切一刀，再在芽下方转圈横切一刀

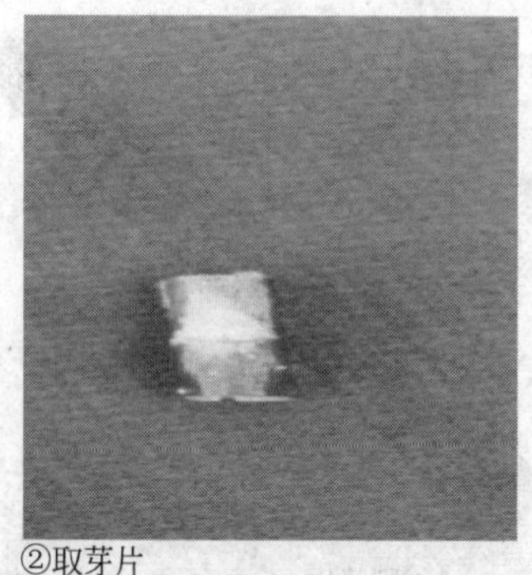

②取芽片

用手捏住待取芽轻轻转动,取下哨状芽片

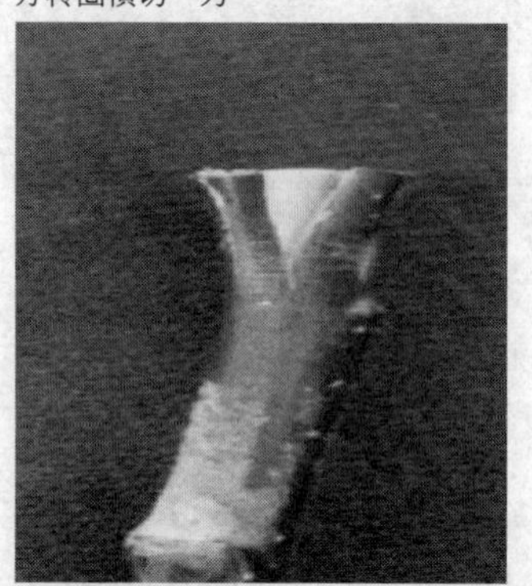

③削砧木

剪断砧木，再将砧木皮呈条状剥离，长度稍大于芽片长

④插芽片

将哨状芽片套在砧木上，使砧木上端稍微露白

⑤绑扎

用砧木条状皮层包被芽片，并用塑料条绑缚，露出接芽

图 1-31　套芽接操作步骤

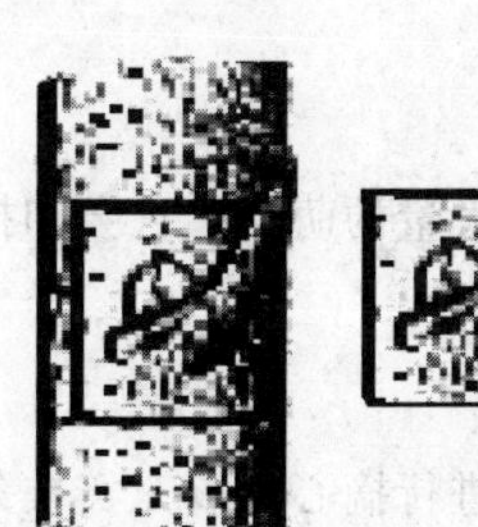

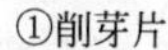

①削芽片

在芽上下横切两刀，再在芽两侧纵切两刀

②削砧木

在砧木上切一方形刀口，长宽与接穗完全相同

③插入芽片

将切下的芽片插入砧木的方形切口中，绑扎

图 1-32　方块形芽接操作步骤

行。如芽接较晚，当年不剪砧，就不解绑，第二年春季剪砧时，再解绑，冬季塑料条对接芽有保护作用。解绑方法即用刀将塑料条划开即可。

（二）检查成活

接后 2 周进行，枝接成活的接穗皮部青绿，芽子萌动，封的蜡层脱落。芽接的芽片上的叶柄一动即脱落，如不脱落即干枯于上面，就是嫁接未成活。

（三）补接

对于未接活的要及时补接，芽接如当年来不及补接，可于翌年春季枝接，枝接未成活的也可在当年夏季进行芽接。

（四）剪砧

越冬后已成活的半成苗，要在春季进行剪砧，以便集中养分供给接穗的生长，剪砧在接芽的对侧，微向下倾斜，芽片上 0.3～

0.5cm 处进行。

(五) 除萌

由于剪砧的刺激，可从砧木基部发出大量的萌蘖，它会和接穗争夺养分，故要及时去除。

(六) 摘心

苗木长到干高以上，对半质化的新梢进行摘心，以充实枝条和刺激副梢的产生，为将来的整形修剪和越冬创造条件。

(七) 绑支柱

高接成活后，抽生的新梢一般过旺，还能抽生副梢，此时接口愈合组织尚不坚固，位置又高，很容易被风吹断。因此，新梢长到20～30cm 时，进行立柱工作，将新梢和支柱用绳绑在一起。

(八) 防寒

冬季寒冷多风地区，也可于秋季将苗木挖起，放在假植沟或窖内越冬（见图 1-33 至图 1-35）。芽接后未发芽的芽接苗在封冻前进行防寒，培土以超过接芽 6～10cm 为宜，春季解冻后及时扒掉，以免影响接芽的萌发。

图 1-33　嫁接苗在假植沟内越冬

图 1-34　嫁接成活苗越冬

图 1-35　樱花嫁接苗在塑料大棚内假植

『经验推广』

芽接方法中“T”字形芽接操作方便，应用最广，但要求砧木要离皮。一般在6～8月离皮较好。

第四节 扦插育苗

扦插繁殖即取植株营养器官的一部分，插入疏松润湿的基质（土壤、河沙、蛭石等）中，利用其再生能力，使之生根抽枝，成为新植株。按取用器官的不同，又有枝插、根插、芽插和叶插之分。枝插又分为硬枝扦插和绿枝扦插，硬枝扦插是利用充分木质化的一、二年生枝条进行扦插；绿枝扦插是利用半木质化的新梢在生长季进行的带叶扦插。

一、扦插成活的条件

1. 植物自身的遗传性

不同的植物，由于其遗传性的差异，其形态结构、生长发育规律及对外界环境适应性的不同扦插过程中生根发芽的难易程度存在很大的差异。有些植物扦插很容易生根，如有葡萄、猕猴桃、茶花、八仙花、三角梅等，但有些植物扦插却很极难生根，如海棠、碧桃等。一般来说，在其他条件一致的情况下，灌木比乔木容易生根；灌木中匍匐形比直立形容易生根；乔木中阔叶树比针叶树容易生根。

2. 插穗的生理年龄

插穗的生理年龄包括两个方面，一个是采取插穗的母树年龄，一个是插穗的年龄。通常随着植物生理年龄越老，其生活力越低，再生能力越差，生根能力越差。同时，生理年龄过高，则插穗体内抑制生长物质增多，也会影响扦插的成活率。所以采插穗多从幼龄母株上采取，一般选用1～3年生的实生苗上的枝条作插穗较好。

而插穗多采用1～2年或当年生枝条，绿枝扦插用的当年生枝条再生能力最强，这是因为嫩枝内源生长素含量高，细胞分生能力旺盛，有利于不定根的形成。因此，采用半木质化的嫩枝作插穗，在现代间歇喷雾的条件下，使大批难生根的树种扦插成活。

『经验推广』

获得幼龄母株上的插穗的方法：

1. 利用年龄较低的实生苗和根蘖苗建立资源圃，为插穗采集的来源。

2. 每年从母树的地面附近重剪平茬，这样基部会长出许多萌条，用萌条作插穗，具有幼龄期易生根的特性。

3. 用扦插成活苗木上的枝条为接穗，再次扦插可以提高生根成活率。

3. 插穗的部位

插穗在枝条上的部位与扦插成活有关。试验证明，硬枝扦插时，同一质量枝条上剪取得插穗，从基部到梢部，生根能力逐渐降低。采取母株树冠外围的枝条作插穗，容易生根。植株主轴上的枝条生长健壮，贮藏的有机营养多，扦插容易生根。绿枝扦插时，要求插穗半木质化，因此，夏季扦插时，枝条成熟较差，枝条基本和中部达到半木质化，作插穗成活率较高；秋季扦插时，枝条成熟较好，枝条上部达到半木质化，作插穗成活率较高；而基部此时木质化程度高，作插穗成活率反而降低。

4. 插穗的发育状况

当发育阶段和枝龄相同时，插穗的发育状况和成活率关系很大。插穗发育充实，养分贮存丰富，能供应扦插后生根及初期生长的主要营养物质，特别是碳水化合物含量的多少与扦插成活有密切关系。为了保持插穗含有较高的碳水化合物和适量的氮素营养，生产上常通过对植物施用适量氮肥，使植物生长在充足的阳光下而获得良好的营养状态。在采取插穗时，应选取朝阳面的外围枝和针叶树主轴上的枝条。对难生根的树种进行环剥或绞缢，都能使枝条处理部位以上积累较多的碳水化合物和生长素，有利于扦插生根。一般木本植物的休眠枝组织充实，扦插成活率高。因此，大多数木本植物多在秋末冬初、营养状况好的情况下采条，经贮藏后翌春再扦插。

5. **插穗的极性**

插穗的极性是指，插穗总是极性上端发芽，极性下端发根。枝条的极性是距离茎基部近的为下端，远离茎基部的为上端。根插穗的极性则是距离茎基部近的为上端，而远离茎基部的为下端。扦插时注意插穗的极性，不要插反（见图 1-36）。

正插下端长根

倒插上端长根

图 1-36　生根极性

6. **水分**

水分是影响扦插成活最重要的外界环境因素之一。包括三个方面：扦插基质的含水量、空气相对湿度及插穗本身含水的多少。扦插基质是调节插穗体内水分收支平衡使插穗不致枯萎的必要条件，空气湿度大，可减少插穗和扦插基质水分的消耗，减少蒸发和蒸腾。通常扦插基质的含水量为田间最大含水量的 50%～60%，空气相对湿度保持在 80%～90%为宜。插穗的含水量对扦插成活也是至关重要的，插穗采集时间过长，保存不当，失水过多，限制了插穗的生理活动，影响插穗的成活。因此，生产上扦插前都用清水浸泡插穗，维持插穗活力，浸泡 24 小时为宜。

水分对绿枝扦插更为重要。绿枝扦插时，插穗生根前叶片蒸腾会引起插穗失水而死。绿枝扦插在夏、秋季进行，温度高，蒸腾加剧，如果灌水较多，基质含水量较高，会引起插穗腐烂。插穗生根前，扦插环境的空气相对湿度最好保持在 90%以上，这是绿枝扦插成活的重要条件。为提高空气湿度，生产上常采用遮阳的方法，减少水分蒸发，或在塑料薄膜罩内扦插，最好采用间歇喷雾技术，能大大提高绿枝扦插的成活率。

间歇喷雾控制仪介绍：

扦插育苗间歇喷雾控制仪适用于露天、温室、大棚等环境下不间断工作，是通过设备对插穗生根环境进行调控，不但能使叶片保持湿润，而且有效地控制温度的变化，为插穗生根提供良好的环境条件（见图 1-37 和图 1-38）。可节约水资源，节省劳动力，大大地提高育苗成活率，有些品种成活率可达到 90%左右。设备为时间控制和温度保护控制。时间可 0～9999 秒任意可调，当您设定好时间后在不断电的情况下一直保持工作，而且可以无限制地调整时间。温度保护控制有温度探头，当温度高于 28℃时可喷水降温，当温度降到 25℃时就回到原始设定的状态，始终保持适合植物生长的温、湿度范围。

图 1-37　间歇喷雾条件下的绿枝扦插

图 1-38　间歇喷雾设备

7. 温度

温度对扦插生根快慢起决定作用。一般木本植物扦插愈伤组织和不定根的形成与气温的关系是：8～10℃，有少量愈伤组织生长；10～15℃，愈伤组织产生较快，并开始生根；15～25℃，最适合生根，生根率最高；28℃以上，生根率迅速下降；36℃以上，扦插难以成活。硬枝扦插在春季进行，地温较低，加温是促进生根有力的措施（见图 1-39）。

8. 光照

扦插后适宜遮阴，可以减少水分蒸发和插穗水分蒸腾，使插穗保持水分平衡。但遮阴过度，又会影响土壤温度。嫩枝扦插，并有适当的光照，有利于嫩枝继续进行光合作用，制造养分，促进生根，但仍要避免强光直射，一般接受 40%～50%的光照为佳。因此，插床上要设遮荫网，以根据需要调节光照（见图 1-40）。

图 1-39　覆地膜提高地温促进生根

图 1-40　绿枝扦插加遮荫网

9. 扦插基质

扦插的基质要通气良好，如果基质内氧气含量低，通气不良，就会造成插穗腐烂，难以生根。扦插常用的基质有土壤、沙土、沙、珍珠岩、蛭石、草炭、泥炭、苔藓、炉渣、水或营养液（水插）、雾（雾插）等。一般，对于易生根的植物，常采用保水性和透气性较好的壤土或沙壤土。对于一些扦插较难生根的植物，则在土壤中可加入蛭石、珍珠岩、草炭等（见图 1-41 至图 1-43）。

图 1-41 土壤为基质

图 1-42 珍珠岩为基质

图 1-43 葡萄雾插（下喷雾）

二、促进插穗生根的措施

（一）物理处理

1. 机械方式处理

进行扦插的前一个月，在准备作插穗的枝条基部进行环剥、刻伤、绞缢等措施，控制枝条上部制造的有机物和生长素向下运输而停留在枝条内，使扦插后生根及初期生长的主要营养物质和激素充实，并且加强了呼吸作用，提高了过氧化氢酶的活性，从而促进细胞分裂及根原体的形成，促进扦插成活。

（1）环状剥皮　在枝条的某一部位剥去一圈皮层，宽1～1.5cm。环剥的时间是在采插条前15～20天，对欲作插条的枝梢环剥。待环剥口长出愈伤组织而未完全愈合时，剪下枝条进行扦插。

（2）刻伤　有些植物茎的解剖结构存在厚壁组织，特别是大龄或大型插穗，经过刻伤后，再进行生根激素处理，可有效促进生根。在插条基部，刻划3～6道纵伤口，深达韧皮部。刻伤后扦插，不仅使葡萄在节部和茎部断口周围发根，而且在通常不发根的节间也发出不定根。

（3）绞缢　用不易腐蚀的细铜丝或铅丝在枝条的基部紧缚，勒进树皮内，随时间的延长，枝条处理部位的上方逐渐膨大，然后切取枝条扦插。

（4）剥去老皮　对枝条木栓组织比较发达的果树，如葡萄中难发根的品种，扦插前先将其表皮木栓层剥去，能够加强枝条的吸水能力，对发根具有良好的作用。

2. 黄化处理

生根阻碍物质的形成与光照密切相关，经过遮光或黄化处理，能抑制生根阻碍物质的形成，增强植物生长素的促进作用，还能减轻枝条的木质化，保持组织的生命力，从而提高插穗的生根能力。进行硬枝扦插前，用黑布、黑色塑料薄膜或土等遮盖插穗一段时间，使其处于暗环境条件，插穗因缺光而黄化，促进插穗生根。绿枝扦插黄化处理较复杂，如在地面附近的枝条，可用覆土压伏的方法，当枝条上芽子萌发后，逐渐覆土，等新梢半木质化后，剪下作插穗。大树上枝条，可用黑色塑料布包缠新梢基部，宽约5cm，新梢其余部分裸露，1个月后，切取枝条扦插。

3. 加温处理

硬枝扦插在春季进行，地温较低，不利于生根；而环境温度达10℃以上，插穗就会萌芽，芽的萌发生长会消耗插穗内的营养，影响插穗生根。在扦插时，插条基质温度保持在20～28℃之间，气温8～10℃以下，使根原体迅速分生，延缓芽的萌发，对于成活率的提高是至关重要的。生产上常用的加温处理方法如下。

(1) 火炕催根　插穗捆成捆，要求插条下端要整齐一致。火坑上铺河沙，扦插前15天插穗捆放于火坑的河沙上（正放），插穗捆间填河沙，填沙的深度是插条1/2～2/3，喷水，保持河沙湿度16%～17%，烧火加温，温度在20～25℃，温度上升到25℃时停火，堵烟口及灶口，如果温度超过30℃，则应喷水降温。

(2) 温床催根　地面挖坑，用鲜马粪和玉米秸混合填入坑底，踏实，将插穗捆放入（正放），捆间填沙，捆间填沙埋没插穗，然后浇水。利用马粪秸秆腐熟发酵的温度促进插穗生根。

(3) 冰底冷床　地面挖坑，坑底放冰块，先将插条倒置于冰底冷床内，用木屑埋好，喷水保湿。使其插穗极性顶端处于5℃以下，抑制发芽；插条的极性下端向上，在上面铺地膜，利用日光照射，膜下高温促进生根。一般经过20多天的处理即可发根。

(4) 电热温床　温床电热丝和电褥子等，在小量育苗时也是常用的催根温床。

(二) 化学药剂处理

1. 生长素处理

药剂的作用是加强插条的呼吸作用，提高酶的活性，促进分生细胞的分裂。药剂的种类很多，常用于促进生根的药剂是植物生长调节剂，其中有IBA（吲哚丁酸）、NAA（萘乙酸）、IAA（吲哚乙酸）、生根粉等。处理的方法如下。

促进生根的药剂可用酒精作溶剂，配成液体，将插穗于药剂中浸泡处理，处理的时间与药剂浓度有关，低浓度长时间浸泡，高浓度短时间浸泡，浓度再高，可以将插穗在药剂中速蘸3～5秒钟。硬枝扦插时所用的浓度一般为5～100mg/L，浸渍12～24小时，绿枝扦插常用5～25mg/L，浸12～24小时。将生长调节剂配成高浓度的溶液，短时间浸渍方便迅速，对于不易生根的树种有较好的作用。福建试用500～1000mg/LIBA溶液处理荔枝插条2小时，生根率达100%。多数绿枝扦插采用低浓度长时间浸泡效果较好，因为，绿枝表皮光滑，附着在基部的药剂容易在扦插时被擦掉，在间歇喷雾时也易被水冲掉。

不同树种、不同药剂浓度处理时间相差较多，如树莓中的美国黑莓用400mg/L的ABT生根粉浸泡基部30秒后扦插，生根率达95%。葡萄硬枝扦插用NAA 100mg/L的处理24小时，而枣树绿枝扦插用1000mg/L的IBA处理10秒，100mg/L的IBA处理2小时。

药剂配制方法：1mg药剂加少许酒精溶解，加入1L水，即1mg/L的溶液，同理500mg药剂加少许酒精溶解，加入1L水，即500mg/L的溶液。

2. 其他化学药剂的处理

除了用生长素处理插穗外，还可以用B族维生素、蔗糖、精氨酸、硝酸银、尿素、高锰酸钾、硫酸亚铁、硼酸等。用高锰酸钾0.1%～0.5%溶液浸渍插条基部数小时至一昼夜的，除了可以活化细胞，增强插条基部的呼吸作用，使插条内部的养分转化为可给状态外，并可消毒灭菌，抑制有害微生物的繁殖，促进根系生长。

三、扦插时期和方法

(一) 扦插的时期

1. 春季扦插

春季扦插主要利用已度过自然休眠的一年生枝进行扦插。插穗经过一段时期的休眠，体内的抑制物已经转化，营养物质积累多，细胞液浓度高，只要给予适宜的温度、水分、空气等外界条件就可以生根发芽。落叶树种宜早春进行，芽刚萌动前进行，过晚，则温度较高，树液开始流动，芽开始膨大，枝条内的贮藏营养已消耗在芽的生长上，扦插后不易生根。常绿树扦插可晚些，因为它需要的温度高。这个时期主要进行硬枝扦插和根插。

2. 夏季扦插

夏季扦插是选用半木质化处于生长期的新梢带叶扦插。嫩枝的再生能力较已全木质化的枝条强，且嫩枝体内薄壁细胞组织多，转变为分生组织的能力强，可溶性糖、氨基酸含量高，酶活性强，幼叶和新芽或顶端生长点生长素含量高，有利于生根，这个时期的插穗要随采随插。这个时期主要进行嫩枝扦插、叶插。

3. 秋季扦插

秋季扦插插穗采用的是已停止生长的当年生木质化枝条。扦插要在休眠期前进行，此时枝条的营养液还未回流，碳水化合物含量高，芽体饱满，易形成愈伤组织和发生不定根。

4. 冬季扦插

南方的常绿树种冬季可在苗圃进行扦插，北方落叶树种通常在室内进行。

（二）插穗的采集与制作

1. 插穗的采集

通常采集插穗的母株年龄的不同，插穗的成活率存在差异。生理年龄越轻的母株，插穗成活率越高。因此，应该选择树龄较年轻的幼龄母树上，采集母株树冠外围的 1～2 年生枝、当年生枝或一年生萌芽条，要求枝条发育健壮、芽体饱满、生长旺盛、无病虫害等（见图 1-44）。

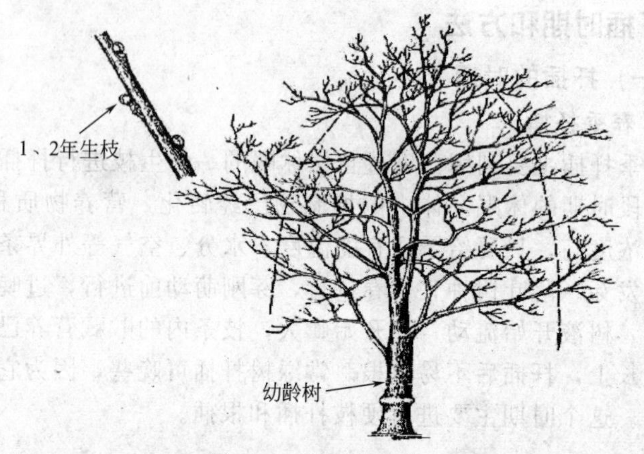

图 1-44　插穗的采集

2. 插穗的剪截与处理

枝条剪截成插穗的长度要考虑植物种类、培育苗木的大小、枝条的粗细、土壤条件等。绿枝扦插的插穗长度大约 5～25cm，下部剪口大多剪成马耳形单斜面的切口，剪去插条下部叶片，仅留顶部 1～3 片叶，如果叶片大，则每片叶只留 1/2。硬枝扦插的插穗一般剪成10～20cm长的小段，北方干旱地区可稍长，南方湿润地区可稍短。接穗上剪口离顶芽0.5～1cm平剪，以保护顶芽不致失水干枯；下切口一般靠节部，每穗一般应保留2～3个或更多的芽，下部剪口多剪成楔形斜面切口或节下平口（见图1-45）。

剪切后的插穗需根据各种树种的生物学特性进行扦插前处理，以提高其生根率和成活率。

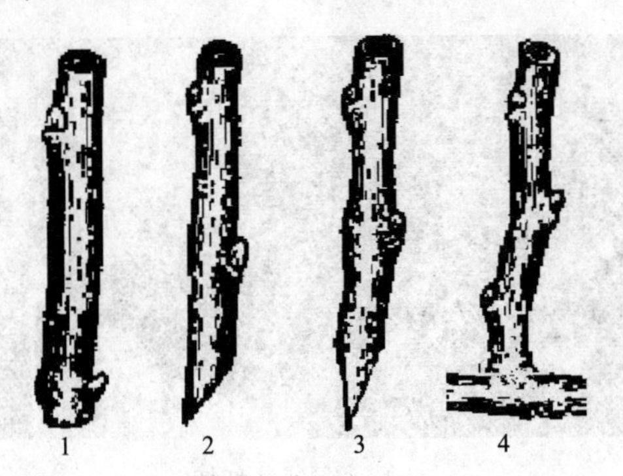

图1-45　插穗下切口形状

1—平切口；2—单斜面切口；3—双斜面切口；4—踵状切口

（三）扦插的种类和方法

扦插繁殖由于采取植物营养器官的部位不同，可分为三大类：枝插（硬枝扦插和绿枝扦插）、根插、叶插（全叶插、片叶插和叶芽插）。

1. 硬枝扦插

硬枝扦插是利用充分木质化的一、二年生枝条进行扦插。扦插可在春季或秋季，以春季为多。采穗时间一般在秋季落叶后或春季树液流动前，结合休眠期修剪进行。剪好的插穗一般剪成50cm，50～100枝一捆，分层埋于湿沙，进行低温贮藏，贮藏温度为1～5℃。

硬枝扦插有直插和斜插，应根据插穗长度及土壤条件采取相应的扦插方式。一般生根容易，插穗短，基质疏松的采用直插；生根较难，插穗长，基质黏重的用斜插。

扦插深度要适当，过深地温低，氧气供应不足，不利于插穗生根。过浅蒸腾量大，插穗容易干枯。扦插的具体深度因树种和环境条件不同而异，容易生根树种，环境条件较好的圃地，扦插深度可浅一些；相反，生根困难的树种，土壤条件干旱，扦插可以深一些。一般落叶树种，扦插以地上部露出 2～3 个芽为宜（见图 1-46），在干旱地区插穗可全部插入土中，插穗上端与地面平。常绿树种，扦插深度为插穗长度的 1/3～1/2 为宜。

图 1-46　硬枝扦插

2. 绿枝扦插

绿枝扦插又称为嫩枝扦插，一般是用半木质化的新梢作插穗进行扦插。多在 6～9 月进行，插穗应选择健壮，组织尚未老熟变硬的枝条为宜，过于柔嫩易腐烂，过老则生根缓慢。插穗长 5～25cm，插穗下部的叶片全部剪除，上端留 2～3 片叶，过大的叶片需减半或叶片 1/3。扦插时应先开沟、浇水，将插穗按一定的株行距摆放到沟内，或插入已扎好的孔内。插穗插入基质的深度，以插穗长度的 1/3～1/2 为宜。

绿枝扦插比硬枝扦插更易生根，条件适宜的条件下，20～30 天即可成苗。绿枝扦插对土壤湿度和空气湿度要求严格，多用弥雾扦插繁殖，使插条周围保持较高的湿度（大于 90%），叶片被有一层水膜，叶温比对照低 5.5～8.5℃，室内气温平均 21℃左右，以降低蒸腾作用，增强光合作用，减少呼吸作用，从而使难发根的插条保持较长时间的生活力，以利发根生长（见图 1-47）。

绿枝扦插在温室内一年四季都可以进行，当然，易于发根的插条也可在生长季进行露地扦插。露地则在生长旺盛的夏、秋季进

图 1-47 绿枝扦插生根状态

行，露地扦插要利用一些遮荫设施（见图 1-48），注意插后要勤灌水，待生根后，逐渐去除遮荫物。大面积的露地扦插以雨季进行效果最好。

图 1-48 绿枝扦插（左为大棚内，右为露地荫棚下）

3. 根插

(1) 根插方法 根插是利用一些植物的根能形成不定芽的特性，用根作为扦插材料来繁育苗木。根插可在露地进行，也可在温室内进行。采根的母株最好为幼龄植株或生长健壮的 1～2 年生幼苗。木本植物插根一般直径要大于 3cm，过细，贮藏营养少，成苗率低，不宜采用。插根根段长 10～20cm，根段上口剪平，下口斜剪或平剪（见图 1-49）。插根前，先在苗床上开深为 5～6cm 的沟，将插穗斜插或平埋在沟内，注意根段的极性。根插一般在春季进行，尤其是北方地区。插条上端要高出土面 2～3cm，入土部分就会生根，不入土部分发芽（有些品种全都埋入土中也会发芽），芽

图 1-49　根插的插穗

一般都由剪口处发出。根插后要保持盆土湿润，不用遮阴；有些品种 15～20 天即能发芽，如榆树；有些品种可能需要两个月左右，如紫薇等。

适用于根插的园林花木有泡桐、楸树、牡丹、刺槐、毛白杨、樱桃、山楂、核桃、海棠果、紫玉兰、腊梅等。可利用苗木出圃残留下根段进行根插。

（2）根插注意事项　一是根穗的粗细与具体的植物种类有关，有的选用粗根作插穗，扦插效果要好一些，有的则粗细无太大的差别。二是根穗截取的部位很重要，一般靠近根颈处的根段作插穗相对要好一些，如芍药。三是根的方向，由于植物的极性，插穗不能上下弄颠倒，否则不利于其生根。四是花叶嵌合体观茎植物，如斑叶木、花叶天竺葵等，其根插苗不能有效保持其斑叶品种的性状。五是应特别注意床面湿度，根穗不适于燥热的环境条件，必须重现床面湿润，维持苗床和空气相对湿度。六是及时抹芽，对根穗上端萌发的过多芽蘖，要及时留优去劣，以保证扦插苗能形成良好的株形。

4. 叶插

利用叶脉和叶柄能长出不定根、不定芽的再生机能的特性，以叶片为插穗来繁殖新的个体，称叶插法，如秋海棠类、大岩桐、虎尾兰、景天、橡皮树、夹竹桃等。叶插法一般都在温室内进行，所需环境条件与嫩枝插相同。属于无性繁殖的一种。

（1）全叶插　叶插又分为全叶插和片叶插，全叶插是用完整叶片作插穗的扦插方法，全叶插分为两种方式，即平置叶插和直插叶插（见图 1-50）。剪取发育充分的叶子，切去叶柄，再将叶片铺在基质上，使叶片紧贴在基质上，给予适合生根的条件，在其切伤处就能长出不定根并发芽，分离后即成新植株；还可以带叶柄进行直插，叶片需带叶柄插入基质，以后于叶柄基部形成小球并发根生芽，形成新的个体。

图 1-50 景天科平置叶插和橡皮树直插叶插

（2）片叶插 片叶插是将一片叶分割成数块，分别进行扦插，使每一块都能再生出根和芽，生长成为一株新植株。如对于叶片肥大的植物橡皮树可以用其半张或更小的材料进行扦插，在智能计算机的管理下，快速的生根。插时原来上、下的方向不要颠倒。即可在叶段基部发出新根，形成新的植株（见图 1-51）。

图 1-51 橡皮树分段叶插

四、扦插苗的管理

（一）水分管理

水分是插穗生根的重要条件之一。自扦插起，到接穗上部发芽、展叶、抽条，下部生根，在此时期，水分除了插穗本身原有的外，就是依靠插穗下切口和插穗的皮层从基质中吸收的。嫩枝扦插和针叶树扦插叶也在蒸腾失水，水分的供需矛盾很严重，水分供应是扦插成活的关键。扦插基质水分不足要及时灌溉，还可以用地膜覆盖或搭荫棚等方法减少水分蒸发，是扦插保证成活的有效措施。

（二）温度

木本植物生根的最适温度是15～25℃，早春扦插地温低，达不到温度要求，可以用地热线加温苗床补温；夏季和秋季扦插，地温气温都较高，可以遮荫或喷雾降低温度；冬季扦插必须在温室内进行。

（三）施肥管理

扦插生根阶段通常不需要施肥，扦插生根展叶后，必须依靠新根从土壤中吸收水和无机盐来供应根系和地上部分的生长，必须对扦插苗追肥。扦插后每隔5～7天可用0.1%～0.3%浓度的氮、磷、钾复合肥喷洒叶面，或将稀释后的液肥随灌水追肥。但进入休眠期前要及时控肥，防止幼苗贪青徒长，影响越冬。

（四）中耕除草

为防灌水后土壤板结，影响根系的呼吸，每次大水灌溉后要及时中耕除草。

（五）越冬防寒

当年不能出圃的苗木，在冬季地区露地越冬时，要进行防寒处理，可进行覆草、埋土或设防风障、搭暖棚等措施。

五、全光照自动喷雾扦插育苗实例

林业部科技情报中心研究的全光照自动喷雾扦插育苗技术，不需要遮荫（见图1-52），自动调节温度和湿度，插穗生根迅速、育苗期短、苗木质量好、育苗成本低。扦插步骤见图1-53至图1-55。

图 1-52 全光照自动喷雾设施

图 1-53 杨树插穗剪截

图 1-54 扦插

图 1-55 温度和湿度达到一定值时自动喷雾

第五节　分株育苗

一、分株的概念

分株繁殖就是将植物的萌蘖枝、根蘖、丛生枝、吸芽、匍匐枝等从母株上分割下来，另行栽植为独立新植株的方法。分株繁殖多用于丛生型或容易萌发根蘖的乔木、灌木或宿根类植物。

二、分株的时间

分株的时间依植物种类而定，大多在休眠期进行，即春季发芽前或秋季落叶后进行。为了不影响开花，一般春季开花者多秋季分株；秋季开花者则多在春季分株。秋季分株应在植物地上部分进入休眠，而根系仍未停止活动时进行；春季分株应在早春土壤解冻后至萌芽前进行，温室花卉的分株可结合换盆进行。

三、分株方法

根据许多植物根部受伤或曝光后，易形成根蘖的生理特性，生产上常采取砍伤根部促其萌蘖的方法．来增加繁殖系数。分株时需注意，分离的幼株必须带有完整的根系和 1～3 个茎干。幼株栽植的入土深度，应与根的原来入土深度保持一致，切忌将根颈部埋入上中；此外，对分株后留下的伤口，应尽可能进行清创和消毒处理，以利于愈合。

（一）根蘖分株

一些乔木类树种，常在根部长出不定芽，伸出地面后形成一些未脱离母株的小植株，即根蘖，如银杏、香椿、臭椿、刺槐、毛白杨、泡桐和火炬树等。许多花卉植物，尤其是宿根花卉根部也很容易发出根蘖或者从地下茎上产生萌蘖，尤其根部受伤后更容易产生根蘖，如樱桃、兰花、南天竹、天门冬等（见图 1-56）。

（二）茎蘖分株

一些丛生型的灌木类，在茎的基部都能长出许多茎芽，并形成不脱离母株的小植株，即茎蘖，如紫荆、绣线菊类、蜡梅、牡丹、

图 1-56 樱桃根蘖苗分株

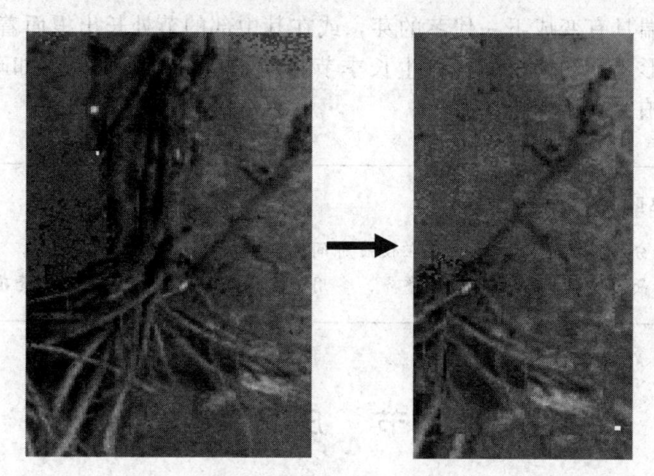

图 1-57 牡丹茎蘖分株

紫玉兰、春兰、萱草、月季、迎春和贴梗海棠等（见图 1-57）。

（三）吸芽分株

有些植物根际或地上茎叶腋间自然发生的短缩、肥厚呈莲座状的短枝。吸芽下部可自然生根，故可自母株分离而另行栽植培育成新植株。如多浆植物芦荟、景天等常在根际处着生吸芽；凤梨的地上茎叶腋间能抽生吸芽等（见图 1-58）。

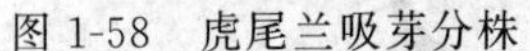

图 1-58　虎尾兰吸芽分株

图 1-59　草莓匍匐茎分株

（四）匍匐茎分株

匍匐茎是植物直立茎从靠近地面生出的枝条向水平方向延伸，其顶端具有变成下一代茎的芽，或在其中部的节处长出根而着生在地面形成的幼小植株。在生长季节将幼小植株剪下种植。如草莓、沙地柏等（见图 1-59）。

『经验推广』

分株繁殖成活率高，可在较短时间内获取大苗，但繁殖系数小，不容易大面积生产，苗木规格不整齐，多用于小规模繁殖或名贵花木的繁殖。

第六节　压条育苗

一、压条的概念

压条是无性繁殖的一种，是将母株上的枝条或茎蔓埋压土中，或在树上将欲压的部分的枝条基部，经适当处理包埋于生根介质中，使之生根后再从母株割离成为独立、完整的新植株。压条繁殖多用于茎节和节间容易自然生根，而扦插有不易生根的木本植物。特点是在不脱离母株条件下促其生根，成活率高，成形容易；但操作麻烦，繁殖量小。

二、压条时期

压条繁殖是一种不离母株的繁殖方法，所以可进行压条的时期也比较长，在整个生长期中皆可进行。但不同的植物种类，压条进行的时间不同。通常，常绿树种多在梅雨季节初期，落叶树种多在4月下旬，气温回暖、稳定后进行，可以延续到7～8月。

三、压条的主要方法

1. 直立压条法（垂直压条、壅土压条）

适用于丛生性强、枝条较坚硬不易弯曲的落叶灌木，如栀子、杜鹃、迎春、连翘、八仙花、六月雪、金钟花、贴梗海棠等。将其枝条的下部进行环状剥皮或刻伤等机械处理，然后在母株周围培土，将整个株丛的下半部分埋入土中，并保持土堆湿润。待其充分生根后到来年早春萌芽以前，刨开土堆，将枝条自基部剪离母株，分株移栽。

萌芽前，每株留2cm短截，促使发出萌蘖。当新梢长达15～20cm时第一次培土；当新梢长达40cm时第二次培土，培土总高度约为30cm。培土前应灌水，培土后注意保持土堆内湿润。培土后20天左右开始生根。入冬前先扒开土堆，自每根萌蘖基部，靠近母株处留2cm短桩剪截，未生根的萌蘖亦应同时短截，促进翌年发枝（见图1-60）。

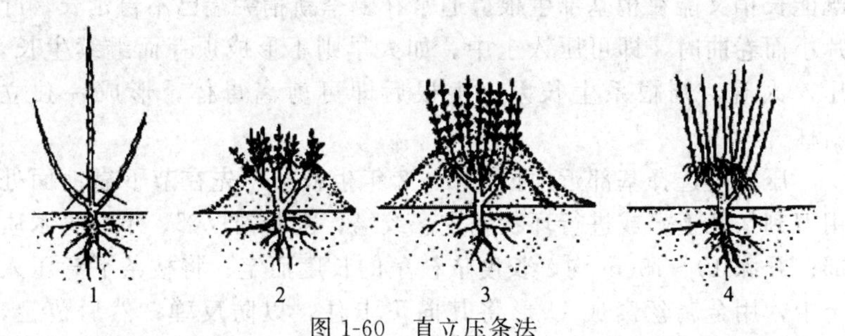

图1-60 直立压条法

1—短截促萌；2—第一次培土；3—第二次培土；4—去土可见根系

2. 曲枝压条法

多用于枝条柔软而细长的藤本植物或丛生灌木。曲枝压条法既能在春季萌发前进行，也可在生长季枝条半木质化进行。根据曲枝的方法又分为水平压条和先端压条。

(1) 水平压条法(普通压条法) 春栽母株(一年生苗),行距 1.5m,株距 30～50cm,倾斜栽植。将枝条压入土中 5cm 左右的浅沟中,固定。待新梢长至 15～20cm 时,第一次培土,25～30cm 时,第二次培土。培土部位去除叶片,枝条基部未压入土内的芽处于顶端优势的地位,及时抹除强旺萌蘖枝,如果培土后发现土壤干旱,应在两侧开沟灌水。秋季落叶后即可进行分株(见图 1-61)。

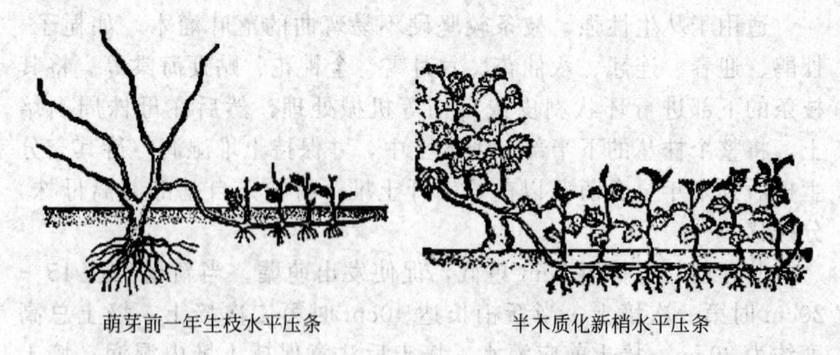

图 1-61 水平压条法

(2) 先端压条法 黑莓、黑树莓等,发生根蘖很少,枝条顶芽既能长梢又能在梢基部生根。通常在夏季新梢尖端已不再延长,叶片小而卷曲时,即可压入土中。如太早则不形成顶芽而继续生长,压入太晚,则根系生长差。生根后即可剪离母体,形成一独立新株。

压条时选择基部近地面的 1～2 年生枝条,先在节下靠地面处用刀刻伤几道,或进行环状剥皮、绞缢,割断韧皮部,不伤害木质部;开深 10～15cm 沟,长度依枝条的长度而定;将枝条下弯压入土中,用金属丝窝成 U 形将其向下卡住,以防反弹;然后覆土,把枝梢露在外面,主棍缚住,不使折断。此法多在早春或晚秋进行,春季压条,秋季切离;秋季压条,翌春切离栽植(见图 1-62)。生根割离母体需要大约一个生长季。适宜的树种如蜡梅、迎春、金银花、凌霄、夹竹桃、桂花等。

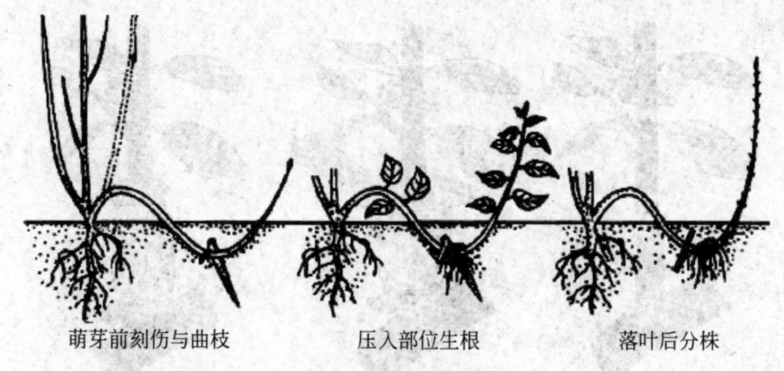

图 1-62 先端压条法

3. 高枝压条法

又称为空中压条法、高压法。我国很早即已采用此法繁殖白兰、米兰、含笑、丁香、含笑、山茶、橡皮树等。此法具有成活率高，技术易掌握等优点；但繁殖系数低，对母株损伤大。

高压法在整个生长期都可进行，但以春季和雨季进行较好。广东省多用椰糠，锯末作高压基质。亦可用稻草与泥的混合物作填充材料，成本低，生根效果好。

高压法应选用充实的 2～3 年生枝条，在枝近基部进行环剥，剥皮宽度花灌木通常 1～2cm，乔木通常 3～5cm，注意皮层要剥除干净，并于剥皮处包以保湿生根材料（苔藓、草炭、泥炭、锯木屑等），用塑料薄膜或棕皮、油纸等包裹保湿（见图 1-63）。待枝条生根后自袋的下方剪离母体，去掉包扎物，带生根基质栽入容器中，放置在阴凉处养护，待大量萌发新梢后再见全光。注意在生根过程中要保持基质湿润，可以用针管进行注水。

『经验推广』

促进压条生根的主要措施：

① 机械处理　对需要压条的枝条进行环剥、环割、刻伤、绞缢等。

② 激素处理　用吲哚丁酸、吲哚乙酸、萘乙酸等涂抹枝条机械处理的部位。

图 1-63　高空压条步骤

1—枝条环剥；2—裹基质；3—绑缚

第七节　育苗新技术

随着社会的发展，传统育苗方式在很大程度上已经不能满足市场对苗木质量、数量的需要。各种新的育苗技术应运而生。它克服了传统育苗方法的不足，逐渐成为育苗方式的中主力。

一、组织培养育苗

植物组织培养是指在无菌和人工控制的环境条件下，利用适当的培养基，对脱离母体的植物器官、组织、细胞及原生质体进行人工培养，使其再生形成细胞或完整植株的技术。

1. 植物组织培养主要特点

① 组织培养的整个操作过程都是无菌状态；

② 组织培养中培养基的成分是完全确定的，不存在任何的未知成分，其中包括了大量元素、微量元素、有机元素、植物生长调节物质、植物生长促进物质、有害或悬浮物质的吸附物质等；

③ 外植体可以处于不同的水平下，但可以再生形成完整的植株；

④ 组织培养可以连续继代进行，形成克隆体系，但会造成品质退化；

⑤ 植物材料处于完全异养状态，生长环境完全封闭；

⑥ 生长环境完全根据植物生物学特性人为设定。

2. 组织培养实验室的构成

要在组织培养实验室内部完成所有的带菌和无菌操作，这些基本操作包括：各种玻璃器皿等的洗涤、灭菌；培养基的配制、灭菌、接种等。通常组织培养实验室包括准备室、接种室、培养室以及温室等，细分还必须包括药品室、观察室、洗涤室等（图 1-64）。

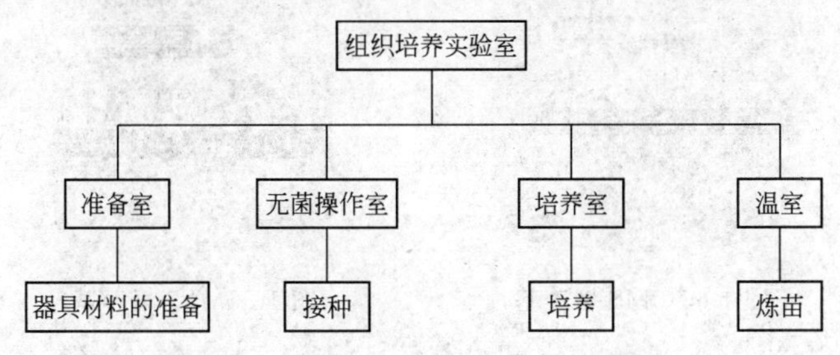

图 1-64 组织培养实验室的构成及功能

3. 培养基的种类

培养基有许多种类，根据不同的植物和培养部位及不同的培养目的需选用不同的培养基，目前国际上流行的培养基有几十种，常用的培养基及特点如下。

（1）MS 培养基（见图 1-65） 特点是无机盐和离子浓度较高，为较稳定的平衡溶液。其养分的数量和比例较合适，可满足植物的营养和生理需要。它的硝酸盐含量较其他培养基为高，广泛地用于植物的器官、花药、细胞和原生质体培养，效果良好。有些培养基是由它演变而来的。

（2）White 培养基 特点是无机盐数量较低，适于生根培养。

（3）B5 培养基（见图 1-66） 特点是含有较低的铵，这可能对不少培养物的生长有抑制作用。从实践得知有些植物在 B5 培养基上生长更适宜，如双子叶植物特别是木本植物。

（4）N6 培养基 特点是成分较简单，KNO_3 和 $(NH_4)_2SO_4$ 含量高。在国内已广泛应用于小麦、水稻及其他植物的花药培养和其他组织培养。

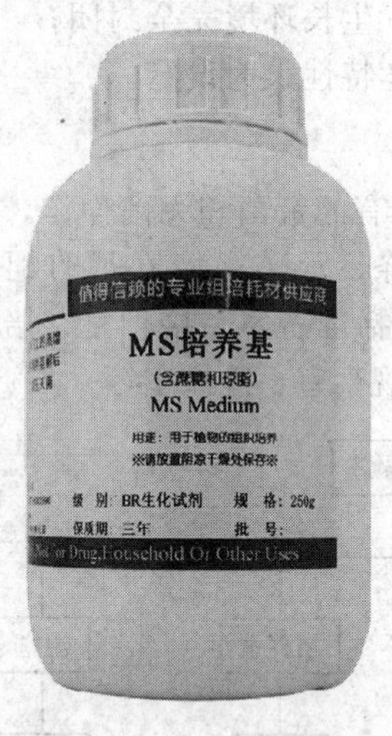

图 1-65 MS 培养基

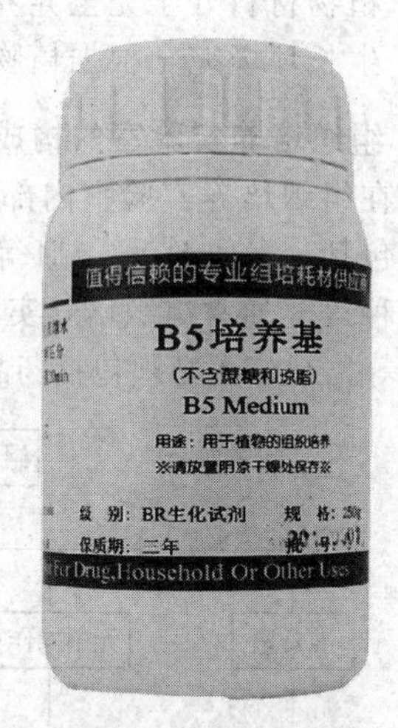

图 1-66 B5 培养基

培养基的营养成分一般先配制成母液备用，现在有配好的各种培养基干粉，一般现成培养基干粉中加了营养成分和琼脂，也有没加琼脂的，配制培养基前，根据需要购买。

4. 培养基的配制步骤

一般来讲，任何一种培养基的配制步骤都是大致相同的，配1L MS 培养基的具体操作如下。

(1) 取一大烧杯或铝锅，放入约 900mL 水，然后加入 MS 培养基干粉 40mg（具体用量根据培养基瓶上说明），并不断搅拌，使其溶解；

(2) 将加热熔解好的培养基溶液倒入带刻度的大烧杯中，加入培养所需的植物生长调节物质，定容到 1L；

(3) 用 NaOH 溶液（或 HCl）调整 pH；

(4) 分装到培养容器中（培养瓶）；

(5) 高压蒸气灭菌锅灭菌 20 分钟（温度为 121℃，压力为 107kPa），出锅晾凉备用。

5. 组织培养的途径

(1) 启动培养　也叫初代培养。这个阶段的任务是选取母株和外植体进行无菌培养，以及外植体的启动生长，利于离体材料在适宜培养环境中以某种器官发生类型进行增殖。该阶段是植物组织培养能否成功的重要一步。选择母株时要选择性状稳定、生长健壮、无病虫害的成年植株；选择外植体时可以采用茎段、茎尖、顶芽、腋芽、叶片、叶柄等。

外植体确定以后，进行灭菌。灭菌时可以选用次氯酸钠（1%）、氯化汞（0.1%）灭菌，时间控制在6～15分钟左右，清水冲洗3～5次，然后接种在启动培养基上（见图1-67）。

图1-67　试管苗初代培养

（2）增殖培养　对启动培养形成的无菌材料进行增殖，不断分化产生新的丛生苗、不定芽及胚状体（见图1-68）。每种植物采用哪种方式进行快繁，既取决于培养目的，也取决于材料自身的可能性，可以是通过器官发生、不定芽发生、胚状体发生、原球茎发生等。增殖培养时选用的培养基和启动培养有区别，一般基本培养基同启动培养相同，而细胞分裂素的浓度水平则高于启动培养。

（3）生根培养　增殖培养阶段的芽苗有时没有根，这就需要将单个的芽苗转移到生根培养基或适宜的环境中诱导生根（见图1-69）。这个阶段的任务是为苗木移栽作准备，此时培养基中需降低无机盐浓度，减少或去除细胞分裂素，调整生长素的浓度。

（4）移栽驯化　移栽驯化的目的是实现将试管苗从异养到自养的转变，有一个逐渐适应的过程。移栽之前要进行炼苗，逐渐使试管苗适应外界环境条件，接着要打开瓶口，再适应环境。炼苗结束

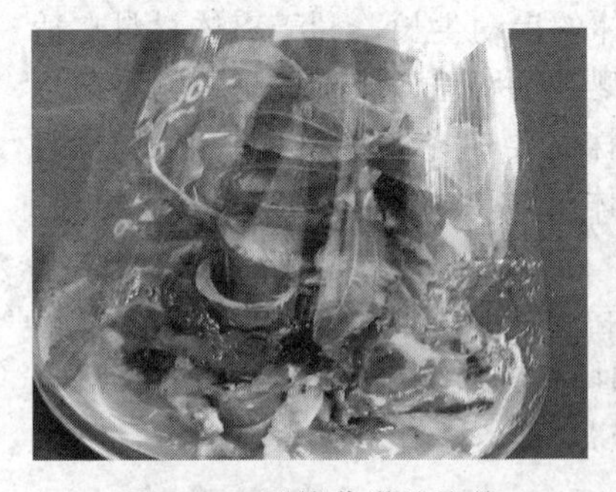

图 1-68　试管苗增殖培养

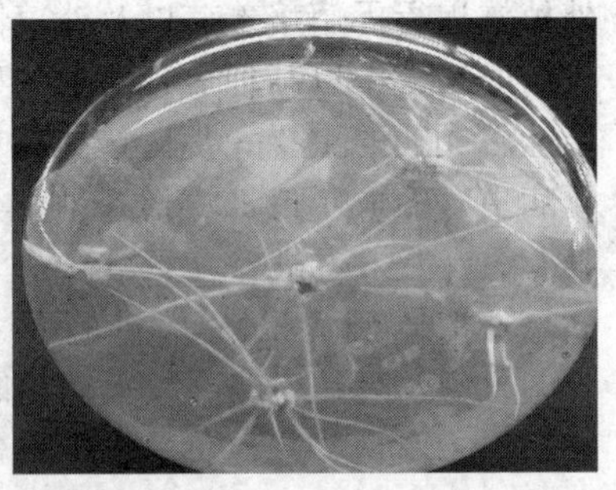

图 1-69　试管苗生根培养

图 1-70　试管苗移栽驯化

后，取出试管苗，首先洗去小植株根部附着的培养基，避免微生物的繁殖污染，造成小苗死亡，然后将小苗移栽到人工配制的基质中。基质要选择保湿透气的材料，如蛭石、珍珠岩、粗沙等(见图 1-70)。

二、容器育苗

1. 容器育苗的概念和优点

容器育苗是指使用各种育苗容器装入栽培基质（营养土）培育苗木。这样培育出的苗木称为容器苗。

传统苗圃采用露地栽培、起苗、包装、运输等方式来培育商品种苗，而新的育苗方式如组培苗、无土栽培苗、设施苗圃的苗木多为容器栽培，容器育苗可以终年随时移植，特别是高温、干旱季节移栽不会影响成活率，具有生产周期短、质量好、起运方便、移栽成活率高、便于管理等诸多优点（见图 1-71 和图 1-72）。容器育苗技术对我国园林苗木生产将会产生重大的影响。

图 1-71　金银花容器苗

图 1-72　茶花容器苗

2. 育苗容器的种类

目前我国苗圃所使用的容器分为两类，一类为软质塑料容器，如营养钵、种植袋等；另一类为硬质（硬塑料、橡塑、铁质、木质）容器（见图 1-73）。并根据其结构不同又分为可拆式、桶式和

①营养钵　②种植袋　③塑料盆　④加仑盆

⑤控根育苗容器

图 1-73　育苗容器

固定式三种，前两种可根据苗木的生长情况移动容器苗的位置，而固定式容器多数用来栽培15cm以上的大规格苗木，一般不可移动。在选择容器时应充分考虑苗木类型、要求规格、生长年限等因素，选择适宜的容器，以降低容器苗的生产成本。塑料软钵通常是硬质容器造价的1/50。

营养基质块（图1-74）是一种新的育苗容器，体积小、重量轻，随用随取，使用时只需进行摆块、胀块、播种、覆土等简单操作，苗期管理也简化，育苗期普遍缩短，成苗后定植不用脱钵，使用十分方便，育苗效率大大提高，与传统育苗方式比较，每培育2000～3000株种苗可节省5～7个人工。图1-75为营养基质块培育的月季苗。

图1-74　营养基质块

图1-75　营养基质块培育的月季苗

3. 育苗容器的选择

当年销售的一年生容器种苗可用12cm×10cm（直径12cm、高度10cm）的塑料营养钵，隔年销售的灌木工程苗，第一年用塑料营养钵，第二年换入21cm×18cm的营养钵或16cm×26cm的种植袋。培养三年生灌木（冠径在80cm以上灌木球）容器苗，前两年使用造价较低的营养钵，第三年移入种植袋、硬质容器或控根快速育苗容器中进行培养。

培养较大规格的乔木类型的容器苗，可采用地栽与容器栽培相结合的方式进行，新优品种经过几年的地栽培育，达到一定规格后移入容器继续培育，一般来讲，胸径6～10cm的乔木，通常采用直径55cm、高度45cm的硬质塑料桶式容器；胸径15～20cm的大乔木，目前采用直径80cm、高度70cm的固定式控根快速育苗容器来培育。

三、无土栽培育苗

1. 无土栽培的概念

所谓的无土栽培，指的是不用天然土壤，而用营养液或固体基质加营养液栽培的方法。其中的固体基质或营养液代替传统的土壤向植物体提供良好的水、肥、气、热等根际环境条件，使得植物体完成整个生长过程。

2. 无土栽培的种类

无土栽培从实验室研究开始到现在，经历了140多年的历史。在商品化应用的过程中，形成了各种各样的栽培方式，主要有固体基质和非固体基质，非固体基质又分为水培和雾培。

（1）固体体基质培养　无土栽培基质主要是替代土壤、固定植物，其次是最大限度地起到疏松通气、保持水分的作用。目前生产中，很少用到单一基质栽培（见图1-76），广泛采用混合基质，所谓的混合基质即两种或几种基质按照一定的比例混合而成。生产上常根据栽植植物的种类和基质的各自特性进行配制，常见的是2～3种单一基质进行混合。混合基质的要求：容重适宜、增加孔隙度、提高水分和空气含量。我国无土栽培中应用较多的混合基质有1∶1的草炭∶锯末；1∶1∶1的草炭∶蛭石∶锯末；1∶1∶1的草炭∶蛭石∶珍珠岩等混合基质。固体基质培养常常结合容器育苗，发挥基质的优势，提高容器育苗效果。

（2）水培　所谓的水培是指植物部分根系浸润在营养液中，而另一部分根系裸露在空气中的一类无土栽培方法。这种培养方式管理方便、性能稳定、便于机械化管理。水培可进行播种育苗和扦插育苗。播种时种子撒在苗床的基质上（水培基质起固定作用，常用通气、保水材料），基质预先浇透营养液，小粒种子不用覆盖，大粒种子需插入基质中。一般水培播种苗比土壤中播种苗生长好。

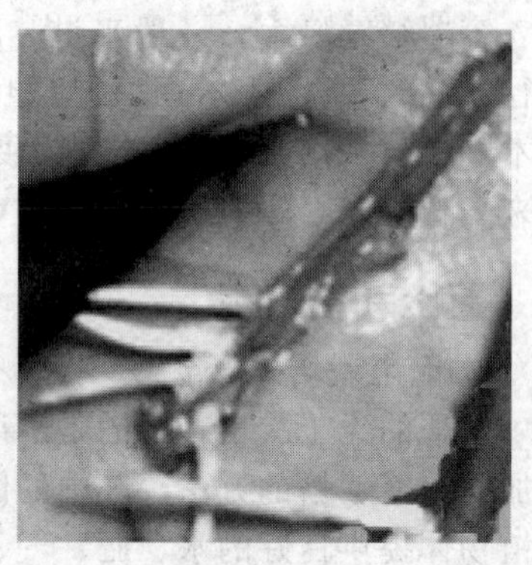

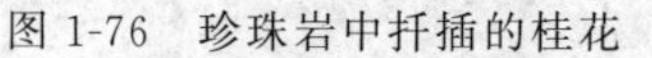

图 1-76　珍珠岩中扦插的桂花　　图 1-77　水中扦插生根的玫瑰

水培扦插育苗多用半木质化的枝条，配合生长素处理能获得很好的效果（见图 1-77）。池杉、落羽杉水培扦插生长率分别达到 93%、86%。

（3）雾培　雾培用在育苗上也叫气雾快繁，是基于基质快繁技术基础上的一种发展与提高，让离体材料在一个优化的气雾环境中直接生根，雾化空间的创造分为下切口内雾化与枝叶空间的外雾化，内雾化为切口部位提供适宜的湿度环境及温度环境，外雾化环境的创造实现枝叶水分蒸腾的平衡及高温极限的调节（见图 1-78）。

图 1-78　温室外雾化绿枝扦插育苗

气雾快繁为切口环境创造了最为富氧的气体环境（见图 1-79），对于促进切口愈合根原基发育及防止切口腐烂来说是最为有效的方法与措施，所以气雾快繁在生根速度及成活率上都比基质快繁有很大的提高，是未来快繁技术发展的一个方向与主流，是快繁技术创新的一项主体技术。采用气雾快繁培育的苗木不仅根系更为发达（见图 1-80），成活率更高，而且移栽更为方便，可以实现裸根全苗无损伤移栽，种苗移栽成活率高，是工厂化与立体式育苗的一项伟大创新。

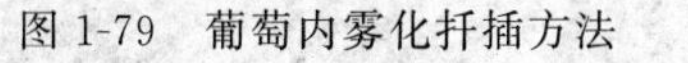

图 1-79 葡萄内雾化扦插方法

图 1-80 内雾化扦插红花继木的根系

四、保护地育苗

所谓的保护地育苗就是利用保护设施，如现代化全自控温室、供暖温室、日光温室、塑料大棚、小拱棚、荫棚等，把土地保护起来，创造适宜植物生长的环境条件进行育苗的育苗方法。

露地扦插或播种育苗时，加盖小拱棚提高地温，保持湿度。组织培养方法繁殖苗木必须结合保护地育苗，组织培养苗的炼苗和移栽需要温室、荫棚等保护地设施。露地育苗、容器育苗和无土栽培育苗在保护地的条件下可促进插穗生根，提高扦插成活率；可更好的发挥容器育苗和无土栽培育苗优势，保护地育苗设施在现代化园林绿化植物种苗培育中必不可少（见图 1-81 至图 1-83）。

图 1-81　荫棚内扦插育苗

图 1-82　大棚内扦插育苗

图 1-83　设施内组培苗炼苗

第二章

苗圃的养护管理

第一节　苗木的移植

一、苗木移植的意义

由于幼苗都先在苗床育苗，密度较大，必须通过移植改善苗木的通风和光照条件，增加营养面积，减少病虫害的发生，培育出符合要求的苗木。在苗圃中将苗木更换育苗地的继续培养叫移植，凡经过移植的苗木统称为移植苗。目前城市绿化以及企事业单位、旅游地区、绿化带、公路、铁路、学校、社区等的绿化美化中几乎都采用的是大规格苗木。大苗的培育需要至少两年以上的时间，在这个过程中，所育小苗需要经过多次的移栽、精细的栽培管理、整形修剪等措施，这样才能培育出符合规格和市场需要的各个类型的大苗（见图 2-1 和图 2-2）。

二、移植的时间、次数和密度

（一）移植时间

苗木移植时间应视苗木类型、生长习性及气候条件而定。

1. 春季移植

大多数树种一般在早春移植，也是主要的移植季节。因为这个时期树液刚刚开始流动，枝芽尚未萌发，苗木蒸腾作用很弱，移植后成活率高。春季移植的具体时间应根据树种的生物学特性及实际情况确定移植的时间，萌动早的树种宜早移，发芽晚的可晚些。

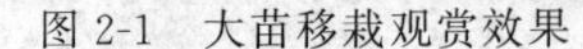

图 2-1　大苗移栽观赏效果

图 2-2　紫薇大苗苗圃

2. **夏季移植**

常绿树种，主要是针叶树种，可以在夏季进行移植，但应在雨季开始时进行。移植最好在无风的阴天或降雨前进行。

3. **秋季移植**

应在冬季气温不太低，无冻霜和春旱危害的地区应用。秋季移植在苗木地上部分停止生长后即可进行。此时地温高于气温，根系伤口愈伤快，成活率高，有的当年能产生新根，第二年缓苗期短，生长快。

（二）移植次数

苗木移植次数取决于该树种的生长速度和对苗木规格的要求。园林应用的阔叶树种，在播种或扦插 1～2 年后进行第一次移植，以后根据生长快慢和株行距大小，每隔 2～3 年移植一次，并相应地扩大株行距，目前各生产单位对普通的行道树、庭荫树和花灌木用苗只移植二次，在大苗区内生长 2～3 年，苗龄达到 3～4 年即行出圃。而对重点工程或易受人为破坏地段或要求马上体现绿化效果的地方所用的苗木则常需培育 5～8 年，甚至更长，因此必须移植两次以上。对生长缓慢、根系不发达，而且移植后较难成活的树种（如银杏），可在播种后第三年开始移植。以后每隔 3～5 年移植一次，苗龄8～10年，甚至更大一些方可出圃。

（三）移植的密度

大苗移植密度应根据树种生长的快慢、苗冠大小、育苗年限、苗木出圃的规格以及苗期管理使用的机具等因素综合考虑。如果株行距过大，则既浪费土地，产苗量又低，如果株行距过小，则不仅不利于苗木生长，还不便于机械化作业。一般情况下，移植的株行距为树冠的冠径加上行间、株间耕作量。如圆柏4年生苗，冠径50cm，行间耕作量30cm，株间耕作量20cm，移植株行距为80cm×70cm。

三、移植的方法

1. 穴植法

按苗木大小设计好株行距，根据株行距定点，然后挖穴。穴土放在沟的一侧，栽植深度可略深于原来的深度2～5cm。覆土时混入适量的底肥，先在坑底部填部分肥土，然后放入苗木，再填部分肥土，轻轻提一下苗木，使其根系舒展，再填满土，踏实、浇足水。

穴植有利根系舒展，不会产生根系窝曲现象，生长恢复较快，成活率高，但费工、效率低，适用于大苗或移植较难成活的苗木。

2. 沟植法

先按行距开沟，土放在沟的两侧，以利于回填土和苗木定点，将苗木按一定株距放在沟内，然后扶正苗木、填土踏实。沟的深度应大于苗根长度，以免根系窝曲。沟植法工作效率较高，适用于一般苗木，特别是小苗。

3. 容器苗移植

营养钵、种植袋等容器苗全年可移植，可保持根系完整，成活率高，可达到苗木预期生长的优势。容器苗集移植、包装、运输为一体，目前应用越来越广泛（见图2-3和图2-4）。

4. 移栽注意事项

（1）保护根部　一般落叶阔叶树，在休眠期常用裸根移植，而对成活率不太高的树种带宿土移植。常绿树及规格较大而成活率又

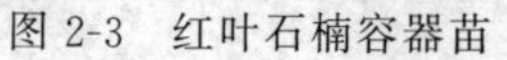

图 2-3　红叶石楠容器苗　　　　图 2-4　女贞容器苗

较低的树种，必须带土球移植，土球大小要符合规格要求（一般土球直径是胸径的 8～10 倍），若就近栽植，在保证土球不散开的情况下，土球不必包扎。

（2）移植前灌溉　如园地干燥，宜在移植前 2～3 天进行灌溉，以利掘苗。

（3）适当修剪　移植时，对过长根和枯萎根等进行修剪，要保护好根系，不使其损伤、失水等；对枝叶也需适当修剪。

（4）合理栽植　栽植时苗木要扶正，埋土要较原来深度略深些（2～5cm）。栽植后要及时灌足水，3～5 天后进行第二次灌水；5～7天后进行第三次灌水。苗木经灌溉后极易倒伏，应立即扶正倒伏的苗木，并将土踏实。

第二节　苗木的整形修剪

一、枝芽种类

（一）芽的种类

1. 按性质分

（1）叶芽　萌发后只形成枝叶。

（2）纯花芽　萌发后只形成花。如碧桃的花芽。

（3）混合花芽　萌发后既形成枝叶也形成花。如海棠的花芽。

2. **按位置分**

(1) 顶芽　着生在枝条顶端。

(2) 侧芽　着生在枝条的叶腋间。

3. **按萌发特点分**

(1) 活动芽　形成后当年或次年萌发。

(2) 潜伏芽　经多年潜伏后萌发。

(二) 枝条的种类

1. **按性质分**

(1) 营养枝　着生叶芽，不能开花结果。

(2) 结果枝　着生花芽，开花结果。

2. **按生长年龄分**

(1) 新梢　芽萌发后形成的带叶片的枝条。

(2) 一年生枝　生长年限只有一年。落叶树木的新梢落叶后为一年生枝。

(3) 二年生枝　生长年限有二年。一年生枝上的芽萌发成枝后，原来的一年生枝就成二年生枝。

(4) 多年生枝　生长年限有二年以上。

3. **按枝条长度分**

(1) 长枝　长度在50～100cm。

(2) 中枝　长度在15～50cm。

(3) 短枝　长度在5～15cm。

(4) 叶丛枝　枝条很短，长度小于5cm，叶片轮状丛生。

树种不同枝条的长短也有较大的差异，枝条长度的分类也就有差异，一般长枝是指树冠外围一年生的健壮营养枝。

4. **按树体结构分 (见图2-5)**

(1) 主干　从根颈以上到着生第一主枝的部分。

(2) 中心干　由主干分生主枝处直立生长的部分。换句话说，就是主干以上到树顶之间的主干延长部分。

(3) 主枝　从中心干上分生出来的永久性大枝，上面分生出侧枝。主枝在中心干上着生的位置有差别时，自下而上依次称为第

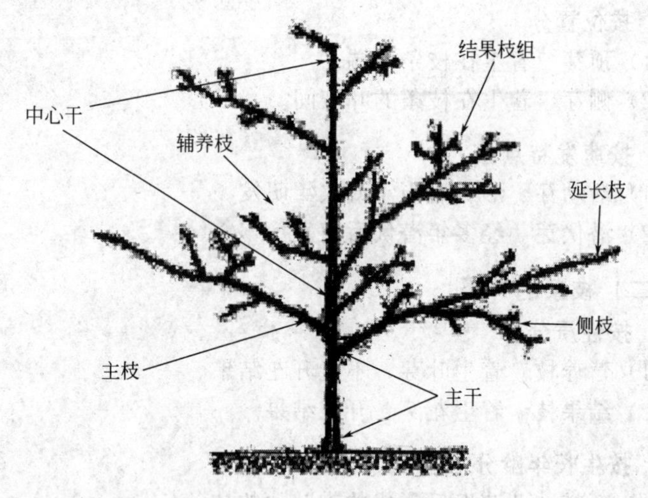

图 2-5　树体结构和枝干名称

一、第二、第三主枝。

（4）侧枝　着生于主枝上的主要分枝。

（5）骨干枝　树冠内比较粗大而起骨架作用的永久性大枝。包括主干、中心干、主枝、侧枝。

（6）结果枝组　由发育枝和结果枝组成生长结果的基本单位。

（7）辅养枝　指在幼树整形期间，除骨干枝以外、所保留枝条的总称。

（8）延长枝　指处于各级骨干枝最先端的一年生枝，它决定骨干枝的发展方向。

二、枝芽特性

1. 芽的异质性

同一枝条上不同部位的芽在发育过程中，由于所处的的环境条件以及枝条内部营养状况的差异，造成芽的生长势以及其他特性的差别，即称为芽的异质性（见图 2-6）。

一般位于枝条基部的芽子质量较差，而中上部的芽子饱满，质量好。芽的饱满程度是芽质量的一个标志，能明显影响抽生新梢的生长势。在修剪时，为了发出强壮的枝，常在饱满芽上剪短截。

2. **萌芽率、成枝力**

枝条上的芽能萌发枝叶的能力称为萌芽力（见图 2-7）。一般以萌发的芽数占总芽数的百分率表示。

枝条上芽能抽生长枝的能力叫成枝力（见图 2-7）。一般以长枝占总萌发芽数百分率表示。

萌芽力和成枝力因树种、品种、树龄、树势而有同，同一树种不同品种的萌芽力强弱也有差别，同一品种随树龄的增长，萌芽力也会发生变化。一般萌芽力和成枝力均强的品种易于整形，但枝条容易过密，在修剪时宜多疏少截，防止光照不良。而对于萌芽力强而成材枝力弱的品种，则易形成中、短枝，树冠内长枝较少，应注意适当短截，促其发枝。

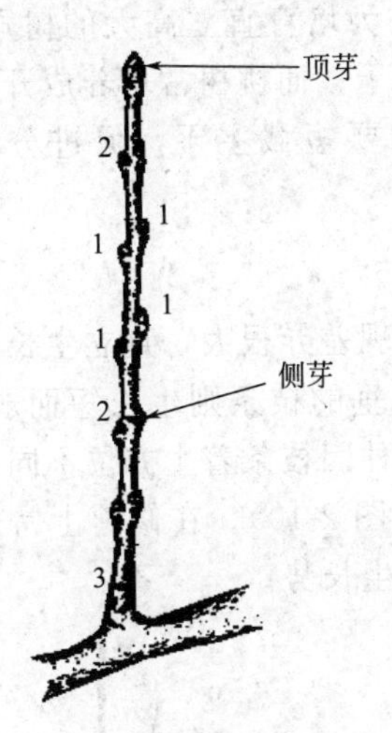

图 2-6 芽的异质性

1—饱满芽；2—半饱满芽；3—瘪芽

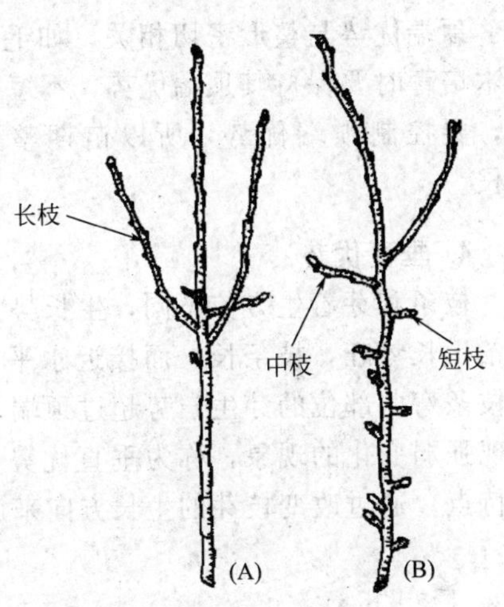

图 2-7 萌芽力，成枝力

（A）萌芽力弱，成枝力强；

（B）萌芽力强，成枝力弱

3. **顶端优势（先端优势）**

顶端优势就是同一枝上顶端抽生的枝梢生长势最强，向下依次递减的现象，这是枝条背地生长的极性表现。一般来说，乔木树种都有较强的顶端优势（见图 2-8 和图 2-9）。

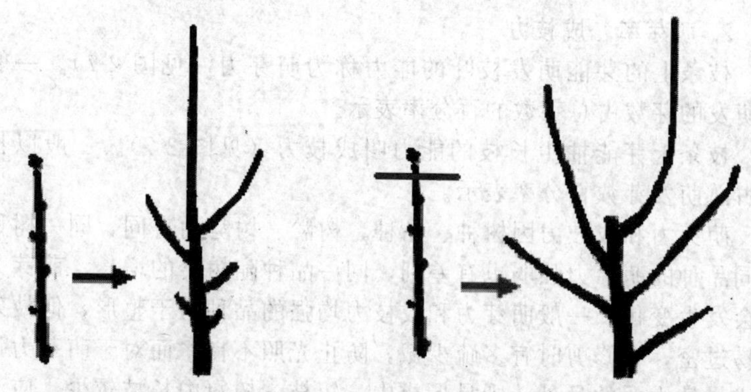

图 2-8　顶端优势　　　　图 2-9　去掉顶端优势萌发长枝多

顶端优势与整形密切相关，如毛白杨为培育直立高大的树冠，苗木培育时要保持其顶端优势，不短截主干；而桃树常培养成开心形，要控制顶端优势，所以苗期整形时要短截主干，促进分枝生长。

4. 垂直优势

枝条和芽着生方位不同，生长势力表现差异很大，直立生长的枝条生长势旺，枝条长；而接近水平或下垂的枝条则生长短而弱；在枝条弯曲部位的芽生长势超过顶端，这种因枝条着生方位不同而出现强弱变化的现象，称为垂直优势（见图 2-10）。在修剪上常用此特点，通过改变枝芽的生长方向来调节生长势。

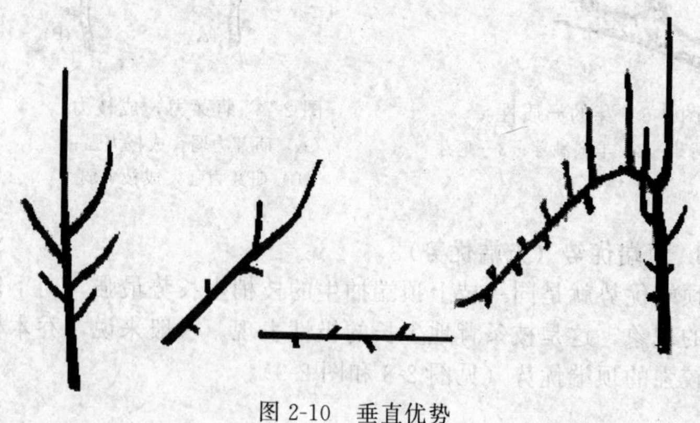

图 2-10　垂直优势

三、常用的修剪方法

1. 短截

剪去一年生枝的一部分，根据修剪量的多少分为四类：轻短截、中短截、重短截和极重短截。一年四季都可进行（见图 2-11）。

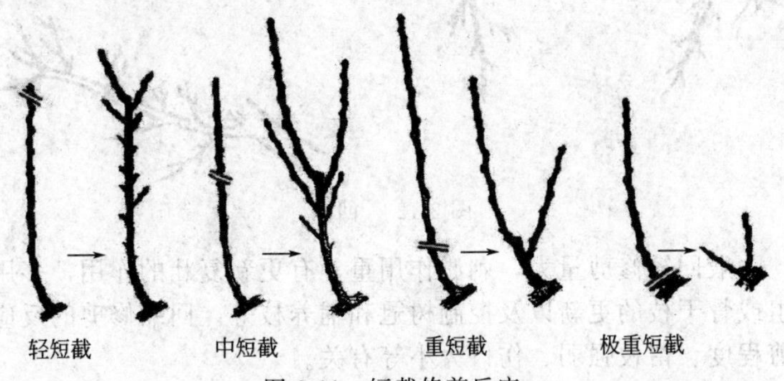

图 2-11 短截修剪反应

（1）轻短截 只剪去一年生枝梢顶端的一小部分（1/4～1/5）。因剪截轻，弱芽当头，故形成中短梢多，起到缓和树势，促生中短枝，促进成花的作用。

（2）中短截 在枝条中上部饱满芽处短截（1/3～1/2）。由于采用好芽当头，其效果是截后形成长枝多，生长势强，可促加速扩大树冠。一般多用于培养骨干枝、大型枝组或复壮枝势。

（3）重短截 春梢中下部短截。在春梢的中下部剪截（2/3～3/4）。虽然剪截较重，因芽质少差，发枝不旺，通常能发出 1～2 个长中枝，一般用于培养枝组。

（4）极重短截 极重短截是只留枝条基部 1～2 芽的剪截。截后一般萌发 1～2 个细弱枝。常用于竞争枝的处理，也用于培养小型的结果枝组。

不同短截方式的修剪反应不同，修剪反应受剪口处芽子的充实饱满程度影响，还与树种、品种有关。不同程度短截修剪后的反应如图 2-11 所示。

2. 回缩（缩剪）

剪去多年生枝的一部分。通常用于多年生枝的更新复壮或换头，于休眠期进行（见图 2-12）。

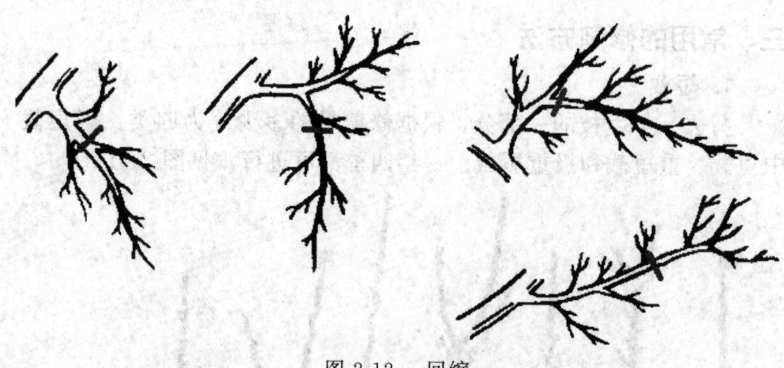

图 2-12　回缩

一般回缩修剪量大，刺激作用重，有更新复壮的作用，多用于枝组或骨干枝的更新以及控制树冠和辅养枝等。回缩修剪的反应与缩剪程度、留枝强弱、伤口大小等有关。

3. 疏枝

将枝条由基部剪去称之为疏枝。疏剪可以改善树冠本身通风透光，对全树来说，起削弱生长的作用，减少树体总生长量；对伤口以上有抑制作用，削弱长势，对伤口以下的枝芽有促进生长作用，距伤口越近，作用越明显，疏除枝条越粗，造成伤口越大，这种作用越明显，所以，没有用的枝条越早疏除越好。

疏除对象一般是交叉枝、重叠枝、徒长枝、内堂枝、根蘖、病虫枝（见图 2-13）。

『经验推广』

疏枝时应该注意的问题：

疏除多年生大枝往往会削弱树体的生长，所以，当需要疏除多个大枝时，要逐年控制，分期疏除；避免“对口伤”。

4. 长放

对枝条不修剪，也叫缓放、甩放。长放是利用单枝生长势逐年减弱的特性，保留大量枝叶，避免修剪刺激而旺长，利于营养物质积累，形成花芽（见图 2-14）。

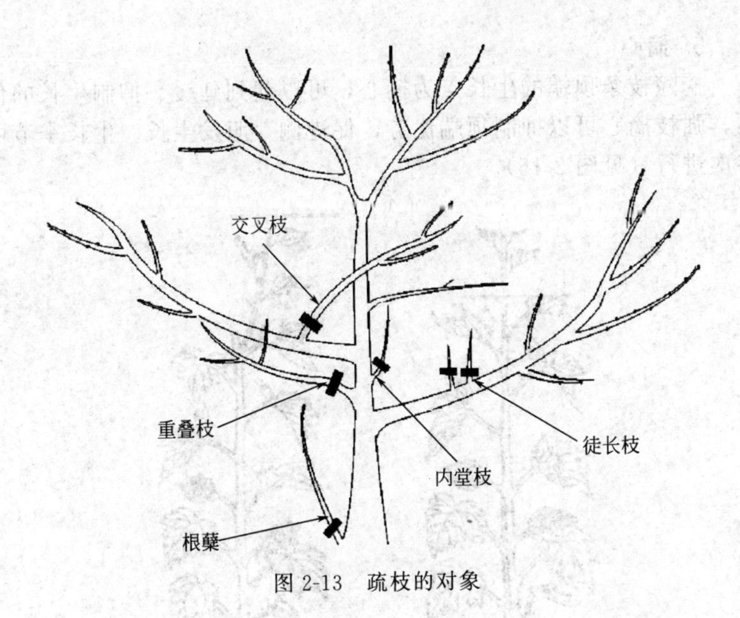

图 2-13　疏枝的对象

图 2-14　长放的修剪反应

『经验推广』

长放的对象是中庸枝、斜生枝和水平枝，对于背上枝，由于极性生长明显，容易越放越旺，出现树上长树的现象，所以一般不进行长放。为了减少修剪量，增加分枝，有时也缓放一些长枝，但必须改变枝向，并配合扭伤，环剥等措施，才有利于削弱树势，促进花芽形成。

5. 摘心

摘除枝条顶端的生长点为摘心，可以起到延缓、抑制生长的作用，强枝摘心可以抑制顶端优势，促进侧芽萌发生长。生长季节可多次进行（见图 2-15）。

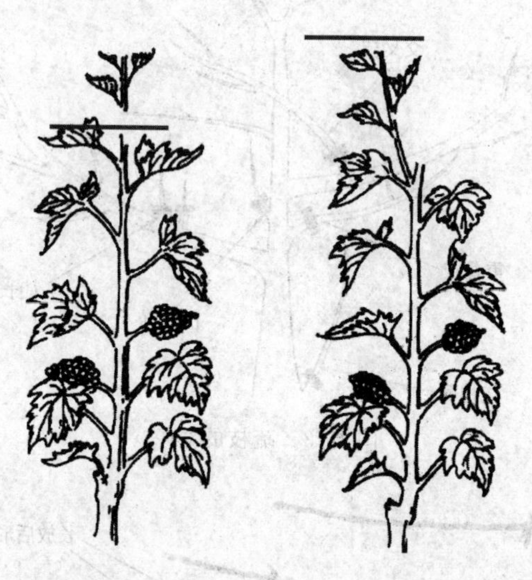

图 2-15　左第一次摘心，右第二次摘心

6. 抹芽、疏梢

抹芽即新梢长到 5～10cm 时，把多余的新梢、隐芽萌发的新梢及过密过弱的新梢从基部掰掉。新梢长到 10cm 以上后去掉为疏梢。没有用的新梢越早去掉越好（见图 2-16 和图 2-17）。

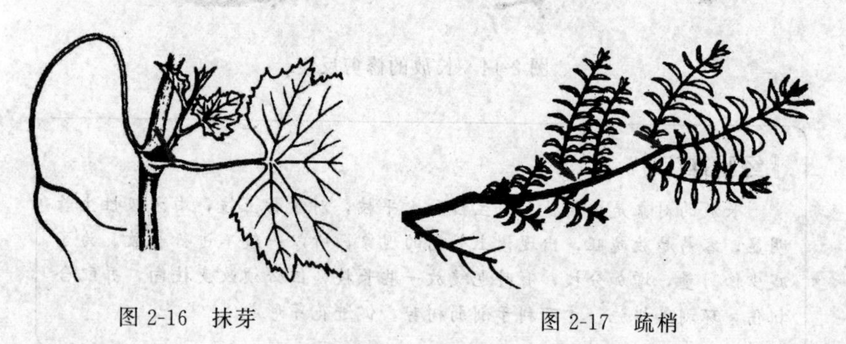

图 2-16　抹芽　　图 2-17　疏梢

7. 环剥

环剥是将枝干的韧皮部剥去一环。环剥作用是抑制剥口上营养生长，促进剥口下发枝，同时促进剥口上成花（见图 2-18）。

图 2-18 环剥的修剪反应

8. 刻伤、环割

刻伤也叫目伤，春季发芽前，在枝条上某芽上方 1～3mm 处刻伤韧皮部，造成半月形伤口，可促进芽萌发。环割是在芽上割一圈，伤韧皮部，不伤木质部，作用与刻伤相同（见图 2-19）。

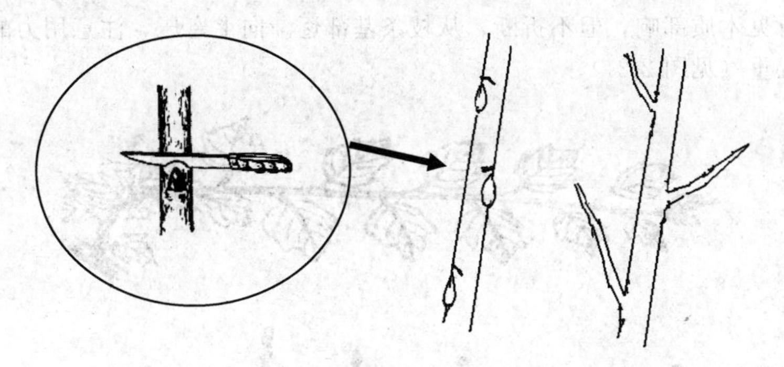

图 2-19 芽上刻伤促进芽萌发

9. 扭梢、拿枝、转枝

扭梢是将枝条扭转 180°，使向上生长的枝条，转向下生长（见图 2-20）。

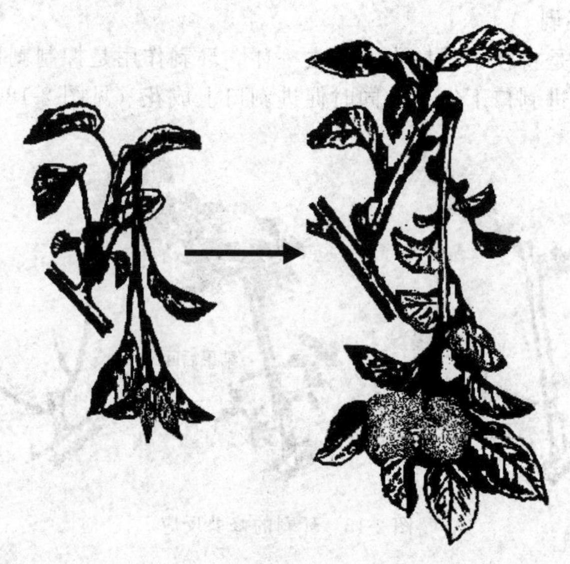

图 2-20　扭梢

拿枝是在生长季枝条半木质化时，用手将直立生长的枝条改变成水平生长，操作时拇指在枝条上，其余 4 指在枝条下方，从枝条基本 10cm 处开始用力弯压 1～2 下，将枝条木质部损伤，用力时听见木质部响，但不折断，从枝条基部逐渐向上弯压，注意用力的轻重（见图 2-21）。

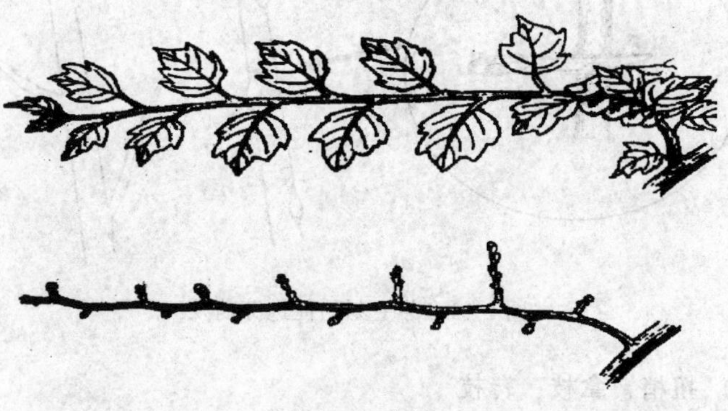

图 2-21　拿枝

转枝是用双手将半木质化的新梢拧转造伤（见图 2-22）。

扭梢、拿枝、转枝的作用都是将枝梢扭伤，阻碍养分的运输，缓和长势，提高萌芽率促进中短枝的形成。

图 2-22 转枝（右为转枝后成花结果）

10. 改变枝条生长方向

扭梢和拿枝也可以改变枝条方向，修剪时常用曲枝、盘枝、别枝和撑、拉、坠等方法改变枝条的角度和方向，开张角度，缓和枝条生长势，既有利于营养物质的积累，又可改善通风透光状况（见图 2-23 至图 2-25）。

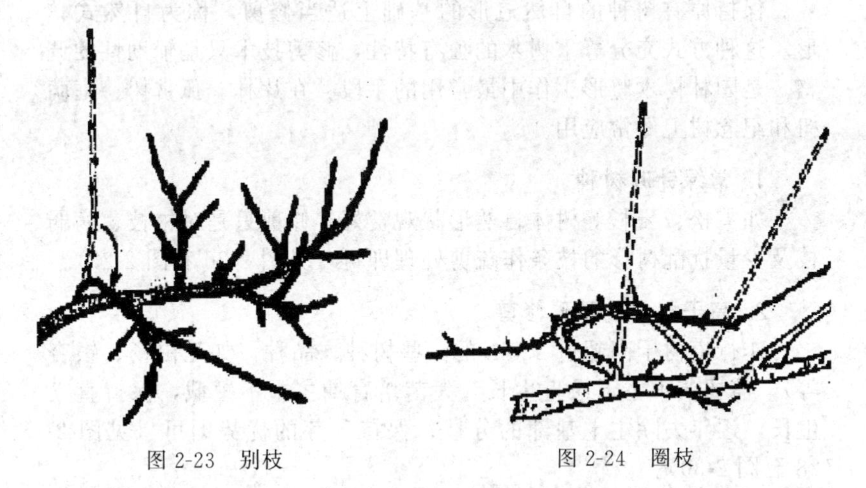

图 2-23 别枝　　图 2-24 圈枝

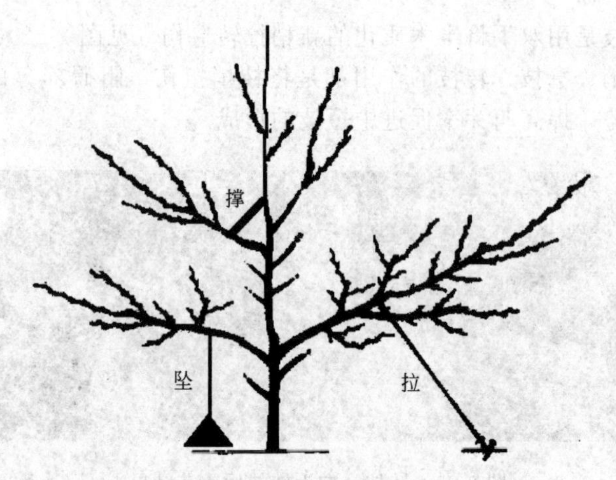

图 2-25　改变枝条生长方向（撑、拉、坠）

四、苗木的整形修剪

树体的整形是用修剪技术来完成的，修剪是整形的基础。园林苗木种类不同，树形要求不同，整形修剪方法不同。

（一）自然式苗木的整形修剪

保持原有树种的自然冠形的基础上适当修剪，称为自然式整形。这种方式充分尊重树木的独有特性，修剪技术只是辅助性的调整。是园林树木整形工作中最常用的手段。在片林、孤赏树、庭荫树和纪念树上经常应用。

1. 常绿针叶树种

如雪松、云杉等树体自然形状观赏好，修剪只是对枯枝、病弱枝及少量扰乱树形的枝条作疏剪处理即可（见图 2-26 和图 2-27）。

2. 高干乔木的整形修剪

作行道树干高超过 2.5m 的一些树种、品种（如毛白杨、银杏等），需要苗木主干通直生长。大苗培育期主干不短截，保持直立生长，逐年去除主干基部的分枝，保持顶芽的优势即可（见图 2-28 至图 2-30）。

还有嫁接需要的大砧木，要求主干高 1.5m 以上，如龙爪槐，中华金叶榆，大苗培育期整形修剪同上。

图 2-26 雪松

图 2-27 云杉

图 2-28 毛白杨大苗

图 2-29 银杏大苗

(二) 低干乔木大苗的整形修剪

有些树种、品种的树形（疏散分层形、开心形等）主干较低，大苗培养期，当主干达到一定高度后要短截，促进分枝生

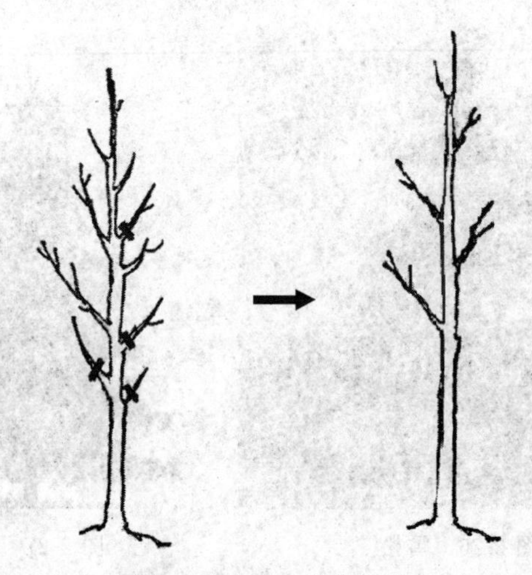

图 2-30　高干乔木的整形

长。对主干的短截叫定干。对主干出现的竞争枝应剪短或疏除。这些低干的树种，短截主干后，增加分枝量，有利于树冠扩大和主干加粗。

定干：在树形规定的干高上加 20cm 处短截主干，要求剪口下 20cm 有多个饱满芽，这 20cm 称为整形带。为了将来在整形带内萌发多个长枝（选作主枝），常在定干后萌芽前将整形带中芽刻伤，促进芽萌发（见图 2-31）。

竞争枝：指处于主干或主枝的延长枝（剪口下第一芽枝）附近、长势与延长枝相当的枝条，它分枝角度小、干扰骨干枝的延伸方向，是整形修剪时要重点处理的对象。一般竞争枝可以用疏除、短截、拿枝、扭梢等方法控制其生长（见图 2-32）。

1. 疏散分层形整形过程

（1）定干　疏散分层形定干高度为 70～80cm（见图 2-33）。

（2）中心干和竞争枝的修剪　第一年生长季整形带内可着生 5～8个枝条。冬季从上部选择位置居中、生长旺盛的枝条作为中心干延长枝，留 50～60cm 短截，注意剪口芽的方位。竞争枝的处理方法有两种，一是生长季对竞争枝扭梢，控制其生长；二是冬季把竞争枝硫除或留 1～2 芽短截修剪（见图 2-34）。

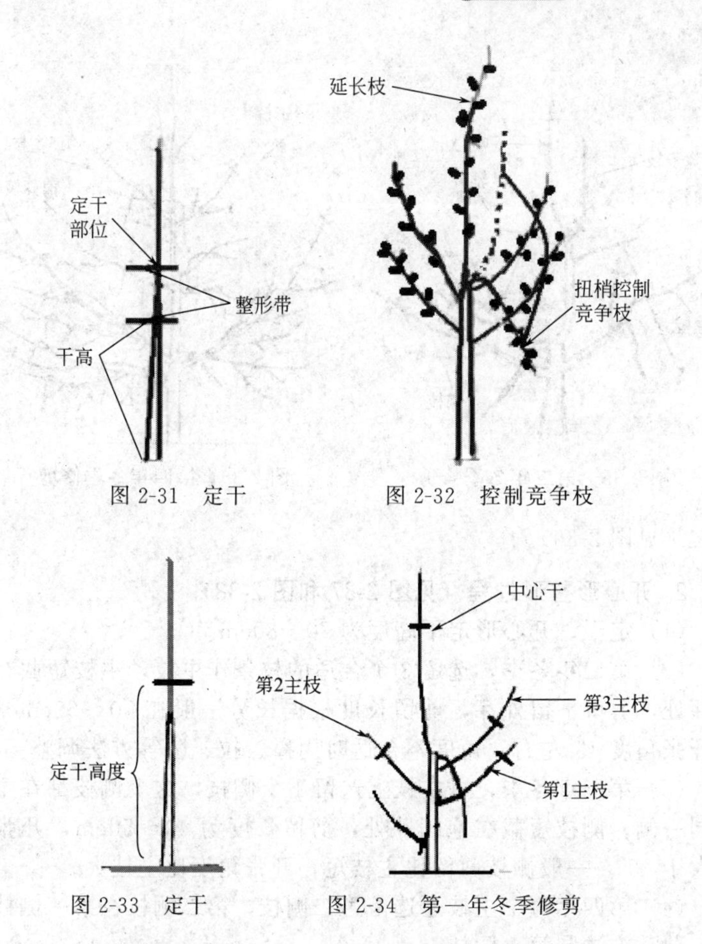

图 2-31　定干　　图 2-32　控制竞争枝

图 2-33　定干　　图 2-34　第一年冬季修剪

（3）主枝培养　第一年冬季在中心干延长枝的下部选择三个方位好、角度合适，生长健壮的枝条作为三大主枝，留 50～60cm 短截，剪口芽留外芽（见图 2-34）。

（4）第二年冬季修剪时　每主枝上选留一个侧枝，主枝和侧枝均剪截在饱满芽处。第二年，在中心干上选留 2 个辅养枝，对辅养枝拉平，控制其生长。下一年对辅养枝于 5 月下旬至 6 月上进行环剥，以促进花芽形成（见图 2-35）。

（5）第三年　在中心干上再选 2 个主枝，修剪方法同基部 3 主枝。第四年，第 4 和第 5 主枝上培养侧枝，修剪方法同基部 3

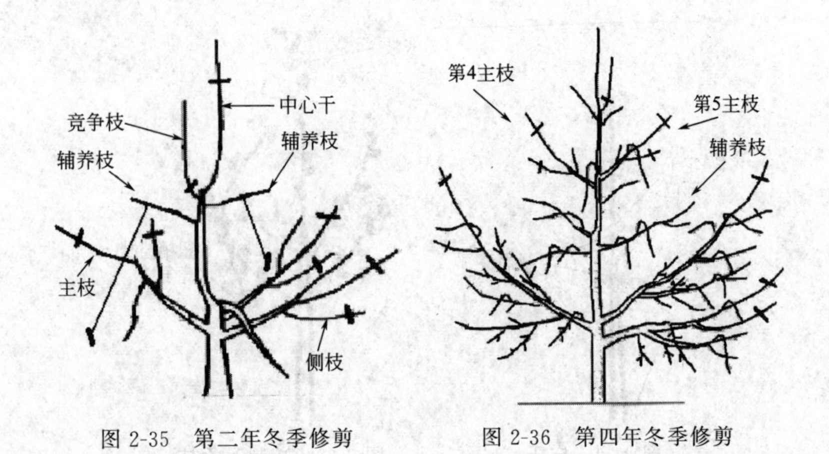

图 2-35　第二年冬季修剪　　　　图 2-36　第四年冬季修剪

主枝（见图 2-36）。

2. 开心形整形过程（见图 2-37 和图 2-38）

（1）定干，开心形定干高度为 70～80cm。

（2）第二年冬季，选留 3 个合适的枝条作主枝，主枝短截在饱满芽处，剪口下留外芽，剪留长度根据长势一般在 50～60cm，主枝开张角度 45°左右。角度不合适时用撑、拉、坠等方法调整。

（3）第三年冬季，每主枝上选留 1 个侧枝，这个侧枝都在主枝的同一侧。侧枝短截在饱满芽处，剪留长度为 40～50cm，开张角度大于 45°。一般侧枝剪留比主枝短，开张角度比主枝大。

（4）第四年每个主枝上选留第二侧枝，第二侧枝在第一侧枝对面，剪截方法同第一侧枝。

不同树形干高不同，骨干枝的数量、排列方式、开张角度不同，整形过程中根据树形要求选留、剪截主枝和侧枝即可。

『经验推广』

整形过程中恰当应用短截修剪方法，短截在饱满芽处，有利于萌发旺枝，培养骨干枝。骨干枝的加粗生长是形成层细胞分裂和分化的结果，形成层活动有赖于茎尖分泌的生长素，因此，大骨干枝上小枝越多，加粗越快。

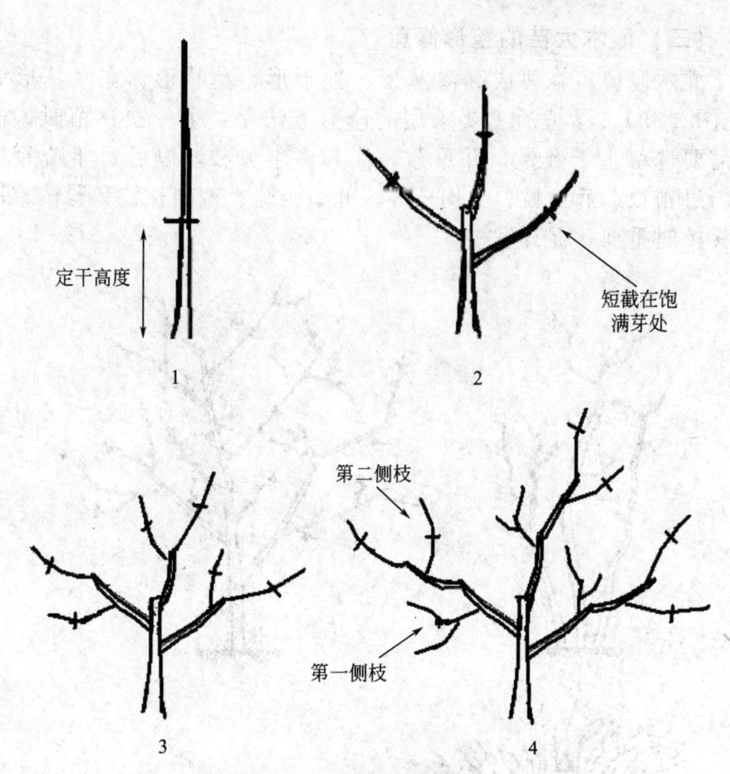

图 2-37 开心形整形过程

1—第一年冬季定干；2—第二年冬季选留三个主枝；

3—第三年每枝上再选留一个侧枝；4—第四年每主枝选留第二侧枝

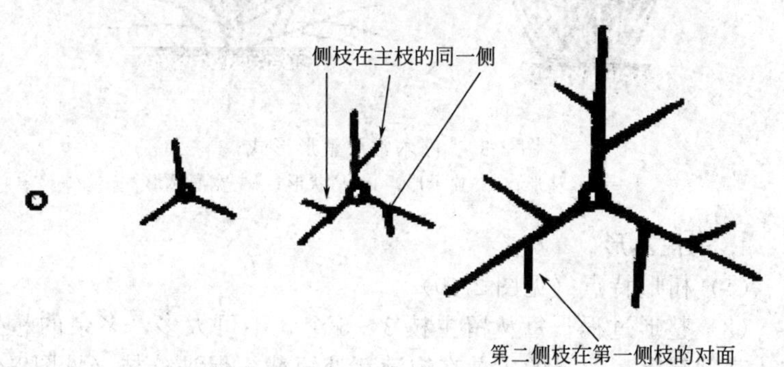

图 2-38 开心形整形过程顶视图

（三）灌木大苗的整形修剪

灌木修剪多修剪成高灌丛形、独干形、丛状形、宽灌丛形等（见图 2-39）。移植后主要采用的修剪方法是：第一次移植时，根据需要选留主干数量，并重截，促其多生分枝，以后每年疏除枯枝。过密枝、病虫枝、受伤枝等，并适当疏、截徒长枝和弱枝。每次移植时重剪，促其发枝。

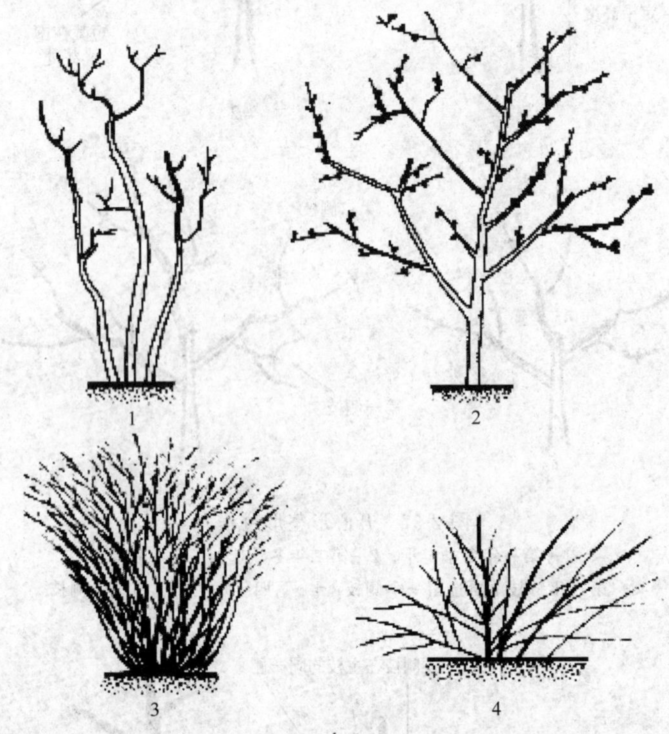

图 2-39　灌木常用整形形式

1—高灌丛形；2—独干形；3—丛状形；4—宽灌丛形

1. 高灌丛形

（1）树形特点（见图 2-40）

（2）整形过程　每丛留主枝 3～5 个，不可太多，多余的丛生枝从基部疏除，留下的主枝在饱满芽处短截，促进分枝（见图2-41 和图 2-42）。

图 2-40 高灌丛形灌木

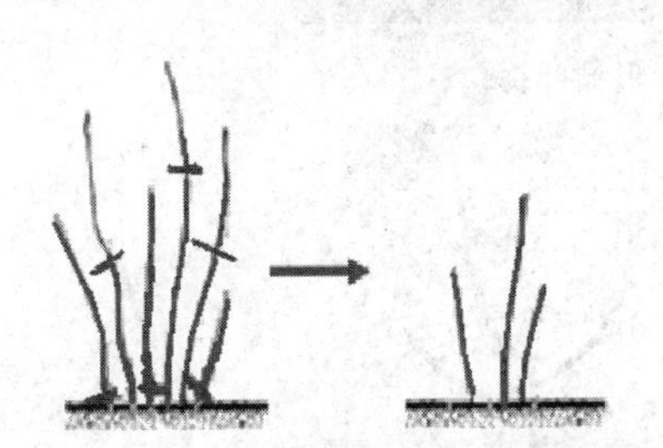

图 2-41 高灌丛形整形过程 1

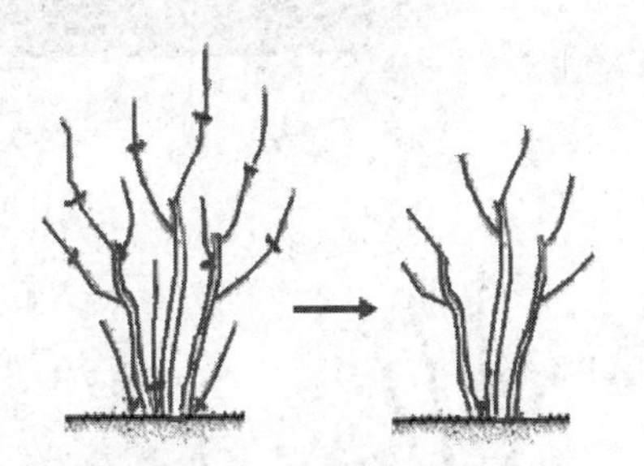

图 2-42 高灌丛形整形过程 2

2. 独干形

(1) 树形特点(见图 2-43)

(2) 整形过程(见图 2-44 至图 2-46)

3. 丛状形和宽灌丛形整形修剪

这两种树形树冠低矮，地面分枝多，整形任务是根据树种生长特点，调整树形，疏除过弱、过密、徒长枝，改善透光性；短截留下的主枝，使其错落有致，提高观赏效果即可(见图 2-47)。

(四) 藤本类大苗的整形修剪

藤本植物的树形有多种，如棚架式、凉廊式，悬崖式或瀑布式

图 2-43　独干形榆叶梅

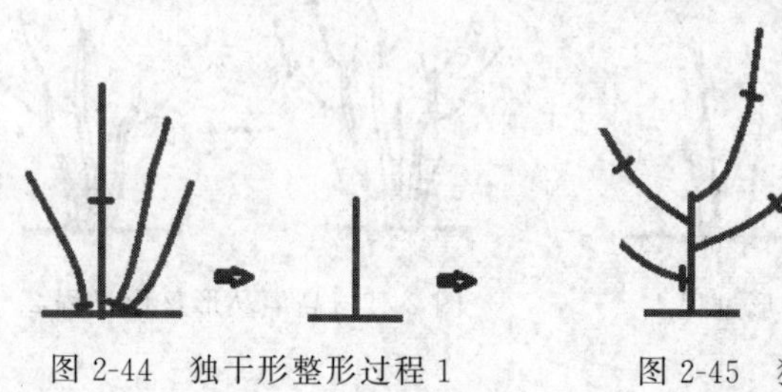

图 2-44　独干形整形过程 1

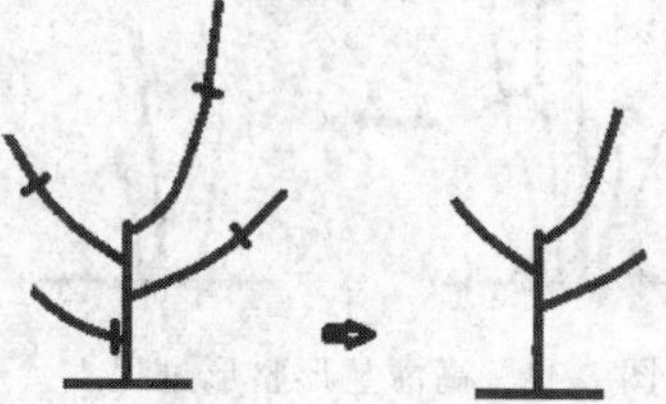

图 2-45　独干形整形过程 2

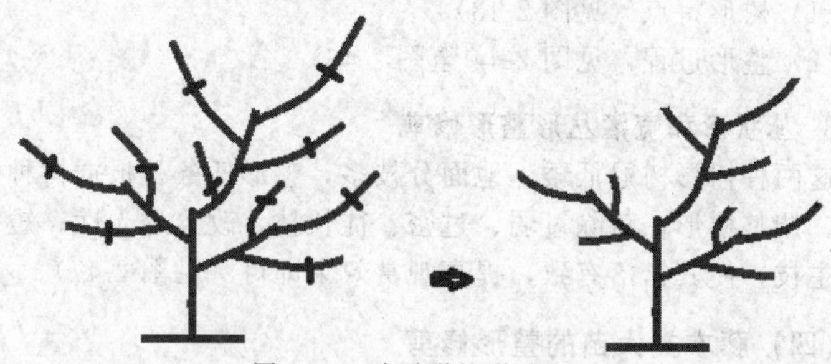

图 2-46　独干形整形过程 3

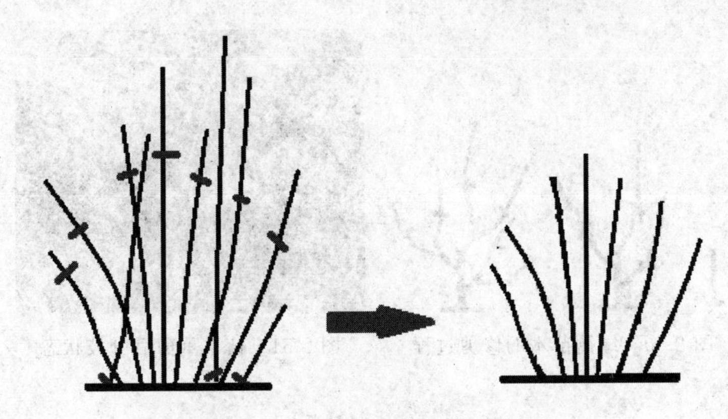

图 2-47　丛状形和宽灌丛形整形过程

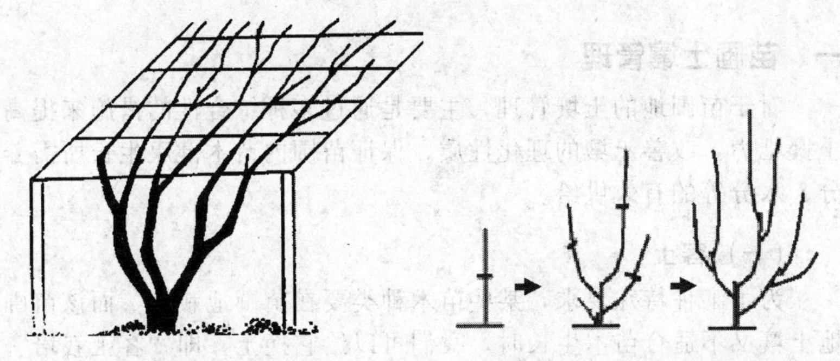

图 2-48　藤本树种常用树形　　　　图 2-49　藤本苗木整形过程

等。藤本植物整成什么样的树形，主要与设立架式有关，苗圃大苗整形修剪的主要任务是养好根系，并培养数条健壮的主蔓（见图 2-48 和图 2-49）。

（五）绿篱及特殊造型的大苗整形修剪

绿篱灌木可从基部大量分枝，形成灌丛，以便定植后进行多种形式修剪，因此，至少重剪两次（见图 2-50 和图 2-51）。为使园林绿化丰富多彩，除采用自然树型外，还可利用树木的发枝特点，通过不同的修剪方法，培育成各种不同的形状。如梯形、扇形、圆球形等。

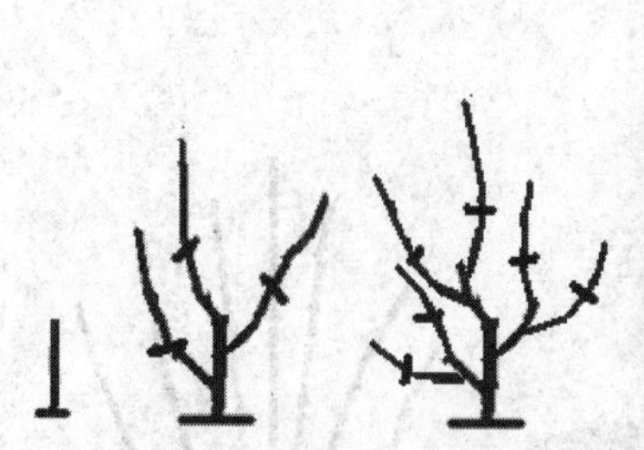

图 2-50　绿篱苗木的修剪过程

图 2-51　苗木重剪后分枝状态

第三节　苗圃的管理

一、苗圃土壤管理

对于苗圃地的土壤管理，主要是通过多种综合性的措施来提高土壤肥力，改善土壤的理化性质，保证苗圃内苗木健康生长所需养分、水分等的有效供给。

（一）客土

为了某种特殊要求，某些苗木种类要在苗圃地栽植，而该苗圃地土壤又不适合苗木生长时，我们可以给它换土，即“客土栽培”。但这种土壤改良方法不适合大面积的苗木种植，一般偏沙土壤可以结合深翻掺一些黏土，偏黏土壤可以掺一些沙土。或在树木的栽植穴中换土。

（二）中耕除草

在生长期间对苗圃地土壤中耕除草，可以切断土壤毛细管，减少土壤水分蒸发，提高土壤肥力；还可以恢复土壤的疏松度，改善土壤通气状况。尤其是在土壤灌水之后，要及时中耕；中耕还可以在早春提高地温，有利于苗木根系生长；中耕还可以清除杂草，减少杂草对水分、养分的竞争，使苗木生长环境清洁美观，抑制病虫害的滋生蔓延。

（三）深翻

选择秋末地上部分停止生长或早春地上部分还没有开始生长的时候对土壤进行深翻，深度以苗木主要根系分布层为主。也可以在未栽植苗木之前，结合整地、施肥对土壤进行深翻。深翻又分为树盘深翻、隔行深翻、全园深翻（见图 2-52 和图 2-53）。

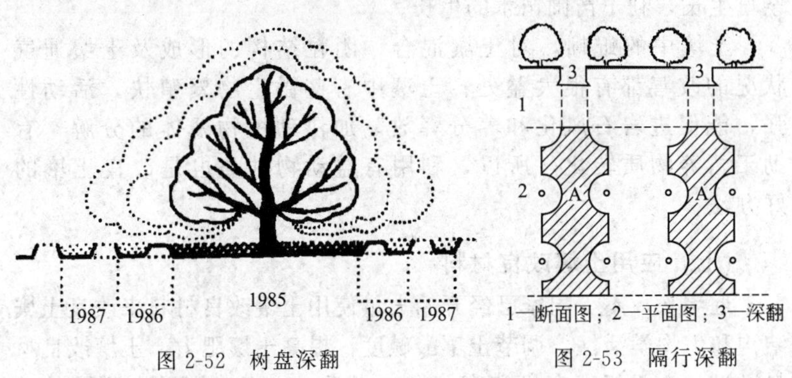

图 2-52 树盘深翻

图 2-53 隔行深翻

通过深翻能改善土壤的水分和通气状况，促进土壤微生物的活动，使土壤当中的难溶性物质转化为可溶性养分，有利于苗圃植物根系的吸收，从而提高土壤肥力。

（四）增施有机肥

给土壤增施有机肥来对土壤进行改良，常用的有机肥料有厩肥、堆肥、饼肥、人粪尿、绿肥等，这些有机肥料都需要腐熟才能使用。有机肥对土壤的改良作用明显，一方面有机肥所含营养元素全面，能有效供给苗木生长所需的各种养分；另一方面还可以增加土壤的腐殖质，提高土壤的保水保肥能力。

（五）调节土壤 pH 值

绝大多数园林植物适宜中性至微酸性的土壤，然而在我国碱性土居多，尤其是北方地区。酸碱度调节就是一项十分必要和经常性的工作。土壤酸化是指对偏碱的土壤进行处理，使土壤 pH 值降低，常用的释酸物质有有机肥料、生理酸性肥料、硫黄等，通过这些物质在土壤中的转化，产生酸性物质，有数据表明，每亩施用 30kg 硫黄粉，可使土壤 pH 值降低 1.5 左右。土壤碱化时常用的方法是往土壤当中施加石灰、草木灰等物质，但以石灰应用比较普遍。

（六）生物改良

在苗圃空地种植地被植物，增加土壤可给态养分的供给，控制杂草生长，利于苗圃苗木的生长。

土壤中的蚯蚓，对土壤混合，团粒结构的形成及土壤通气状况的改善都有很大益处；土壤中有些微生物繁殖快，活动性强，能促进岩石风化和养分释放，加快动植物残体的分解，有助于营养物质转化，所以，利用有益动物种类也是改良土壤的好办法。

（七）应用土壤改良材料

近年来，不少国家已经开始大量使用土壤改良材料来改良土壤结构和生物学活性，调节土壤酸碱度，提高土壤肥力。土壤改良材料可以分为无机、有机和高分子三大类，它们分别具有不同的功能：增加孔隙，协调保水与通气透水性；疏松土壤，提高置换容量，促进微生物活动；使土壤粒子团粒化。目前我国使用的改良材料以有机类型为主，如泥炭、锯末粉、腐叶土等。

二、苗圃的水分管理

苗圃水分管理是根据各类苗木对水分要求，通过多种技术和手段，来满足苗木对水分的需求，保障水分的有效供给，满足植物健康生长。

（一）灌溉方式

1. 漫灌

田间不修沟、畦，水流在地面以漫流方式进行灌溉，粗放经营、浪费水，在干旱的情况下还容易引起次生盐碱化（见图 2-54）。

2. 分区灌溉

把苗圃地中的树划分成许多长方形或正方形的小区进行灌溉。缺点是土壤表面易板结，破坏土壤结构，费劳力且妨碍机械化操作（见图 2-55）。

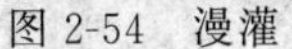

图 2-54 漫灌

图 2-55 分区灌溉

3. 沟灌

一般应用于高床和高垄栽植，水从沟内渗入床内或垄中。此法是我国地面灌溉中普遍应用的一种较好的灌水方法。优点是土壤浸润较均匀，水分蒸发量与流失量较小，防止土壤结构破坏，土壤通气良好（见图 2-56 和图 2-57）。

图 2-56 沟灌

图 2-57 起垄沟灌

4. 喷灌

喷灌是喷洒灌溉的简称。该法便于控制灌溉量，并能防止因灌水过多使土壤产生次生盐渍化，减少渠道占地面积，能提高土地利用率，土壤不板结，并能防止水土流失。这种灌溉方法节省劳力，是应用较广的一种灌溉方法。但是灌溉需要的基本建设投资较高，受风速限制较多，在 3～4 级以上的风力影响下，喷灌不均，因喷水量偏小，所需时间会很长。还有一种微喷，喷头在树下喷，对高大的树体土壤灌溉效果好（见图 2-58 和图 2-59）。

图 2-58 喷灌

图 2-59 微喷

5. 滴灌

滴灌是将灌水主管道埋在地下，水从末级管道上升到土壤表面，管上有滴孔，水缓慢滴入土壤中，节水效果好，是最理想的灌溉方法（见图 2-60）。

图 2-60 滴灌

（二）苗圃不同季节的灌溉与排水

1. 春季苗圃的灌溉与排水

春季气温开始回升，苗木开始萌芽生长，应及时加强对苗圃的早春水分管理。春季干旱的地区，苗木萌芽前要根据土壤湿度及时灌水。春季雨多和地势低洼的苗圃，一旦土壤含水量过多，不仅降低土温，且通透性差，严重影响苗木根系的生长，严重时还会造成苗木烂根死苗，影响苗木回暖复苏。因此，进入春季，应在雨前做好苗圃地四周的清沟工作；没有排水沟的要增开排水沟，已有的还可适当加深，做到雨后苗圃无积水；尤其是对一些耐旱苗木，更应注意水多时要立即排水，防止地下水位的危害；要对苗圃地进行一次浅中耕松土，并结合撒施一些草木灰，能起到吸湿增温的作用，促进苗木生长发育。

2. 夏季苗圃的灌溉与排水

夏季天气干旱时要及时灌溉，苗木速生期需要充足的水分，尤其是幼果期不能缺水，并且灌溉要采取多量少次的办法。每次灌溉要灌透、灌匀。注意防止浇半截水。夏季雨水较多，应注意及时排水防涝。

3. 秋季苗圃的灌溉与排水

秋季为促进苗木木质化，应停止灌溉，此时水分过多易引起立枯病和根腐病。因此，在雨季到来时要注意开沟排水。

4. 冬季苗圃的灌溉与排水

冬季到来前苗圃地要及时浇冻水，冻水要浇大浇透，使苗木吸足水分，增加苗木自身的含水量，防止冬季大风干燥苗木失水过多，影响来年苗木发芽。

『经验推广』

水分管理遵循干湿交替的原则。植株根系的生长也需要一定的氧气，干湿交替既可以给苗木供应充足水分，又可满足苗木根系对氧气的需求。

三、苗圃的营养管理

健壮苗木的生长，需要各种营养物质来补充。但在实际生产中，苗圃土壤当中有些营养元素含量不足，不能满足苗木的生长，苗圃施肥很有必要。

（一）常见有机肥料的种类和性质

苗圃常用的肥料很多，可分为有机肥料和无机肥料。有机肥料如堆肥、厩肥、绿肥、饼肥、泥炭腐殖质、人粪尿等，含有多种元素，又称为完全肥料，可以长期缓慢供给植物营养。

1. 人粪尿

人粪尿含有各种植物营养元素、丰富的有机质和微生物，是重要的肥源之一，需腐熟以后使用，腐熟的时间大概在半个月左右。人粪尿养分全、肥效较快而持久、能够改良土壤和成本低等优点，可作追肥与基肥。牲畜粪尿同人粪尿相似，养分分解释放速度慢，需要经过长时间的腐熟之后才能使用。

2. 饼肥、堆肥

饼肥、堆肥含有丰富的植物营养元素，其中饼肥有机质含量可以达到87%，氮、磷。钾含量也相对很高。但是绝大部分不能被苗木直接吸收利用，一定要经过微生物的分解后才能发挥作用。堆肥是农作物秸秆、落叶、草皮等材料混合堆积，经过一系列转化过程造成的有机肥料。使用堆肥作基肥，可以供给苗木生长所需的各种养分，增加土壤有机质、改良土壤。

3. 泥炭、腐殖质

泥炭有机质含量在40%～70%，含氮量在1%～2.5%，氮、钾含量均不多，pH在6左右，且含有一定量的铁元素。泥炭当中的养分绝大多数不能被直接利用，但是泥炭本身具有很强的保水保肥能力，肥效差，需要与其他肥料混合施用。森林腐殖质是森林地表面的枯落物层，有分解的和未分解的枯枝落叶未定形有机物，pH同泥炭，也是酸性肥料。其中的养分不能被苗木立即利用，通常用作堆肥的原材料，经过发酵腐熟后作为基肥，大量施入可以改良土壤的物理性质。

4. 绿肥

绿肥是绿色植物的茎叶等沤制而成或直接将其翻入地下作为肥料。绿肥含营养元素全面，绿肥的种类很多，如苜蓿、大豆、蚕豆、紫穗槐、胡枝子等，它们的营养元素含量因植物种类而异。

（二）常见无机肥料的种类和性质

1. 氮肥

常见氮肥有硫酸铵、氯化铵、碳酸氢铵、硝酸铵和尿素等。它们含氮量各异，都属于是速效性肥料。一般都只用作追肥，在苗木生长季节进行根外施肥效果较好。

2. 磷肥

常见的有过磷酸钙、磷矿粉和钙镁磷肥，前者是速效肥料，后两者是缓效肥料，一般与基肥一起混合施用。

3. 钾肥

常见的有硫酸钾和氯化钾，含钾量分别是50%左右和45%左右，都是生理酸性肥料，适用于碱性或中性土壤，作基肥、追肥均可，但以在春天结合整地作基肥效果最好。

（三）苗圃的施肥时间和方法

1. 基肥

苗圃地苗木常在播种或移植前施用基肥，常用有机肥。它主要是供给植物整个生长期中所需要的养分，为植物生长发育创造良好的土壤条件，也有改良土壤、培肥地力的作用。基肥主要施入方法是土壤施肥。

2. 追肥

又叫补肥，是指在植物生长中加施的肥料。追肥的作用主要是为了供应植物某个时期对养分的大量需要，或者补充基肥的不足，常用无机肥。

确定追肥施肥时期依据是树体的需肥时期、土壤养分变化规律、肥料的性质。植物种类不同，需肥时期不同，一般苗木追肥时期主要有萌芽前、新梢迅速生长期、果实膨大期。追肥施入方法有土壤施肥、灌溉式施肥、叶面喷肥。叶面喷肥常用浓度见表2-1。

表 2-1　叶面喷肥常用浓度

肥料种类	喷施浓度/%	肥料种类	喷施浓度/%
尿素	0.3～0.5	柠檬酸钾	0.05～0.1
硫酸铵	0.3	硫酸亚铁	0.05～0.1
硝酸铵	0.3	硫酸锌	0.05～0.1
过磷酸钙	0.5～1.0	硫酸锰	0.05～0.1
草木灰	1.0～3.0	硫酸铜	0.01～0.02
硫酸钾	0.5	硫酸镁	0.05～0.1
磷酸二氢钾	0.2～0.3	硼酸、硼砂	0.05～0.1

3. 水肥一体化

苗圃地的苗木种植密度较大，传统土壤施肥方法不方便，采用水肥一体化技术可省时、省工。

水肥一体化就是通过灌溉系统来施肥。是借助压力系统，将可溶性固体或液体肥料配兑成的肥液与灌溉水一起，通过可控管道系统供水、供肥。水肥相融后，通过管道均匀、定时、定量，按比例直接提供树体，可喷灌施入和滴灌施入等（见图 2-61）。生产上也有用打药设备改装的简易的水肥一体化设备（见图 2-62 和图 2-63），用追肥枪打孔施肥，每树打 4～16 孔，每亩追肥 1000kg，3 亩地半天施完。

图 2-61　果园水肥一体化

图 2-62　追肥枪追肥（简易水肥一体化）

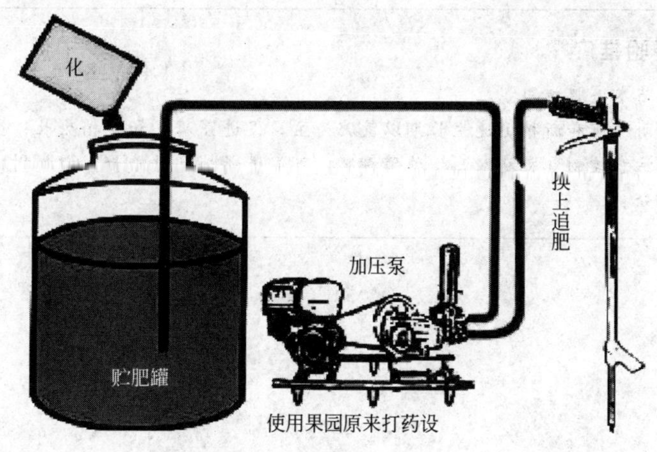

图 2-63 简易水肥一体化

4. **施肥注意事项**

(1) 看天施肥　温度较低时，苗木吸收养分较少，尤其对氮、磷的吸收更受限制；而温度高时苗木吸收养分就多，因此，在夏季雨后，追施速效氮肥效果显著。在南方高温多雨季节，应采用薄肥勤施，避免养分流失。

(2) 看地施肥　土壤类型和状况对选择何种肥料及施用量起决定的作用。沙性土壤质地疏松，通气性较好，保水保肥性差，施肥要以有机肥为主，追肥要少量多次。质地较黏的土壤通气性较差，应施有机肥为主，改善土壤物理性状。酸性土壤磷更易被土壤固定，钾、钙、镁易流失，应施过钙镁磷肥、磷矿粉、石灰、及草木灰和可溶性钾盐等。碱性土壤中磷易被固定，铁易成难溶性氧化物，不能被苗木吸收利用，施肥除施用酸性肥料外，还要多施有机肥及土壤调节剂（硫黄或石膏）。

(3) 看苗施肥　根据苗木生长特征施肥，不同树种对养分要求不尽相同，多数以氮为主。而豆科苗木有固氮根瘤菌，应增施磷肥，以促使根瘤菌的生长。幼苗期需肥量小，以磷肥为主；速生期需大量肥料，以氮肥为主。为防止苗木秋后受冻害，应多施钾肥。

『经验推广』

苗木追肥施用：

萌芽前和新梢迅速生长期以氮肥为主，促进芽萌发和新梢生长；生长后期注意控制氮肥施入，增施磷钾肥，可促进新梢及时停长，增加树体贮藏养分。

第三章

苗木出圃

苗木出圃是将能够到绿化地区栽植的苗木从苗圃地挖出，运到绿化地区栽植的过程。出圃的内容包括：调查、起苗、分级、检疫、消毒、包装和运输贮藏等。苗木出圃是育苗工作的重要环节，直接影响苗木的质量、栽植成活率及幼树的生长。

第一节　苗木出圃前准备

一、苗木出圃前的调查

1. 调查的目的要求

通过调查，了解全圃苗木的数量和质量，以便做出苗木的出圃计划、第二年的生产计划和供销计划；并可通过调查，进一步掌握各种苗木的生长发育状况，科学地总结育苗经验，为今后的生产提供科学依据。调查时选择树木落叶前，按树种或品种、繁殖方法、苗木的年龄等标准分别进行，调查其树高、胸径、地径、冠幅等生长指标，要求选用科学的调查方法，认真的测量各个质量指标，正确的统计苗木的产量、质量，保证可靠性在90%以上。

调查前需要对圃地进行全面的踏查，以便在调查过程中划分调查区和确定调查方法。树种或品种一致、育苗方法一致、苗木年龄一致、主要育苗技术措施一致的都可以采用相同的调查方法，划定为同一个调查区。同一调查区域的苗木要进行统一编号。

2. 调查的方法

对全圃进行调查工作量太大，而且造成人力、财力的浪费。目前，一般的苗圃调查采用抽样调查的方法。常用的调查方法有如下几种。

（1）记数法　主要针对珍贵树种大苗和某些针叶树种。为了数据准确，常按垄或畦逐株点数，并抽样测量苗高、地径或胸径、冠幅等，计算其平均值，以获得苗木的数量和质量信息。有些苗圃还对准备出圃的苗木，进行逐株清点、测量，并在树上做上规格标志，为出圃工作带来方便，但此方法只限于数量较少的情况。

（2）标准行法　适用于移植区、部分大苗区以及扦插苗区等。在要调查的苗木生产区中，每隔一定的行数，选一行或一垄作为标准行，再在标准行上选出有代表性的一定长度的地段，在选定的地段上进行苗木质量指标和数量的调查，然后计算出调查地段苗行的总长度和单位长度的产苗量，然后推算总的产苗量。

（3）标准地法　适用于苗床育苗、播种的小苗。在调查区内随机抽取 $1m^2$ 的标准地若干，在标准地上随机抽样测量苗高、地径、冠幅等质量指标，并计算出每平方米苗木的平均数量和质量，进而推算出全生产区苗木的数量和质量。

选标准行或标准地，一定要从数量和质量上选有代表性的地段进行苗木调查，否则调查结果不能代表整个生产区的情况。

目前苗木调查常采用的抽样方法还有机械抽样法、简单随机抽样法和分层抽样法。这些方法与上述标准行或标准地法相比，调查的工作量小，但可靠性大，精度高；野外调查时很容易计算出调查的数量和精度，若未达到要求，也很容易计算出要补测的样地数量。

机械抽样是随机确定起始点，以等距离均匀分布各样地；简单随机抽样是一直利用随机数表决定样地位置；分层抽样是先根据苗木的质量粗测，对调查因子分级，然后按级别进行抽样调查。目前应用最多的方法是机械抽样法。

3. 苗木年龄的表示方法

出圃苗木，必须标明其年龄，以确保能够采取正确的养护措施。苗木的年龄一般以苗木的年生长周期为计算单位，即每年从地上部分开始生长到结束为止为一个生长周期，即为一年。对于不满一年或没有完整生命周期的苗木，也可以用半年来计算，因此能够看到3.5年生苗、半年生苗等，要注意的是，移植苗的年龄包括其移植前的年龄。不同方法育成的苗木其表示方法也有区别。

(1) 播种苗　用两个数字表示，中间用“—”分开，前面数字表示总年龄，后一数字表示移植次数。举例说明：马尾松苗（2—0），即为马尾松2年生播种苗，没有经过移植。杨树（1—1）表示的是1年生播种苗，移植过1次。

(2) 扦插苗　表示方式同播种苗，如海棠（2—1），即为海棠2年生扦插苗，经过1次移植。

(3) 嫁接苗　同样用两个数字表示，前一个数字为分数，分子为接穗年龄，分母为砧木年龄，如核桃嫁接苗（3/4—2），即核桃嫁接苗，砧木为四年生，接穗为三年生，经过了两次移植。

二、苗木出圃的规格

随着城市建设的发展，对苗木的规格要求逐渐加大。栽植要求不同，苗木的规格要求也不一样。如用作行道树的苗木，规格要求较大，而一般绿地用苗规格要求可小些。如北京市园林局对苗木的质量非常重视，根据多年来的经验，他们制订了“五不出”的要求，即不够规格的不出，树形不好的不出，根系不完整的不出，有严重病虫害的不出，有机械损伤的不出。

以下为北京市园林局目前执行的苗木出圃的规格标准，可供参考。

1. 大中型落叶乔木

如国槐、毛白杨、合欢、元宝枫等树钟，要求树干直立，树型良好，胸径在3cm以上（行道树苗胸径要在4cm以上），分枝点在2～3m为出圃苗木的最低标准。另胸径每增加0.5cm，应提高一个规格级别。

2. 小型落叶乔木及单干式的灌木

如柿树、苹果、榆叶梅、碧桃、紫叶李、西府海棠等，要求树冠丰满，枝条分布匀称，地径在2.5cm以上为出圃苗木的最低标准。另地径每提高0.5cm，应提高一个规格级别。

3. 多干式灌木

要求根际分枝处有3个以上分布均匀的主技。但由于灌木种类繁多类型各异，又可分为大、中、小型，各型规格要求如下。

（1）大型灌木类　如丁香、黄刺玫、珍珠梅、金银木等，出圃高度要在 80cm 以上，高度每增加 30cm，即提高一个规格级别。

（2）中型灌木类　如紫荆、紫薇、木香等，出圃高度要求在 50cm 以上，高度每增加 20cm，即提高一个规格级别。

（3）小型灌木类　如月季、小檗、郁李等，出圃高度要求在 30cm 以上，高度每增加 10cm，即提高一个规格级别。

4. 绿篱苗木

如侧柏、小叶黄杨等，要求苗木树势旺盛，基部枝叶丰满，全株成丛。冠丛直径 20cm 以上，高 50cm 以上为出圃苗木的最低标准。另苗木高度每增加 20cm，即提高一个规格级别。

5. 常绿乔木

要求苗木树型丰满，保持各树种特有的冠型，苗木下部枝叶无脱落现象。苗木高度在 1.5m 以上，胸径在 5cm 以上为最低出圃标准。另高度每增加 50cm，即提高一个规格级别。

6. 攀援类苗木

如紫藤、葡萄、凌霄等，要求生长旺盛，根系发达，枝蔓发育充实，腋芽饱满，每株苗木必须带 2～3 个主蔓。此类苗木以苗龄确定出圃规格，每增加一年提高一级。

7. 人工造型苗木

如小叶女贞、黄杨等植物球，培育年限较长，出圃规格各异，可按不同要求和不同使用目的而定，但是球体必须完整、丰满。

第二节　苗木出圃

一、出圃苗木的挖掘

俗称起苗，就是把已达出圃规格或需移植扩大株行距的苗木从苗圃地上挖起来。这一操作是育苗工作的重要生产环节之一，其操作的好坏直接影响苗木的质量和移植成活率、苗圃的经济效益以及城市绿化效果。

1. **起苗时间**

起苗时间主要由苗木的生长特性决定，适宜的起苗时间是在苗木休眠期，不适宜的起苗时间会降低苗木成活率。落叶树种的起苗，多在秋季落叶或春季萌芽前起苗；常绿树种的起苗，北方大多在春季春梢萌发前进行，秋季在新梢充分成熟后进行。容器苗起苗不受季节限制。

2. **起苗方法**

（1）裸根起苗　是目前生产上应用最广泛的一种起苗方法。大部分落叶树种和容易成活的针叶树小苗一般采用裸根起苗。起苗时，沿苗行方向距苗行 20cm 左右挖沟，在沟壁下侧挖斜槽，然后根据要求的根系深度切断主根，再在第二行与第一行间插入工具切断侧根，把苗木推向中间即可取苗（见图 3-1）。取苗时要全部切断根系再取，注意不能硬拔，避免损伤根系。

图 3-1　人工起苗技术示意图

（2）带土球起苗　对于一般的常绿树、名贵大树和较大的花灌木则采取带土球起苗（见图 3-2）。土球的大小因苗木的大小、根系分布情况、树种成活难易、土壤质地等条件而异。土球的大小以能包括要移植树木 50%以上的根系，过大容易散落，太小则伤根过多，一般的土球直径为苗木直径的 6～8 倍，土球高度约为土球直径的三分之二；灌木的土球直径是其冠幅的一半或者四分之一。

起苗时先将其枝叶用绳捆好，以缩小体积，便于操作和运输；少数珍贵大苗，还要将根颈以上的 1m 主干用草绳或稻草包扎（见图 3-3），以免运输中被损伤。

带土球起苗具体步骤如下：

① 划线　以树干为中心，按规定的土球直径一半长度划圆，

图 3-2 人工起苗—带土球

图 3-3 树干包扎

保证起出土球符合标准。

② 起宝盖 去掉树根部比土球略大的表土，深度达水平根系露出为止。

③ 挖坨 沿地面上所划圆的外缘 3～5cm 处，向下垂直挖沟，沟宽以便于操作为度，一般 50～80cm，边挖边修土球表面，挖至土球达规定的深度。

④ 修平 挖掘到规定深度后，球底暂不挖通，用锹将土球表面轻轻铲平，上口大，下部渐小，呈锅底或苹果状（见图 3-4）。

图 3-4 土球大的穴内包扎（1）

⑤ 掏底 土球四周修整好后，再慢慢由底圈向内掏挖。直径小于 50cm 的土球，可以直接将底土掏空，放倒后再包装。直径大于 50cm 的土球则应底土中心保留一部分，起支柱作用，便于包

图 3-5 土球大的穴内包扎（2）

装。较大的土球一般在穴内打包（见图 3-5）。

3. 土球包扎方法

土球直径在 30～50cm 以上的，当土球周围挖好后，应立即用蒲包和草绳进行打包，打包的形式和草绳围捆的密度视土球大小和运输距离而定。土球大，运输距离远的，应采用包扎牢固而较复杂的形式，如“橘子包”、“五星包”“井字包”等（见图 3-6 至 3-8）。如图 3-6 草绳包扎路径：1-2-3-4-5……实线走前面，虚线走后面，包扎要密一些；短距离运输就可以简单一些。土球直径在 30～40cm 以下者，可不用草绳打包，仅用蒲包、稻草包扎即可（见图 3-9）。

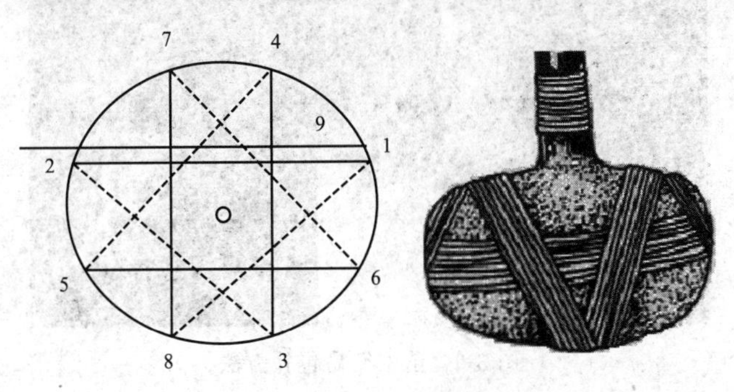

图 3-6 井字包

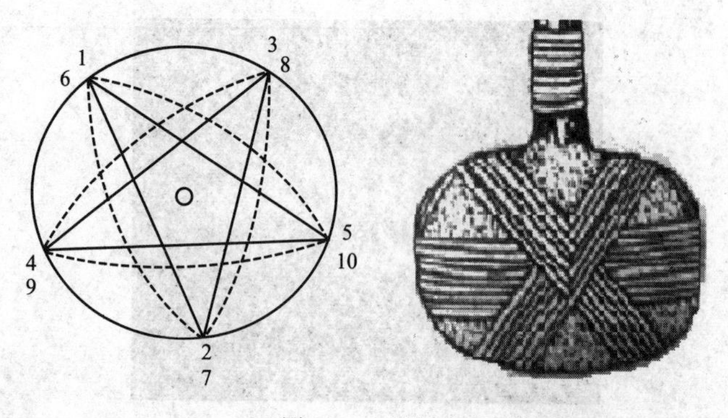

图 3-7 五星包

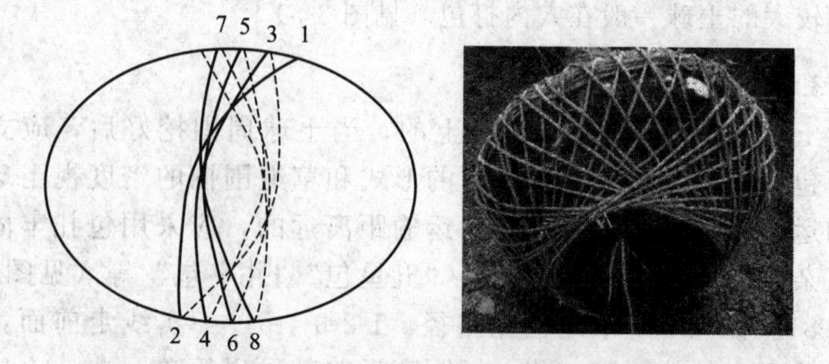

图 3-8 橘子包

图 3-9 苗木简易包扎方法

4. **断根缩坨处理**

在大苗移植时还会碰到如下情形，即苗木很大或者之前从未经过移植的苗，其根系延伸较远，吸收根多在树冠投影范围以外，这样带土球移植带不到大量的吸收须根，必须采用断根缩陀的方法。具体操作为在开始起苗的前1～2年时间内，在树冠周围按冠幅开沟，可以是先南北方向，第二年东西方向开沟（见图3-10），部分根系被切断而促发新根，使得新根在一定范围内生长，这样大量的须根就集中在了土坨内部，有利于最后移植苗的成活。

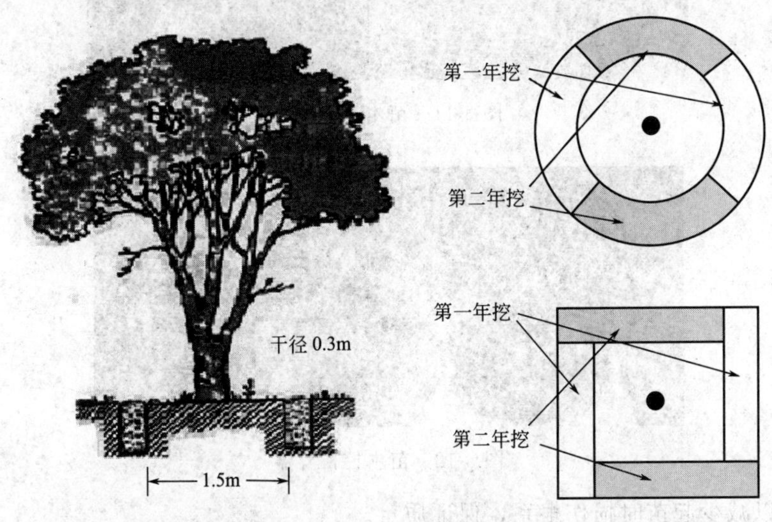

图 3-10 大树断根缩坨

为苗木出圃时方便，在苗圃中大苗常采用各种方法限制根系范围，如在苗圃中用砖、瓦等把根系限制在一定范围内（见图3-11），或用专门的控根容器（见图3-12）。

5. **掘苗注意事项**

（1）控制好掘苗深度及范围。为保证起苗质量，必须特别注意苗根的质量和数量，保证苗木有足够的根系。一般针叶、阔叶树实生苗起苗深度20～30cm，扦插苗为25～30cm。

（2）避免在大风天起苗，否则失水过多，降低成活率。

（3）若育苗地干旱，应在起苗前2～3天灌水，使土壤湿润，

图 3-11　苗木控根方法

图 3-12　苗木控根容器

以减少起苗时损伤根系，保证质量。

（4）为提高园林绿化植树的成活率，应随起、随运、随栽，当天不能出圃的要进行假植或覆盖，以防土球或根系干燥。

（5）对针叶树在起苗过程中应特别注意保护顶芽和根系。

（6）起苗工具是否锋利也是保证起苗质量的重要一环。

二、苗木的检疫与消毒

1. 苗木的检疫

为了防止危险性病虫害、杂草随同苗木在销售和交流的过程中传播蔓延，将其控制在最小的范围内以及时清除掉，对出圃苗木进行检验检疫是十分必要的。尤其现在的国际、省际交流越来越多，病虫害传播的可能性也越来越大，因此，苗木在流通过程中，需要专门的检疫机构进行检疫，获得检疫合格证书之后才能出圃或出售。运往外地的苗木，应按国家和地区的规定对重点病虫害进行检疫，如发现本地区和国家规定的检疫对象（国家规定的普遍或尚不普遍流行的危险性病虫及杂草），应停止调运并进行彻底消毒，不使本地区的病虫害扩散到其他地区。目前去专门的检疫机构检疫需要花钱，这就要求工作人员能够掌握一点简单的检疫技术，如熟悉检疫对象、了解各自危害等，同时在圃苗木要进行严格的消毒，以控制危险性病虫害的传播。

2. 苗木的消毒

为了保证出圃苗木符合检疫标准，要对在圃苗木进行严格的消毒，常用的消毒方法如下。

（1）石硫合剂消毒　用 4～6 倍石硫合剂水溶液浸泡苗木 10～20 分钟，再用清水冲洗根部一次。

（2）波尔多液消毒　用 1∶1∶100 波尔多液浸泡苗木 10～20 分钟，再用清水冲洗根部 1 次，但要注意对李属植物苗木谨慎使用，以免产生药害。

（3）升汞水消毒　用 0.1%～0.2%升汞水溶液浸泡苗木 20 分钟左右，再用清水冲洗根部数 1～2 次。在该升汞溶液中加入醋酸、盐酸，杀菌效果会更好，同时加酸还可以降低升汞在每次浸泡苗木中的消耗。

（4）硫酸铜溶液消毒　用 0.1%～1.0%的硫酸铜溶液浸泡苗木 5 分钟，然后同样的清水冲洗。该方法主要用于休眠期苗木根系的消毒，不宜用作全株消毒使用。

三、苗木的包装、运输与贮藏

（一）苗木包装

1. 苗木包装的意义

为了防止苗木根系在运输期间大量失水，同时也避免碰伤树体，不使苗木在运输过程中降低质量，所以对苗木运输时要包装，包装整齐的苗木也便于搬运和装卸。

2. 常用的包装材料

常用的包装材料有塑料布、塑料编织袋、草片、草包、蒲包、美植袋等，在具体使用过程中根据植物材料和包装材料来选择合适的包装材料。用种植袋移栽大苗，可免苗木包装过程，直接装车运输（见图 3-13 和图 3-14）。

图 3-13　美植袋内苗木

图 3-14　美植袋内苗木运输

3. 裸根苗包装方法

短距离运输时，苗木可散装在筐篓内，首先在筐底放一层湿润物，再将苗木根对根分层放在湿润物上，并在根间稍放些湿润物，苗木装满后，再放一层湿润物即可。也可在车上放一层湿润物，上面苗木分层放置。

长距离运输时，为防止苗木过度失水和便于搬运，苗木要打捆包装，一般每捆不超过 25kg。最后在外面要附标签，其上注明树种、苗龄、数量、等级和苗圃名称等。打捆后再进行包装，包装的方法有卷包和装箱。

（1）卷包　规格较小的裸根苗木远途运输时使用。将枝梢向外、根部向内，并互相错行重叠摆放，以蒲包片或草席等为包装材料，再用湿润的苔藓或锯末填充树木根部空隙。将树木卷起捆好后，再用冷水浸渍卷包，然后启运。也可苗木蘸泥浆后用塑料薄膜卷包（见图 3-15）。

注意卷包内的苗木数量不可过多，迭压不能过实，以免途中卷包内生热。打包时必须捆扎得法，以免在运输中途散包造成苗木损失。

（2）装箱　若运距较远、运输条件较差，或规格较小、树体需

图 3-15　裸根苗的卷包

特殊保护的珍贵树木，使用此法较为适宜。在定制好的箱内，先铺好一层湿润苔藓或湿锯末，再把待运送的树木分层放好，在每一层树木根部中间，需放湿润苔藓（或湿锯末等）以作保护。为了提高包装箱内保存湿度的能力，可在箱底铺以塑料薄膜（见图 3-16）。使用此法时需注意：不可为了多装苗木而过分压紧挤实；苔藓不可过湿，以免腐烂发热。目前在远距离、大规格裸根苗的运送中，已采用集装箱运输，简便而安全。

图 3-16　裸根苗装箱

（3）机械包装　目前的苗木包装可采用手工或机械包装，现代化的苗圃都具有一个温度低、相对湿度较高的苗木包装车间。在传输带上去除废苗，将合格苗按重量经验系数计数包装。但任何一种包装都要在外系固定的标签，注明树种、苗龄、数量、等级、苗圃名称、出圃日期等。

（二）苗木的运输

城市交通情况复杂，而树苗往往超高，超长，超宽应事先办好必要的手续。苗木运输需有专人押运，运输途中押运人员要和司机配合好，尽量保证行车平稳，运苗途中提倡迅速及时，短途运苗中不应停车休息，要一直运至施工现场。长途运苗应经常检查包内的湿度和温度，以免湿度和温度不符合植物运输。如包内温度高，要将包打开，适当通风，并要更换湿润物以免发热，若发现湿度不够，要适当加水。中途停车应停于有遮荫的场所，遇到刹车绳松散，苫布不严，树梢拖地等情况应及时停车处理。有条件的还可用特制的冷藏车来运输。在运输过程中，工作人员在运输途中还要注意电线等其他障碍物对运输的影响。到达目的地后，应及时卸车，按码放顺序，先装后卸，不能随意抽取，要注意做到轻拿轻放，不能及时栽植的则要及时假植。

1. 裸根苗的装车方法及要求

装车不宜过高过重，压得不宜太紧，以免压伤树枝和树根；树梢不准拖地，必要时用绳子固定，绳子与树身接触部分，要用蒲包垫好，以防伤损干皮。卡车后厢板上应铺垫草袋、蒲包等物，以免擦伤树皮，碰坏树根，装裸根乔木应树根朝前，树梢向后，顺序排码。长途运苗最好用苫布将树根盖严捆好，这样可以减少树根失水（见图 3-17）。

图 3-17 裸根苗装车

2. 带土球苗装车方法与要求

2m 以下（树高）的苗木，可以直立装车，2m 高以上的树苗，则应斜放，或完全放倒土球朝前，树梢向后（见图 3-18），并立支架将树冠支稳，以免行车时树冠晃摇，造成散坨。土球规格较大，直径超过 60cm 的苗木只能码 1 层；小土球则可码放 2～3 层，土球之间要码紧，还须用木块、砖头支垫，以防止土球晃动。土球上不准站人或压放重物，以防压伤土球。

图 3-18 带土球苗装车运输

(三) 苗木的假植与贮藏

1. 苗木的假植

假植的目的是将不能马上栽植的苗木暂时埋植起来，防止根系失水或干燥，保证苗木质量。假植时，选排水良好，背风背阴地挖一条假植沟，一般深宽各为30～40cm，迎风面的沟壁作成45°的倾斜，将苗木在斜壁上成束排列，把苗木的根系和茎的下部用湿土覆盖、踩紧，使根系和土壤紧密连接（见图 3-19）。假植后应适当灌水，但切勿过足。早春气温回升，沟内温度也随之升高，苗木不能及时运走栽植，应采取遮荫降温措施。

图 3-19 苗木假植

2. 苗木的贮藏

为了更好地保证苗木质量，推迟苗木的萌发期，以达到延长栽植时间的目的，可采用低温贮藏苗木的方法。关键是要控制好贮藏的温度、湿度和通气条件。温度控制在1～5℃，最高不要超过5℃，在此温度下，苗木处于全眠状态，而腐烂菌不易繁殖，南方树种可以稍高一点，不超过10℃，低温能够抑制苗木的呼吸作用，但温度过低会使苗木受冻；相对湿度以85%～100%为宜，湿度高可以减少苗木失水，室内要注意经常通风。一般常采用冷库、地下室进行贮藏。对于用假植沟假植容易发生腐烂的树种，如核桃等采用低温贮藏的方法。目前，苗木用于绿化已经打破了时间的限制，为了保证全年的苗木供应，可利用冷库进行苗木贮藏，将苗木放在湿度大、温度低又不见光的条件下，可保存长达半年的时间，这是将来苗木供应的趋势，所以大型苗圃配备专门的恒温库或冷藏库就成为必然趋势（见图3-20）。

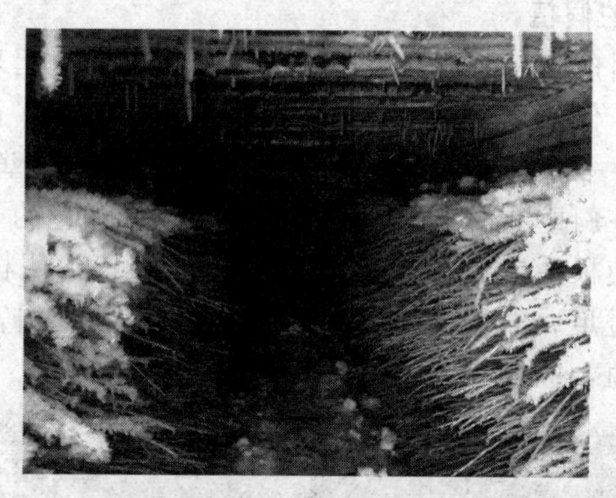

图3-20　苗木低温窖藏

第四章

常见落叶树种的育苗技术

第一节　落叶乔木的育苗技术

一、毛白杨

【学名】 *Populus tomentosa*

【科属】 杨柳科，杨属

【产地分布】

分布广泛，在辽宁（南部）、河北、山东、山西、陕西、甘肃、河南、安徽、江苏、浙江等省均有分布，以黄河流域中、下游为中心分布区。

【形态特征】

落叶大乔木，高达30～40m，树冠卵圆锥形。树皮幼时青白色，渐变为暗灰色；皮孔菱形。叶阔卵形或三角状卵形，边缘有波状缺刻或锯齿，上面暗绿色，光滑，下面密生毡毛（见图4-1）。雄花柔荑花序，长10～14cm，雌株大枝较为平展，花芽小而稀疏；雄株大枝多斜生，花芽多而密集。花期3月，叶前开放；蒴果小，4月成熟。

【生长习性】

抗寒性较强，喜光，不耐阴，喜湿润、深厚、肥沃的土壤，对土壤的适应性较强。在水肥条件充足的地方生长最快，20年生即可成材。是中国速生树种之一。

【园林应用前景】

毛白杨生长快，树干通直挺拔，枝叶茂密，常用作行道树、园

图 4-1　毛白杨形态特征

路树、庭荫树或营造防本造防护林；可孤植、丛植、群植于建筑周围、草坪、广场、水滨（见图 4-2）。

图 4-2　毛白杨园林应用

【繁殖方法】

生产上常采用嫁接、留根和分蘖等方法进行繁殖，也可用扦插法。

（一）扦插育苗

毛白杨硬枝扦插生根较困难，成活率较低，一般低于 50%以下。

1. 绿枝扦插

6～7 月从 2～4 年生苗木上采集半木质化的枝条，剪成长

10cm左右插穗，每插穗上端留1～2片叶，每叶片剪去1/3～1/2，上端平剪，下端斜剪。插穗浸水6～12小时，再用1000mg/L的ABT2号生根粉速蘸5秒，保持插床温度25～30℃，一般10天左右开始生根。

2. 利用组培苗采穗扦插

选毛白杨1年生的组培大苗，剪取侧枝作插穗，剪截长度在7～10cm，保留顶端2～3个叶片，每片叶应剪去1/3，将插穗基部浸泡在0.4%的高锰酸钾溶液内30分，然后再用1000mg/L ABT1号生根粉溶液，速蘸插穗基部，按照5cm×6cm的株行距扦插于苗床，深度1～2cm，插后用手指压实固定，立即开启自动喷雾系统，生根率平均为95%。

（二）嫁接育苗

1. 芽接

（1）采穗圃建立　选品种优良的毛白杨品种（如三倍体毛白杨），按株行距0.5m×1.0m栽植，每年接穗采完后平茬和要加强肥水管理，一般采穗圃用5年。

（2）砧木培育　砧木一般用大青杨或小叶杨，按株行距0.25m×0.8m栽植。

（3）嫁接方法　常用“T”字形芽接的方法，具体操作步骤参见第一章的第三节嫁接育苗。

2. “炮捻”法嫁接

“炮捻”法嫁接是一种嫁接育苗方法，嫁接速度快，效率高，适合大批量繁殖苗木。

（1）削接穗　2月采集生长健壮的1～2年生毛白杨枝条为接穗，将枝条截成10cm长，每个接穗保留2个饱满芽，接穗下端削成“楔形”，削面一定要平，削面长度为2cm左右。

（2）砧木切削与嫁接　选择生长健壮的1年生大青杨枝条为砧木材料，粗度在1～2cm较好。将砧木截成20cm长的段，剪截好的接穗和砧木段按照粗细标准分级，粗接穗嫁接在粗砧木上，细接穗嫁接在细砧木上，用劈接法嫁接。在砧木段的上端向下纵切一刀，然后将削好的接穗插入砧木的纵切口中，对齐形成层，注意露

图 4-3 毛白杨“炮捻”法嫁接

白，不用绑扎，50～100 个捆成一捆（见图 4-3），沙藏备用。

（3）沙藏方法　在背风向阳处整地作畦，畦深 20cm，宽 1m，畦低整平，浇透水。水渗下后铺 5～10cm 厚的干净河沙，再将嫁接好的毛白杨捆靠紧排放在畦内，用筛过的湿河沙灌缝，再在接穗上部覆盖 20cm 厚的湿河沙，将上部的河沙整平后覆盖塑料薄膜，膜上可以覆盖玉米秸或稻草越冬。注意嫁接好的接穗要随接随贮藏。

（4）扦插　春季取出沙藏后嫁接好的毛白杨捆，扦插于苗圃中。一般采用高垄扦插，垄高 15cm 左右，垄间距 60cm 左右，每垄扦插 1 行，株距 30cm 左右，插穗上端比地面低 1cm，然后覆土踏实。插后可用地膜覆盖，利于保墒保水，提高成活率。

【栽培管理】

毛白杨移栽宜在早春或晚秋进行，适当深栽；大苗移植侧枝要剪留 30～50cm，并用草绳裹干。3 年生以上毛白杨生长快，喜大肥大水，应加强肥水管理。毛白杨容易发生病虫害，要加强病虫害防治。

二、垂柳

【学名】 *Salix babylonica*

【科属】 杨柳科、柳属

【产地分布】

产于长江流域与黄河流域，其他各地均栽培，在亚洲、欧洲、美洲各国均有引种。

【形态特征】

落叶乔木，高达12～18m，树冠开展而疏散。树皮灰黑色，不规则开裂；枝细，下垂。叶狭披针形或线状披针形（见图4-4），长9～16cm，宽0.5～1.5cm，先端长渐尖，基部楔形两面无毛或微有毛，上面绿色，下面色较淡，叶缘有细锯齿。花序先叶开放，或与叶同时开放；雌雄异株，雄花柔荑花序（见图4-5）。花期3～4月，果期4～5月。

图4-4 垂柳叶形态特征

图4-5 垂柳花序

【生长习性】

喜光，喜温暖湿润气候及潮湿深厚之酸性及中性土壤。较耐寒，特耐水湿，但亦能生于土层深厚之高燥地区。萌芽力强，根系发达，生长迅速。对有毒气体有一定的抗性，并能吸收二氧化硫。

【园林应用前景】

最宜配植在水边，如桥头、池畔、河流，湖泊等水系沿岸处（见图4-6）。也可作庭荫树、行道树、公路树。亦适用于工厂绿化，还是固堤护岸的重要树种。

【繁殖方法】

生产上垂柳常以扦插育苗为主，培育大苗可用嫁接法育苗。

（一）扦插繁殖

1. 插穗处理

秋季选雄株的1～2年生枝，经露地沙藏，春季剪穗。先去掉

图 4-6　垂柳园林应用

梢部组织不充实、木质化程度稍差的部分，选粗度在 0.6cm 以上的枝段，剪成长 15cm 左右的插穗，上切口距第一芽 1cm 平剪，下切口距最下面的芽 1cm 左右，剪成马耳形（见图 4-7）。每 50 或 100 株捆成一捆，置背阴处用湿沙理好备用。柳树扦插极易成活，插穗无需进行处理。但是，若种条采集时间较长，插穗有失水现象，可于扦插前先浸水 1～2 天（以插穗流水为佳），然后扦插，成活率会提高。

2. 扦插

整地作畦，株距 15～20cm。扦插时宜按插穗分级分别扦插，可平插、也可斜插（见图 4-7），插穗顶与地面平齐，插后踏实，立即灌水。

3. 插后管理

出苗期应保持土壤湿润，及时灌溉。幼苗期要及时追肥和中耕

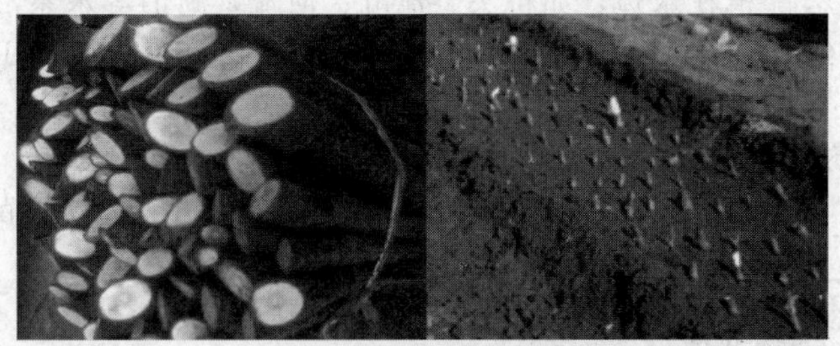

图 4-7　垂柳扦插育苗

除草，并注意清除多余的萌条，选留一枝健壮的培养成主干。速生期苗干上的新生腋芽常抽生侧枝，为保证主干生长，除保留五分之三的枝条外，应及时分期抹掉下部苗干的腋芽，至8月上、中旬应停止抹芽。

(二) 嫁接繁殖

1. 培育砧木

(1) 砧木、插穗选择　为快速培育大规格垂柳雄株苗木，选用生长快、抗性强的速生柳树品种J172做砧木。秋季选当年生健壮J172柳树枝条，粗度一般达到0.5cm以上，剪成长18～20cm插穗，50根一捆，放背阴干燥处，用干净的湿河沙贮藏。贮藏时保证每根插条都和湿沙充分接触，以利保持水分。

(2) 整地施肥　第二年春天，土壤解冻后，亩施腐熟的有机基肥3m^3，撒匀后整地做畦。一般畦宽1.5m，长随苗圃地而定。

(3) 扦插　扦插密度为0.5m×0.2m。扦插深度以插条上端和地面持平为宜。可以直插也可以斜插。插后插条的两侧用脚踏实，浇透水。

(4) 大砧木苗培育　及时松土、除草、补充水分和病虫害防治。当年扦插苗高可达1.5m以上，根径达到2cm。苗木生长1年后，要分别隔一行除一行、隔一株除一株，将留床苗密度调整到1m×0.4m。再将起出的苗木分级后定植培育，密度也是1m×0.4m。再分别培育，一年后苗高可达到2.5m以上，根径达到4cm，即可定干嫁接。

2. 嫁接

(1) 接穗的采集与贮藏　在准备嫁接的头一年冬天，在事先标记好的雄株母树上选择当年生健壮枝条，一般粗度达到0.3cm以上，用干净的湿河沙贮藏，贮藏方法同前述砧木插穗贮藏方法。

(2) 嫁接方法　经过2年培育的J172柳树，苗高一般可达到2.5m以上，嫁接部位可选在2m处进行。生产中可以采取单头或多头嫁接。当苗高2m处较细，或还没有分枝时可采用单头嫁接。一般多头高接常采用插皮接、劈接的方法（见图4-8）。具体操作步骤参见第一章第三节嫁接育苗。

图 4-8　垂柳高砧嫁接

3. **嫁接后的管理**

嫁接成活后要及时解绑，劈接、插皮接一般要 40 天后解除。解膜后，要随时抹除砧木上的所有萌芽，以利于接芽萌发。高接成活后，抽生的新梢一般过旺，此时接口愈合组织尚不坚固，位置又高，很容易被风吹断。因此，新梢长到 20～30cm 时，要设立支柱，将新梢和支柱绑在一起（见图 4-8）。

垂柳嫁接成活后生长迅速，要及时对新梢进行摘心打头。一般当新梢长到 50cm 长时开始摘心，选择生长方向适当，饱满健壮的芽子保留，剪除其上部枝梢。单头（芽）嫁接一般要进行 2 次以上的摘心打头，即可形成枝条分布均匀的圆满完整的树冠。

为促进生长，一般萌芽前亩施碳铵 50kg；5 月底 6 月初再追一次尿素，亩施肥量为 25kg；7 月中下旬每亩追施 N、P、K 复合肥 15kg。常采用开沟条施或挖穴点施，施肥后覆土踏实，然后浇透水一遍。8 月中下旬后停止追肥。选用速生柳树品种 J172 做砧木进行垂柳嫁接育苗，苗木培育 4 年即可出圃，苗干通直，从根本上解决了飞絮污染的问题。

【栽培管理】

垂柳因柳絮繁多，城市行道树应选择雄株为好。移植应在落叶后至早春萌芽前进行，栽植后立即浇水并立支柱固定。垂柳生长迅速，需大量的水分、肥料，所以应勤施肥，多浇水，一般一年可长至 2m 左右。

三、竹柳

【学名】无

【科属】杨柳科，柳属

【产地分布】

国内最早的竹柳示范基地在安徽省涡阳县。

【形态特征】

竹柳是柳树杂交品种，落叶乔木，生长迅速，高度可达 20m 以上。树皮幼时绿色，光滑。顶端优势明显，腋芽萌发力强，分枝较早，侧枝与主干夹角 30°～45°。树冠塔形，分枝均匀。叶披针形，单叶互生，先端长渐尖，基部楔形，边缘有明显的细锯齿，叶片正面绿色，背面灰白色，叶柄微红、较短（见图 4-9）。

图 4-9 竹柳形态特征

【生长习性】

竹柳喜光，耐寒性强，能耐零下 30℃的低温，适宜生长温度在 15～25℃；喜水湿，耐干旱，有良好的树形，对土壤要求不严，在 pH5.0～8.5 的土壤或沙地、低湿河滩或弱盐碱地均能生长，但以肥沃、疏松，潮湿土壤最为适宜。

竹柳速生性好，在适宜的立地条件下，竹柳的工业原料林栽培的轮伐期小径材一般为两年，中径材为 3～4 年，大径材为 5～6 年，投资回收期短。

竹柳有高密植性，大中径材 110～220 株/亩，小径材 500～600 株/亩。该树种可提高单位土地面积经济效益，是营造工业原料林的首选树种。

【园林应用前景】

竹柳可做道路两旁、公园、别墅、铁路周边的风景美化。整个树体主干通直，冠形较窄，树枝斜上生长，是很好的观赏树（见图4-10）。

图 4-10　竹柳园林应用

【繁殖方法】

以扦插为主，在春秋季均可进行，扦插生根容易，成活率较高。

1. 硬枝扦插

插穗长度10～15cm，每段插穗上有3个以上饱满芽即可，粗度在0.5～1.5cm左右的。直插时上、下切口均平剪，按不同直径大小分级捆扎，注意极性。

将枝条浸于50～100mg/L的ABT生根粉溶液中2～12小时，然后直插于苗床（见图4-11）。生根率能达到95%以上。

图 4-11　竹柳硬枝扦插

2. 嫩枝扦插

将竹柳嫩枝剪截成15cm左右，下口平剪，将插穗按粗细分级，用200mg/L的生根粉溶液处理下端5秒，插入苗床（见图4-12），苗床要有自动喷雾设备。

图4-12　竹柳嫩枝扦插

【栽培管理】

竹柳对水反应敏感，缺水时植株生长缓慢，叶片发黄、萎蔫，甚至落叶、死亡，尤其是炎热的夏季。春旱地区一般在芽、叶萌动时浇灌最佳，为苗木生根发芽打下基础。夏季干旱时要及时浇灌，以保证充分发挥苗木的生长潜力。当地下水位过高和土壤含水量过多时，竹柳因根系缺氧导致生长不良，连续阴雨时要及时排除林间积水。苗木转入越冬准备阶段时，要对供水加以控制，以促进苗木的木质化，冬季留床越冬的苗木进入休眠期后，要浇一次封冻水。

在苗圃中除了在育苗前施用大量基肥外，还要追肥。每次追肥的数量和肥种配比因土壤条件和苗木生长状况而异，追肥以多次少量为佳。追肥时间应安排在速生期前、速生开始期和中期，原则是促前期，控后期。苗木追肥不可太迟，以免造成苗木徒长，降低木质化程度，不利于越冬。

一般情况下，施肥可与灌水相结合，6～9月是竹柳生长的速生期，是苗木全年生长的最大时期，需水量和需肥量都最大。

四、国槐

【学名】 *Sophora japonica Linn.*

【科属】 豆科，槐属

【产地分布】

在中国北部较为集中，北自辽宁，南至广东，台湾，东自山东西至甘肃，四川、云南。常见华北平原及黄土高原海拔 1000 米高地带均能生长。

【形态特征】

落叶乔木，高 15～25m。树皮灰褐色，具纵裂纹。当年生枝绿色，无毛。羽状复叶长达 25cm；小叶 4～7 对，对生或近互生，纸质，卵状披针形或卵状长圆形。圆锥花序顶生，常呈金字塔形，长达 30cm；花萼浅钟状；花冠白色或淡黄色。荚果串珠状，种子间缢缩不明显，种子排列较紧密，具肉质果皮，成熟后不开裂，具种子 1～6 粒（见图 4-13）；花和荚果入药。花期 7～8 月，果期 8～10 月。

图 4-13　国槐形态特征

【生长习性】

国槐性耐寒，喜阳光，稍耐阴，不耐阴湿而抗旱，在低洼积水处生长不良。对土壤要求不严，较耐瘠薄，石灰及轻度盐碱地（含盐量 0.15％左右）上也能正常生长，但在湿润、肥沃、深厚、排水良好的沙质土壤上生长最佳。耐烟尘，能适应城市街道环境。病虫害不多。寿命长。

【园林应用前景】

国槐树冠大，遮荫面积大，花多且香，是中国庭院常用的特色树种，又是防风固沙，用材及经济林兼用的树种，是城乡良好的遮荫树和行道树种（见图 4-14）。

图 4-14　国槐园林应用

【繁殖方法】

国槐常用播种繁殖。种皮透水性差，播种前，用室温 85～90℃的水浸种 24 小时，余硬粒再处理 1～2 次。种子吸水膨胀可播种。条播行距 20～25cm，覆土厚度 1.5～2cm，每亩播种量 8～10kg，7～10 天幼苗出土，幼苗期合理密植，防止树干弯曲，一般每米长留苗 6～8 株，一年生苗高达 1m 以上。

【栽培管理】

国槐萌芽力较强，若培养大砧苗形成良好的干形，将 1 年生苗按 70～100cm 株距移植，注意施肥、灌水，不修剪，促进枝叶繁茂，根系健壮。移植后 1～2 年地径 2cm 时，秋季落叶后从地面 2～3cm 处截干。截干后春季萌发大量芽，待新梢长到 5～10cm 时，每株留 1 个直立向上、生长健壮的新梢，其余全部抹除。加强肥水管理，促进主干生长，满足嫁接要求。

五、龙爪槐

【学名】 *Sophora japonica*

【科属】 豆科、槐属

【产区分布】

原产中国，现南北各省区广泛栽培，华北和黄土高原地区尤为多见。

【形态特征】

龙爪槐是国槐的芽变品种，落叶乔木，高达 25m，小枝柔软下垂，树冠常成伞状。羽状复叶长达 25cm，小叶 4～7 对，对生或近互生，纸质，卵状披针形或卵状长圆形。圆锥花序顶生，常呈金字塔形；花冠白色或淡黄色（见图 4-15）。荚果串珠状，具肉质果皮。花期 7～8 月，果期 8～10 月。

图 4-15　龙爪槐形态特征

【生长习性】

喜光，稍耐阴。能适应干冷气候。喜生于土层深厚，湿润肥沃、排水良好的沙质壤土。深根性，根系发达，抗风力强，萌芽力亦强，寿命长。对二氧化硫、氟化氢、氯气等有毒气体及烟尘有一定抗性。

【园林用途】

龙爪槐姿态优美，是优良的园林树种。宜孤植、对植、列植。观赏价值高，故园林绿化应用较多，常植于门庭、道旁、草坪中；或作庭荫树观赏（见图 4-16）。

【繁殖方法】

常用嫁接繁殖，砧木用国槐。砧木繁殖方法见国槐。龙爪槐常用高接法嫁接，高接用插皮接成活率较高，粗砧木可 1 株嫁接 3～5 个接穗，树冠成形快。具体操作参见第一章第三节嫁接育苗。

图 4-16 龙爪槐园林应用

【栽培管理】

龙爪槐栽培以湿润的壤土或沙质壤土为佳，排水需良好，生长盛期每 1～2 月施肥 1 次，冬季落叶后整形修剪。

六、榆树

【学名】*Ulmus pumila L*

【科属】榆科、榆属

【产区分布】

生于海拔 1000～2500m 以下之山坡、山谷、川地、丘陵及沙岗等处。长江下游各省有栽培。也为华北及淮北平原农村的习见树木。

【形态特征】

又名春榆、白榆等。落叶乔木，高达 25m，在干瘠之地长成灌木状；幼树树皮平滑，灰褐色或浅灰色，大树之皮暗灰色，不规则深纵裂，粗糙。单叶互生，卵状椭圆形至椭圆状披针形。花两性，早春先叶开花或花叶同放，紫褐色，聚伞花序簇生。翅果近圆形（见图 4-17）。花期 3～4 月；果期 4～5 月。

【生长习性】

阳性树种，喜光，耐旱，耐寒，耐瘠薄，不择土壤，适应性很强。根系发达，抗风力、保土力强。萌芽力强，耐修剪。生长快，寿命长。不耐水湿。具抗污染性，叶面滞尘能力强。

【园林应用前景】

榆树是良好的行道树、庭荫树、工厂绿化、营造防护林和四旁

图 4-17 榆树形态特征

绿化树种（见图 4-18），唯病虫害较多。也是抗有毒气体（二氧化碳及氯气）较强的树种。

图 4-18 榆树园林应用

【繁殖方法】

榆树主要采用播种繁殖，也可用分蘖、扦插法繁殖。

（1）种子处理 在河北白榆种子 4 月中旬至 5 月上旬成熟，最好随采随播，否则降低发芽率。

（2）整地 选择排水良好，土层较厚，肥沃的沙壤土或壤土地。育苗前一年秋冬季深翻、施有机肥 3000～4000kg，磷酸二铵 20kg/亩。播前灌水、耙地作床，苗床宽 1.5 m。整地或作床前进行土壤消毒，在地上喷洒 3%的硫酸亚铁溶液，每亩喷 20kg 左右。

(3) 播种方法　条播行距 30～40cm，播幅 3～5cm，覆土 1～1.5cm，覆土后轻轻镇压，以保持土壤湿度，促进发芽。或开沟坐水播，覆细土 0.5～1cm，然后盖上一层 2cm 厚左右的作物秸秆。

撒播先将床面灌水，待水全部渗入土壤中后，将种子全面均匀撒于床面，再均撒 0.5～1cm 厚的细土覆盖，然后盖上一层 2cm 左右厚的作物秸秆，可增加苗床内土壤湿度，预防晴天太阳直射，水分蒸发量过大，影响种子生根发芽。按种子发芽率为 70%左右计算，每播种子 2.5～3kg/亩。

(4) 苗期管理　播后一般 5～7 天即可发芽，10 余天幼苗即可全部出土。床面盖作物秸秆的，当 30%～40%幼苗出土时，分批揭除覆盖物。苗高 3～5cm 时，进行第 1 次间苗。当苗高 10～15cm 时，进行第 2 次间苗即定苗，一般留苗株距在 10～15cm 或每平方米留苗 15～20 株，每亩留苗 1 万～1.5 万株。

出苗前，土壤干旱时不可浇蒙头大水，只能喷淋地表，以免土壤板结或冲走种子。墒情不足时，可直接向覆盖物上洒水补墒。间苗后，浇水和追肥可结合进行，一般于 6～7 月可追施复合肥 10kg/亩。间隔半月后追施第 2 次。幼苗期加强中耕除草，苗木稍大时结合松土进行除草。雨后和灌水后应及时松土，以免土壤板结。

(5) 大砧木苗培育　白榆大苗需要移植，可在秋季落叶后或第二年春季发芽前进行。移植后株行距加大，株距 30～50cm，行距 50～100cm，有利于白榆砧木苗生长。

【栽培管理】

榆树移植一般在秋季落叶后至春季萌芽前进行，裸根移植，要尽量多带根，大苗要剪去部分枝。榆树适应性很强，管理粗放。

七、银杏

【学名】 *Ginkgo biloba*

【科属】 银杏科、银杏属

【产地分布】

银杏的栽培区甚广，北自东北沈阳，南达广州，东起华东海拔 40～1000m 地带，西南至贵州、云南西部（腾冲）海拔 2000m 以下地带均有栽培。银杏为中生代孑遗的稀有树种，被科学家称为“活化石”。

【形态特征】

落叶乔木，高达40m，胸径可达4m。叶扇形，有长柄，淡绿色，无毛，有多数叉状并列细脉，顶端宽5～8cm，在短枝上常具波状缺刻，在长枝上常2裂，基部宽楔形，幼树及萌生枝上的叶常深裂。叶在一年生长枝上螺旋状散生，在短枝上3～8叶呈簇生状，秋季落叶前变为黄色。花雌雄异株，稀同株。种子具长梗，下垂，常为椭圆形、长倒卵形、卵圆形或近圆球形（见图4-19）。花期4月，果期10月。

图4-19　银杏形态特征

【生长习性】

银杏为阳性树，喜适当湿润而排水良好的深厚壤土，适于生长在条件比较优越的亚热带季风区。在酸性土（pH4.5）、石灰性土（pH8.0）中均可生长良好，而以中性或微酸土最适宜，不耐积水，较能耐旱，在过于干燥处及多石山坡或低湿之地生长不良。

【园林应用前景】

银杏树体高大，树形端正，气势雄伟挺拔，常作为行道树，或庭院孤植观赏（见图4-20）。银杏早春嫩叶浅绿，盛夏深碧，秋日金黄，冬季落叶，常采用不同的配置方式与枫、槭等树木混栽，增加观赏效果（见图4-21）。银杏也成片丛植或列植于公园大草坪、都市广场之中，即为大视野中一主景，也可分隔园林空间，遮挡视线。

图 4-20 银杏在园林中的应用（1）

图 4-21 银杏在园林中的应用（2）

【繁殖方法】

（一）播种繁殖

1. 整地

选择地势平坦、背风向阳，土层深厚、土质疏松肥沃，有水源又排水良好的地方作育苗地。对育苗地进行深翻，每亩施圈肥或土杂肥 1000～1500kg。

2. 种子处理

秋季播种可在采种后马上播种，不必催芽；如春季播种则应进行催芽。秋季种子沙藏处理（参见第一章第二节播种育苗），在春分前取出沙藏的种子，放在塑料大棚或温室中，注意保湿，待到60%以上的种核露芽后即可播种。

3. 播种

银杏可采用条播、撒播、点播，以条播效果好。在苗圃地按20～30cm行距开沟，沟深2～3cm，播幅5～8cm。每亩播种量为60～70kg，播种时，种子缝合线与地面平行，种尖横向，这样出苗率高、幼苗生长粗壮。株距按8～10cm点播（见图4-22），播后覆土2～3cm厚并压实。幼苗当年可长至15～25cm高。

图4-22 银杏播种后出苗（右为银杏种子）

4. 苗期管理

适当遮荫，1年生苗透光度60%最佳。遮荫方法根据苗圃条件确定，可在幼苗行间盖草10cm厚，最好是搭荫棚，也可间作豆类等作物。

施追肥有明显促进苗木生长的作用。可在4月中旬、5月中旬、7月中旬各施一次肥，全年施肥量为每亩10～12kg尿素。

银杏怕涝怕旱，因此应搞好排水及灌溉。银杏幼苗生长慢，与杂草竞争能力差，要及时松土除草。

（二）嫁接繁殖

1. 砧木选择

选择生长健壮、树干通直、抗性强的2年生以上苗木作砧木（实生苗、扦插苗或根蘖苗均可），砧木高度视培育目标而定，用于早果密植者，接位1m左右，用于园林绿化的，接位还可高些。

2. 接穗选择和嫁接方法

嫁接繁殖多用于果业生产（接穗选丰产雌株），也可用于园林绿化。银杏常采用劈接、切接或芽接，参见第一章第三节嫁接育苗。

（三）扦插繁殖

1. 硬枝扦插

（1）插床准备　银杏扦插常用的基质为河沙。将插床整理成长10～20m，宽1～1.2m，插床上铺一层厚20cm左右的细河沙，插前一周用0.3%的高锰酸钾溶液消毒，每平方米用5～10kg药液，与0.3%的甲醛液交替使用效果更好。喷药后用塑料薄膜封盖起来，两天后用清水漫灌冲洗2～3次，即可扦插。

（2）插穗选择与处理　硬枝扦插一般是在春季3～4月，从成品苗圃采穗或在大树上选取1～2年生的优质枝条，剪截成15～20cm长的插条，上端平剪，下端斜剪。剪好后，每50根扎成一捆，用100mg/L的ABT生根粉浸泡1小时。

（3）扦插　扦插时先开沟，再插入插穗，地面露出1～2个芽，盖土踩实，株行距为10cm×30cm。插后喷洒清水，使插穗与沙土密切接触。

（4）插后管理　苗床需用遮阳网遮荫，气候干旱时需扣塑料棚保湿，要求基质保持湿润，不能积水。扦插后立即灌一次透水，连续晴天的要在早晚各喷水一次，1月后逐渐减少喷水次数和喷水量。5～6月份插条生根后，用0.1%的尿素和0.2%的磷酸二氢钾液进行叶面喷肥。成活后进行正常管理，第二年春季即可移植。

2. 绿枝扦插

于6月上、中旬结合夏季修剪，剪取半木质化的绿枝。插穗剪截长1.5～2.5cm，带一个芽和一片叶，上、下切口平剪。插穗需要用生根粉处理，用100mg/L的ABT1号生根粉浸插穗基部2～4小时。经过处理的插穗扦插于塑料拱棚内的插床上，基质为河沙，棚上用遮阳网等遮荫，透光度约10%，相对湿度维持在90%左右，温度维持在20～25℃，不得超过30℃，为避免棚内增温，除遮荫外，应及时通风、喷水［(最好有自动喷雾设备（见图4-23)］。在

图 4-23 银杏绿枝扦插

遮荫保湿等精心管理下，扦插后 10 天，下切口形成愈伤组织，约 30～40 天后愈伤组织生根，生根成活率达 95%。

【栽培管理】

银杏应选择土层厚、土壤湿润肥沃、排水良好的中性或微酸性土为好。银杏可裸根栽植，6cm 以上的大苗要带土球栽植。以秋季带叶栽植及春季发叶前栽植为主，秋栽比春栽好。秋季栽植在 10～11 月进行，可使苗木根系有较长的恢复期，为第二年春地上部发芽做好准备。

银杏无需经常灌水，一般土壤结冻前灌水 1 次，5 月和 8 月是银杏的旺盛生长期，天气干旱可各灌水 1 次。银杏苗圃地春季在两行间亩施有机肥 2500～5000kg，施后旋耕一边，大苗可采用沟施。有机肥施的量少，8 月可追肥 1 次。

八、七叶树

【学名】*Aesculus chinensis*

【科属】七叶树科、七叶树属

【产地分布】

中国黄河流域及东部各省均有栽培，仅秦岭有野生；自然分布在海拔 700m 以下之山地。

【形态特征】

落叶乔木，高达 25m。叶掌状复叶，由 5～7 小叶组成，小叶纸质，长圆披针形至长圆倒披针形，稀长椭圆形，先端短锐尖，深绿色。花序圆筒形，小花序常由5～10朵花组成，平斜向伸展（见图4-24)。花杂性，雄花与两性花同株，花瓣4，白色，长圆倒卵形至长圆倒披针形。果实球形或倒卵圆形，黄褐色，无刺，具很密的斑点，种子常1～2粒发育，近于球形，栗褐色。花期4～5月，果期10月。

图4-24　七叶树形态特征

【生长习性】

喜光，稍耐阴；喜温暖气候，也能耐寒；喜深厚、肥沃、湿润而排水良好土壤。深根性，萌芽力强；生长速度偏慢，寿命长。七叶树在炎热的夏季叶子易遭日灼。七叶树属植物多具毒性，我国约两种有毒，它们的枝、叶和种子均易引起人和牲畜的中毒以致死亡，尤其是嫩叶和坚果毒性较大。中毒后主要出现胃肠道和中枢神经系统症状，如呕吐、精神错乱和运动失调等。

【园林应用前景】

七叶树树形优美、花大秀丽、果形奇特，是观叶、观花、观果不可多得的树种，为世界著名的观赏树种之一。树干耸直，冠大阴浓，是优良的行道树和园林观赏植物，可作人行步道、公园、广场绿化树种，既可孤植也可群植，或与常绿树和阔叶树混种（见图4-25)。

【繁殖方法】

1. 种子采集

七叶树以播种繁殖为主。由于其种子不耐贮藏，如干燥极易丧

图 4-25　七叶树观赏效果

失生命力，故种子成熟后宜及时采下，随采随播。9～10 月间，当果实的外表变成深褐色并开裂时即可采集，收集后摊晾 1～2 天，脱去果皮后即可播种。

2. 播种

选疏松、肥沃、排灌方便的地段，施足基肥后整地作床，然后挖穴点播。七叶树的种粒较大，每千克约 40 粒，出苗后生长迅速，点播的株行距宜为 20cm×40cm，点播时应将种脐朝下，覆土不得超过 3～4cm，然后覆草保湿。

3. 管理

种子出苗期间，均要保持床面湿润。当种苗出土后，要及时揭去覆草。为防止日灼伤苗，还需搭棚遮荫，并经常喷水，使幼苗茁壮生长。一般一年生苗高可达 80～100cm，经移栽培育，3～4 年生苗高 250～300cm，即可用于园林绿化。

【栽培管理】

七叶树移植时间一般为冬季落叶后至翌年春季发芽前进行。移植时均应带土球。一年中施肥不能少于两次，即速生期、林木生长封顶期。速生期施肥主要以氮肥为主，在林木封顶期主要以有机肥为主。七叶树一年中需灌水至少三次，萌芽期、速生期、封顶期各灌一次，天旱可增加灌水次数。七叶树地不能积水，有水要及时排出，林内应修好排水沟，雨季注意搞好排涝工作。

九、二球悬铃木

【学名】 *Platanus Linn*

【科属】 悬铃木科、悬铃木属

【产地分布】

原产欧洲，印度、小亚细亚亦有分布，现广植于世界各地，中国也广泛栽培。中国东北、华中及华南均有引种。

【形态特征】

别名法国梧桐、悬铃木，落叶大乔木，高30余米，树皮薄片状不规则剥落，皮内淡绿白色，平滑；嫩枝叶密，被褐黄色星状毛。叶大如掌，3～5裂，中裂片长宽近相等，叶缘有不规则大尖齿。雌雄同株，头状花序，果球形，常2个生于1个果柄上（见图4-26）。花期4～5月；果熟9～10月。

图4-26 二球悬铃木形态特征

【生长习性】

喜光，喜湿润温暖气候，较耐寒，不耐阴。适生于微酸性或中性、排水良好的土壤，微碱性土壤虽能生长，但易发生黄化。抗空气污染能力较强，叶片具吸收有毒气体和滞积灰尘的作用。

【园林应用前景】

二球悬铃木是世界著名的城市绿化树种、优良庭荫树和行道树，有“行道树之王”之称，以其生长迅速、株型美观、适应性较强等特点广泛分布于全球的各个城市（见图4-27）。

【繁殖方法】

悬铃木通常采用扦插和播种法育苗。

图 4-27　二球悬铃木园林应用

(一) 扦插育苗

1. 采穗

落叶后及早采条，选取 10 年生母树上发育粗壮的 1 年生枝。粗度 1～1.8cm 为宜，剪截成长 15～20cm，上端剪口在芽上约 0.5cm 处平剪；下端剪口在芽以下 1cm 左右斜剪，插穗有 3 个芽。

2. 贮藏

挖沟贮藏，沟深 50cm，灌透水，水渗下后将捆好的种条排列于沟内（见图 4-28)，用湿沙填满种条缝间，上压湿沙 15cm 左右。

图 4-28　二球悬铃木插穗贮藏

3. 扦插

苗圃地要求排水良好，土质疏松，土层深厚，肥沃湿润。深耕 30～45cm，施足基肥。扦插行距 30～40cm，株距 15～20cm，一般直插，插穗入土 3/4，地面上露出 1 个芽（见图 4-29)。为提高

图 4-29 二球悬铃木露地扦插育苗

成活率常铺地膜。

4. 扦插苗管理

扦插后 10～15 天浇足发芽生根水，可促进早发芽，早生根，提高育苗成活率。5 月选 1 个健壮新梢留作主干，其余芽全部摘除。6～8 月是法桐旺盛期，在旺盛期注意追肥，灌水。8 月中旬之后控制肥水，特别是氮肥，否则新梢停长晚，推迟落叶期，冬春两季易抽条，影响法桐的质量。

(二) 播种育苗

每公斤果球约有 120 个，每个果球约有小坚果 800～1000 粒，千粒重 4.9g，每千克小坚果约 20 万粒，发芽率 10%～20%。

1. 种子处理

12 月间采果球摊晒后贮藏，到播种时锤碎，播种前将小坚果进行低温沙藏 20～30 天，可促使发芽迅速整齐。每亩约播种 15kg。

2. 整地播种

苗床宽 1.3m 左右，床面施肥 2.5～5kg/m^2。在阴雨天 3 月下旬至 5 月上旬播种最好，3～5 天即可发芽。发芽后及时搭棚遮荫，当幼苗具有 4 片叶子时即可拆除荫棚。苗高 10cm 时可开始追肥，每隔 10～15 天施一次。种子萌发阶段要求土壤湿润和较高的空气湿度，如在晴天播种，播后可覆草并经常浇水。

(三) 大苗培育

培育悬铃木大苗，除施肥、灌水、松土除草外，主要是整形修

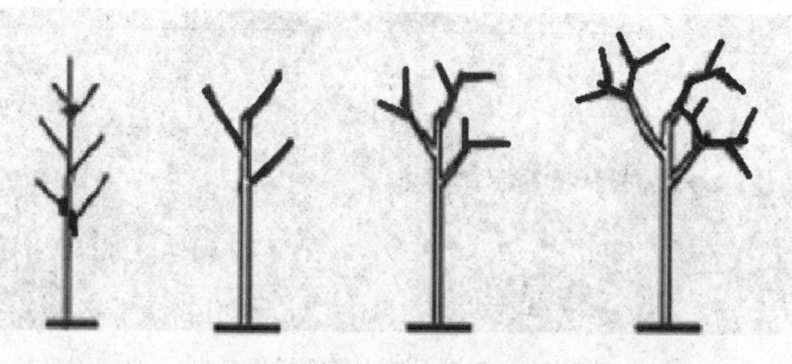

图 4-30　二球悬铃木大苗整形修剪

剪（见图 4-30）。

第二年春苗木移植，株行距 1.2m×1.2m 或 1.5m×1.5m。凡干形弯曲的苗木应在距地面 3cm 处截干，加强肥水管理，培育苗木的通直干形，二年生苗可高达 2～3m。

第三年冬季苗木整形修剪。在树高 2.8～3.2m 处定干，选择粗壮、分布均匀的 3 个主枝作为自然杯状树冠的骨架枝，并截短留 30～50cm。

第四年，在每个主枝上根据需要选留 2～3 个侧枝，要求同级侧枝留在同方向。冬季对侧枝 30～50cm 处截短。

第五年，在苗木侧枝上再适当选留副侧枝，其余的枝条和分枝点以下的萌芽、萌蘖枝等全部疏除，即成自然杯状形的行道树形。

【栽培管理】

悬铃木栽植时选择微酸性或中性、排水良好的土壤，微碱性土壤虽能生长，但易发生黄化。悬铃木栽植成活率高，移植宜在秋季落叶后至春季萌芽前进行，可裸根移植。根系浅，不耐积水，注意栽植地的地下水位高低。

十、元宝枫

【学名】 *Acer truncatum Bunge*

【科属】 槭树科，槭树属

【产地分布】

广泛分布于东北、华北，西至陕西、四川、湖北，南达浙江、江西、安徽等省。

【形态特征】

落叶乔木，高达10m。树皮纵裂。单叶对生，掌状5裂，裂片先端渐尖，有时中裂片或中部3裂片又3裂，叶基通常截形最下部两裂片有时向下开展；嫩叶红色，秋季叶又变成黄色或红色。花小而黄绿色，花成顶生聚伞花序，4月花与叶同放。翅果扁平，翅较宽而略长于果核，形似元宝（见图4-31）。花期在5月，果期在9月。

图4-31 元宝枫形态特征

【生长习性】

耐阴，喜温凉湿润气候，耐寒性强，较抗风，不耐干热和强烈日晒。对土壤要求不严，在酸性土、中性土及石灰性土中均能生长，但以湿润、肥沃、土层深厚的土中生长最好。深根性，生长速度中等，病虫害较少。对二氧化硫、氟化氢的抗性较强，吸附粉尘的能力亦较强。

【园林应用前景】

元宝枫嫩叶红色，秋叶黄色、红色或紫红色，树姿优美，叶形秀丽，为优良的观叶树种。宜作庭荫树、行道树或风景林树种（见图4-32）。

【繁殖方法】

1. 整地

每亩施有机肥料4000～5000kg，并施以敌百虫粉，消灭土壤中害虫。秋翻耙平后作床，一般作低床，床长10m，宽为1m。

图 4-32　元宝枫园林应用

2. 种子催芽处理

将种子用 40～45℃温水浸泡 24 小时，中间换 1～2 次水，种子捞出置于室温 25～30℃，环境中保湿，每天冲洗 1～2 次，待有 30%种子咧口露白，即可进行播种，或者采用湿沙层积催芽（参见第一章第二节播种育苗），经过处理的种子可提高发芽率，出苗整齐、迅速。

3. 播种

一般以春播为好，4 月初至 5 月中上旬为播种期，播种方法为条播，行距为 15cm，播种深度为 3～5cm，播种前沟内灌底水，待水渗透后播种。播种量每亩 15～20kg，播后覆土 2～3cm 厚，稍加镇压，一般经 2～3 周可发芽出土，经过催芽的种子可以提前一周左右发芽出土。

【栽培管理】

元宝枫对土壤要求不严，喜肥，较耐瘠薄。夏季生长旺盛时，应保持土壤湿润，随灌水施尿素 2～3 次，也可叶面喷施。

十一、鸡爪槭

【学名】 *Acer palmatum Thunb*

【科属】 槭树科，槭属

【产地分布】

产山东、河南南部、江苏、浙江、安徽、江西、湖北、湖南、贵州等省。分布于北纬 30°～40°。鸡爪槭在各国早已引种栽培，变种和变型很多，其中有红槭和羽毛槭。

【形态特征】

落叶小乔木。树皮深灰色。小枝细瘦；当年生枝紫色或淡紫绿色；多年生枝淡灰紫色或深紫色。叶纸质，5～9掌状分裂，通常7裂，裂片长圆卵形或披针形，先端锐尖或长锐尖，边缘具紧贴的尖锐锯齿；上面深绿色，下面淡绿色（见图4-33）。花紫色，杂性，雄花与两性花同株，生于无毛的伞房花序，叶发出以后才开花；花瓣5，椭圆形或倒卵形，先端钝圆。翅果嫩时紫红色，成熟时淡棕黄色；小坚果球形。花期5月，果期9月。

图4-33 鸡爪槭形态特征

【生长习性】

喜疏荫的环境，夏日怕日光曝晒，抗寒性强，能忍受较干旱的气候条件。多生于阴坡湿润山谷，耐酸碱，较耐燥，不耐水涝，凡西晒及潮风所到地方，生长不良。适应于湿润和富含腐殖质的土壤。

【园林应用前景】

常植于山麓、池畔、园门两侧、建筑物角隅装点风景；还可植于花坛中作主景树，是园林中名贵的观赏乡土树种（见图4-34至图4-36）。

【繁殖方法】

用种子繁殖和嫁接繁殖。一般原种用播种法繁殖，而园艺变种常用嫁接法繁殖。

图 4-34 鸡爪槭园林应用

图 4-35 红槭（鸡爪槭变种）园林应用

图 4-36 羽毛槭（鸡爪槭变种）园林应用

1. 播种育苗

10月采收种子后即可播种，或用湿砂层积至翌年春播种，播后覆土 1～2cm，浇透水，盖稻草，出苗后揭去覆草。条播行距 15～20cm，亩播种量 4～5kg。幼苗怕晒，需适当遮荫。当年苗高 30～50cm。移栽要在落叶休眠期进行，小苗可裸根移植，但大苗要带土球移。

2. 嫁接繁殖

嫁接可用切接、靠接及芽接等法，砧木一般常用 3～4 年生鸡爪槭实生苗。切接在春天 3～4 月砧木芽膨大时进行，砧木最好在离地面 50～80cm 处截断进行高接，这样当年能抽梢长达 50cm 以上。

芽接时间以 5、6 月间或 9 月中、下旬为宜。5、6 月间正是砧木生长旺盛期，接口易于愈合，春天发的短枝上的芽正适合芽接；而夏季萌发的长枝上的芽正适合在9月中、下旬接于小砧木上。秋季芽接应适当提高嫁接部位，多留茎叶，能提高成活率。

【栽培管理】

鸡爪槭苗木移植需选较为庇荫、湿润而肥沃之地，在秋冬落叶后或春季萌芽前进行。小苗可裸根移植，移植大苗时必须带宿土。其秋叶红者，夏季要予以充分光照，并施肥浇水，入秋后以干燥为宜。如肥料不足，秋季经霜后，追施1～2次氮肥，并适当修剪整形，可促使萌发新叶。

十二、泡桐

【学名】 *Paulownia tomentosa*

【科属】 玄参科、泡桐属

【产地分布】

泡桐属共7种，均产我国，除东北北部、内蒙古、新疆北部、西藏等地区外全国均有分布。

【形态特征】

落叶乔木，但在热带为常绿。树冠圆锥形、伞形或近圆柱形，幼时树皮平滑而具显著皮孔，老时纵裂；通常假二叉分枝，枝对生，常无顶芽；除老枝外全体均被毛。叶对生，大而有长柄，生长旺盛的新枝上有时3枚轮生；叶心脏形至长卵状心脏形，基部心形，全缘、波状或3～5浅裂。花朵成小聚伞花序，具总花梗或无；花冠大，紫色或白色，花冠漏斗状钟形至管状漏斗形，内面常有深紫色斑点。蒴果卵圆形、卵状椭圆形、椭圆形或长圆形（见图4-37）。花期4～5月，果期10月左右。

【生长习性】

泡桐是阳性树种，最适宜生长于排水良好、土层深厚、通气性好的沙壤土或砂砾土，它喜土壤湿润肥沃，以pH 6～8为好，对镁、钙、锶等元素有选择吸收的倾向，因此要多施氮肥，增施镁、钙、磷肥。适应性较强，能耐－25～－20℃的低温，但忌积水。

图 4-37 泡桐形态特征

【园林应用前景】

泡桐树态优美，花色绚丽，叶片分泌液能净化空气，常用于城市绿地、道路、工矿区等绿化，既供观赏，又可改善生态环境（见图 4-38）。

图 4-38 泡桐园林应用

【繁殖方法】

（一）播种繁殖

1. 采种

选择生长健壮、树干通直、无丛枝病、树龄在 8 年生以上的优良单株作采种母树。10 月中旬前后，当蒴果呈黄褐色，个别开始开裂时，为适宜采种期。蒴果采集后，晾半月左右，果皮开裂、种子脱出、除去杂质、再晾五天左右，装入袋内，置于通风干燥处贮藏。泡桐种子千粒重 0.2～0.4g，每千克有种子 250 万～500 万粒。

成熟的种子发芽率一般在50%～60%，最高达80%左右。

2. 整地作床

选择灌溉方便、排水良好、土层深厚、地下水位低、疏松肥沃的沙壤土作圃地。圃地冬季深翻，施足基肥，春季浅耕细耙，作床。苗床采用高床为好，苗床一般宽1m，高30cm，长10m。结合作床，每亩施硫酸亚铁5kg，进行土壤消毒。苗床作好后，床面要适当镇压，刮平，灌水一次，防止以后浇水时床面下陷，凹凸不平。

3. 浸种催芽

用40℃的温水浸种，并不停搅动至自然冷却，再继续浸泡24小时，取出放入盆内，放在28℃左右的温暖处催芽。在催芽过程中，每天用温水冲洗1～2次，并不断翻动。4～5天后，当有5%左右的种子开始发芽，露出白尖时，即可播种。种子发芽不可过长，否则会因播后温度下降发生"回芽"而失败。为减少病害发生，可用0.1%～0.2%的高锰酸钾溶液浸种20～30分钟，再用冷水冲洗，以消灭种子上的杂菌，减轻丛枝病和炭疽病的危害。

4. 播种

播种前灌水，使水分渗透床面。播种可采用散播或条播，播后覆盖细土或焦泥灰。播后即在床面建拱棚，上面覆盖塑料薄膜，床面周围用土压紧，保持床面温度和湿度。要经常观测床内温度变化，发芽后，床内温度不超过35℃，温度过高时，要及时打开两头塑料薄膜、通风降温。随着气温的升高，白天可适当揭开薄膜，使幼苗得到锻炼。移栽前全部去掉薄膜，进行锻炼，使幼苗适应露地条件。遇到干旱时，要勤灌水，保持床面表土湿润。

5. 间苗和移栽

当苗木长到三对真叶时，如过密应分次间苗，待长到4～5对真叶时，即可移栽，移栽最好选在阴天，将3～4株苗同时带土起苗栽入一个穴内，栽后及时浇定根水。栽后5～7天苗恢复生长，成活率可达90%以上。移栽后的密度是否适宜十分关键，密度过大，苗木细弱，木质化程度差，冬季易抽条，降低苗木质量和造林成活率，生产实践证明，以每亩留苗 666～1000 株为宜。

6. 病虫害防治

幼苗生长期，容易遭受立枯病、地老虎、蛴螬等病虫危害，应及时开展病虫防治，每隔 10 天左右喷一次 150～200 倍的波尔多液，及时拔除病株。对害虫可用药物进行诱杀，必要时应结合人工捕杀。

7. 肥水管理

移栽后，为使苗木提早进入旺盛生长期，要加施追肥，追肥应本着早施、勤施的原则，尤其在旺盛生长期多施追肥，促使旺长。一般从 6 月中旬起每隔 20 天左右追施速效氮肥一次，还可结合病虫防治加 0.3%～0.5%的尿素进行根外追肥。梅雨季节要做好排水工作，防止积水和病害蔓延，干旱时要及时灌水，每次灌水后及时深锄培土，保持土壤疏松湿润，促进苗木生长。9 月份，停止浇水施肥，防止苗木徒长，提高木质化程度。

（二）根插繁殖

1. 整地

苗圃地结合浅耕亩施腐熟后的农家肥 500kg，过磷酸钙 25～40kg，有条件的还可加施饼肥 25～50kg。每亩施 50%锌硫磷颗粒剂 1～1.5kg、硫酸亚铁 10～15kg 进行土壤消毒。然后作成高垄苗床，垄底宽 40～50cm，高 20～30cm。

2. 种根选择

种根最好选择 1～2 年生苗根，种根采集时间从落叶后到发芽前均可进行，一般都在 2 月下旬至 3 月中旬挖出的根，剪截成长 15～18cm 上平下斜的根穗（见图 4-39）。剪口要平滑、无损伤。剪好的根按粗细分级，50 根一捆，并及时晾晒 1～3 天至切口不黏土，以防烂根，种根不要堆成大堆，以免发霉。

3. 阳畦催芽

选择向阳背风的地方，挖一个宽 1.5m，深 30cm，东西方向的阳畦，畦底铺 5cm 的湿沙，将种根大头向上，单根直立于坑内，种根间填充湿沙，上盖塑料薄膜，10～15 天即可发芽，芽长 1cm

图 4-39 泡桐种根

左右，即可扦插。

4. 根插方法

泡桐根插（埋根）时间一般在 3 月上中旬，在垄上按株距挖好穴，将种根大头向上直立穴内，顶端埋入土中 1cm，两边土壤压实，使种根与土壤密接，催过芽的种根，如芽长到 5cm 以上，埋根时应将芽露出地面。

育苗密度对苗木质量影响极大，应根据育苗目标、土壤肥力和管理条件而定，如要培养苗高 4m 左右，地径 6cm 以上的壮苗，根插密度以 1m×1m 或 1m×1.2m 为宜，每亩埋根 667～556 株。要培养更大的苗木，如干高 5m 以上的壮苗，则可用 1.2m 以上的行距。

5. 苗期管理

幼苗出土长至 10～20cm 时定苗，每个根穗上保留一个健壮的幼芽，其余除去。5 月下旬到 8 月下旬这段时间，为苗的旺盛生长期，是培育壮苗的关键时期，应及时施追肥。第一次在 5 月底前，每株施稀释人粪尿 1.5kg 左右，或硫酸铵每亩 30kg；第二次在 6 月中下旬，每亩施硫酸铵 40～50kg，一般离苗木 20～30cm 外开穴或挖沟施入，施后封土，浇水。此外还可用 0.1%～0.2% 的尿素水溶液进行根外施肥。7 月中旬追施尿素或硫酸铵一次，施肥量可大些；8 月上旬可施一次磷钾追肥，促进苗木木质化；9 月上旬以后，控制肥水，以免苗木徒长。

【栽培管理】

泡桐春秋两季均可移植，以春季为好。苗木可裸根移植，定植后应裹干或树干刷白以防日灼。泡桐管理粗放，但喜土壤湿润肥沃，多施氮肥，增施镁、钙、磷肥有利于生长。泡桐适应性较强，在较瘠薄的低山、丘陵或平原地区也均能生长，但忌积水。

十三、合欢

【学名】 *Albizia julibrissin Durazz.*

【科属】 豆科、合欢属

【产地分布】

产于我国黄河流域及以南各地。分布于华东、华南、西南以及辽宁、河北、河南、陕西等省。

【形态特征】

别名绒花树、夜合花。落叶乔木，高可达16m，树冠开展；二回羽状复叶，羽片4～12对，有时达20对；小叶10～30对。花序头状，多数伞房状排列，腋生或顶生；花冠漏斗状，5裂，淡红色；雄蕊多数而细长，雄蕊花丝犹如缕状，基部连合，半白半红，形似绒球，清香（见图4-40）；荚果扁平带状。花期6～7月，果期9～11月。

【生长习性】

性喜光，喜温暖湿润和阳光充足环境，对气候和土壤适应性

图4-40　合欢形态特征

强，宜在排水良好、肥沃土壤生长，但也耐瘠薄土壤和干旱气候，但不耐水涝。对二氧化硫、氯化氢等有害气体有较强的抗性。

【园林应用前景】

合欢花叶清奇，绿荫如伞，作绿荫树、行道树，或栽植于庭院水池畔等。在城市绿化中孤植或群植于小区、庭院、路边、建筑物前（见图 4-41）。

图 4-41　合欢园林应用

【繁殖方法】

（一）露地播种繁殖

1. 种子处理

合欢种皮坚硬，不易透水，可在播种前 10 天左右用 60～80℃的温水浸种，水凉后再浸泡 24 小时，每天换水，然后取出种子与湿沙混合，催芽，待 30%种子露白时，即可播种。

2. 播种方法

合欢可条播，覆土厚 1cm，每亩播种量为 5kg。

3. 管理

播种后 10 天左右即可出苗，待幼苗 2～3 片真叶时及时间苗，定苗后株距 20cm。每月结合灌水施一次追肥。育苗期及时修剪侧枝，保证主干通直。

（二）营养钵育苗

1. 配制营养土

采用坑塘泥土，或生草皮土经细筛筛后，与肥料混匀进行配制。在配制营养土时加入适量微量元素、杀菌剂和杀虫剂对土壤进行处理，从而防止土壤有害生物对种子、幼苗所造成的危害，以保证苗木健康生长。

2. 整地作床

建南北向低床，苗床宽度以 1～1.2m 为宜，营养钵装满营养土后放床内，浇 1 次透水，第 2 天即可进行播种。

3. 播种

合欢营养钵育苗常用点播法，每钵可下种 3～4 粒，播种后覆土厚度 1cm，并保持土壤湿润。

【栽培管理】

合欢小苗可在萌芽之前裸根移栽，大苗宜在春季萌芽前和秋落叶之后带足土球移栽。栽植后要及时浇水、设立支架，以防风吹倒伏。每年的秋末冬初时节施入基肥，促使来年生长繁茂，着花更盛；生长季可适当追施复合肥。合欢幼树怕积水，雨季注意排水。

十四、紫叶李

【学名】 *Prunus cerasifera Ehrhar f.atropurpurea* (*Jacq.*) *Rehd.*

【科属】 蔷薇科、李属

【产地分布】

原产亚洲西南部，中国华北及其以南地区广为种植。

【形态特征】

别名红叶李。落叶灌木或小乔木，高可达 8m；多分枝，枝条细长，紫叶李枝干为紫灰色，嫩芽淡红褐色，叶子光滑无毛，叶常年紫红色。花瓣白色，花瓣为单瓣（见图 4-42）。核果近球形或椭圆形，结实率很低的，果很小，没有食用价值。花期 4 月，果期 8 月。

【生长习性】

喜阳光，喜温暖湿润气候，有一定的抗旱能力。对土壤适应性强，不耐干旱，较耐水湿，但在肥沃、深厚、排水良好的中性、酸性土壤中生长良好，不耐碱。以沙砾土为好，黏质土亦能生长，根系较浅，萌生力较强。

图 4-42 紫叶李形态特征

【园林应用前景】

紫叶李整个生长季节都为紫红色，著名观叶树种，孤植群植皆宜，能衬托背景。宜于建筑物前及园路旁或草坪角隅处栽植（见图4-43）。

图 4-43 紫叶李园林应用

【繁殖方法】

（一）嫁接繁殖

1. 砧木选择

砧木可用桃、李、梅、杏、山桃、山杏、毛桃和紫叶李的实生苗，相比较而言，桃砧生长势旺，叶色紫绿，但怕涝；李作砧木较耐涝；杏、梅寿命较长，但也怕涝。在华北地区以杏、山桃和毛桃作砧木最为常用。

2. 种子处理

山桃种子1亩地用40～60kg，用清水浸泡24小时，充分吸水后层积处理备用。

3. 整地播种

山桃播种整成平畦，畦宽1.3m；畦内播4行，宽窄行设计(见图4-44)，中间宽行嫁接时好进人。春季3～4月播种，播种前灌足水，2～3天后按宽窄行在畦内开4条沟，沟深4～5cm，种子均匀点播于沟内，覆土后镇压。一般10～15天左右可出苗。

图4-44 山桃宽窄行播种

4. 砧木苗管理

在苗木长出2～3片真叶时进行间苗，株距15cm左右。当苗木达到30cm高时摘心，促进增粗和成熟。对苗木进行正常灌水、施肥。

5. 嫁接

山桃苗生长快，6月中下旬进行芽接，用“T”字形芽接，参见第一章第三节嫁接育苗。

(二)扦插繁殖

1. 插条准备

选择树龄3～4年生长健壮的树作为母树。在深秋落叶后从母树上剪取无病虫害的当年生枝条，也可结合整形修剪将剪下的粗壮、芽饱满的枝条作为插穗。插穗剪成 40～50cm 的枝段，按 100～200 支打捆，用湿沙埋入贮藏。

2. 整地

苗圃地每亩地均匀撒施 1～1.5 吨腐熟农家肥，并用多菌灵进行土壤杀菌消毒；再用 50%锌硫磷颗粒剂 4000g 撒施杀灭地下害虫。然后作畦。南方作高畦，畦宽 1m；畦沟宽 0.3m，深 0.2m。做好后稍加镇压，将畦面中耕耙平，准备扦插。北方最好作低畦，东西走向，畦埂南低北高（阳畦），主要是有利于提高地温和保湿。

3. 扦插方法

扦插时间 11 月下旬至 12 月中旬。扦插前，先将枝条剪成长 10～12cm，有 3～5 个芽的插穗。插穗下端斜剪，上端平剪。剪好后立即将其下端浸入清水中浸泡 15～20 小时，使插条充分吸足水。用 50mg/L 的 ABT6 号生根粉蘸浸插穗以利生根。插穗斜面向下插入土中，株行距 5cm×5cm，上端的芽露出地面 0.5～1cm。扦插后立即放水洇灌，使插穗与土壤密接。待地面稍干后用双层地膜覆盖保墒，同时在畦面上搭 1m 高塑料小拱棚以利保温、御寒。

4. 扦插苗管理

苗床有地膜和小拱棚的可保持长时间不必灌水，如地膜下土壤干燥，再沿畦沟洇灌一次水。最低温度降至零下 5℃时，应在拱棚外加草帘防冻保温；最低气温升至 0℃后，白天揭开草帘，夜晚四周围草帘；最低温度达到 5℃以上时，白天应打开拱棚，适当放风，防高温灼伤幼苗。3 月初，幼苗高 3～5cm 时，白天揭开地膜通风练苗，随幼苗生长逐渐加大通风量。3 月中下旬至 4 月初，注意保持苗床潮湿。4 月中旬揭去棚膜，及时施肥、除草、浇水。

【栽培管理】

紫叶李大苗移栽以春、秋为主，裸根移植，最好随起随栽，可提高移植成活率。紫叶李喜湿润环境，新栽植的苗要浇好三水，以后干旱时每月可浇水 1～2 次。7、8 两月降雨充沛，如不是过于干旱，可不浇水，雨水较多时，还应及时排水，防止烂根。11 月上中旬还应浇足、浇透封冻水。栽植后第 2 年可减少灌溉次数，第 3

年起只需每年早春和初冬浇足、浇透解冻水和封冻水即可。注意入秋后一定要控制浇水，防止水大而使枝条徒长，在冬季遭受冻害。

紫叶李喜肥，栽植时要施有机肥，以后每年在浇封冻水前可施入一些农家肥，可使植株生长旺盛，叶片鲜亮。紫叶李虽然喜肥，但施肥要适量，如果施肥次数过多或施肥量过大，会使叶片颜色发暗而不鲜亮，降低观赏价值。

十五、黄栌

【学名】 *Cotinus coggygria Scop.*

【科属】 漆树科、黄栌属

【产地分布】

原产于中国西南、华北和浙江。

【形态特征】

别名红叶、红叶黄栌。落叶小乔木或灌木，树冠圆形，高可达3～5m，木质部黄色，树汁有异味；单叶互生，叶片全缘或具齿，叶倒卵形或卵圆形。秋季叶色变红（见图 4-45）。圆锥花序疏松、顶生，花小、杂性，仅少数发育；花瓣 5 枚，长卵圆形或卵状披针形；雄蕊 5 枚；花盘 5 裂，紫褐色。核果小，肾形扁平，绿色。花期 5～6 月，果期 7～8 月。

图 4-45　黄栌形态特征

【生长习性】

黄栌性喜光，也耐半阴；耐寒，耐干旱瘠薄和碱性土壤，不耐水湿，宜植于土层深厚、肥沃而排水良好的沙质壤土中。生长快，根系发达，萌蘖性强。对二氧化硫有较强抗性。秋季当昼夜温差大于10℃时，叶色变红。

【园林应用前景】

黄栌在园林造景中最适合城市大型公园、天然公园、半山坡上、山地风景区内群植成林，宜表现群体景观。可应用于城市绿地及庭园中，宜孤植或丛植于草坪一隅、山石之侧、常绿树树丛前，体现色彩美（见图4-46）。

图4-46 紫叶黄栌园林应用

【繁殖方法】

黄栌主要用播种繁殖。

1. 种子处理

6～7月黄栌果实成熟后采种，经湿沙贮藏40～60天即可播种。幼苗抗寒力较差，入冬前需覆盖树叶和草秸防寒。也可在采种后沙藏越冬，翌年春季播种。

2. 整地

选地势较高、土壤肥沃、排水良好的壤土为育苗地。整地时施足基肥。苗床宽1.2m，长视地形条件而定，床面低于步道10～15cm，播前3～4天用多菌灵进行土壤消毒，灌足底水。

3. 播种技术

播种时间以3月下旬至4月上旬为宜。按行距33cm开沟，将种沙混合物在沟内撒播，每亩用种量6～7kg。覆土约1.5～2cm，轻轻镇压后覆盖地膜。一般播后 2～3 周苗木出齐。

4. 苗期管理

在幼苗出土后 20 天内严格控制灌水，在不致产生旱害的情况下，尽量减少灌溉次数。20 天后一般 10～15 天浇水一次；后期应适当控制浇水，以利蹲苗，便于越冬。在雨水较多的秋季，应注意排水，以防积水，导致根系腐烂。

由于黄栌幼苗主茎常向一侧倾斜，故应适当密植。间苗一般分 2 次进行：第一次间苗，在苗木长出 2～3 片真叶时进行。第二次间苗在叶子相互重叠时进行，留优去劣，株距以 7～8cm 为宜。

【栽培管理】

黄栌须根较少，一般在春季发芽前移栽为宜。移栽时，对地上树冠枝条适当短剪，以减少蒸发，利于成活。移栽后要及时浇足定根水，3 天内若天气晴朗，早晨或傍晚浇水 1 次；3～7 天内，隔天浇水 1 次，确保苗木移栽成活。栽植成活后，生长季追施有机肥 2～3 次，促进苗木健壮生长。雨季易生白粉病，应及时防治。

十六、西府海棠

【学名】 *Malus micromalus*

【科属】 蔷薇科、苹果属

【产地分布】

分布在中国云南、甘肃、陕西、山东、山西、河北、辽宁等地，目前许多地区已人工引种栽培。

【形态特征】

别名小果海棠，栽培品种有河北的“八棱海棠”、云南的“海棠”等。落叶乔木，高可达 8m；叶片椭圆形至长椭圆形，先端渐尖或圆钝，基部宽楔形或近圆形，边缘有细锯齿；有托叶。花序近伞形，具花 5～8 朵；花瓣白色，初开放时粉红色至红色。果实近球形，黄色，萼裂片宿存（见图 4-47）。花期 4～5 月，果期 9 月。

【生长习性】

喜光，耐寒，忌水涝，忌空气过湿，较耐干旱，对土质和水分要求不高，最适生于肥沃、疏松又排水良好的沙质壤土。

【园林应用前景】

图 4-47 西府海棠形态特征

花色艳丽，一般多栽培于庭园供绿化用，不论孤植、列植、丛植均极为美观（见图 4-48）。

图 4-48 西府海棠园林应用

【繁殖方法】

（一）播种繁殖

1. 种子处理

海棠种子在播种前，必须经过 30～100 天低温层积处理，才出苗快、整齐，而且出苗率高。

2. 播种

海棠播种整成低畦，畦宽 1.1～1.3m。每畦播 4 行，宽窄行条播（参见紫叶李子繁殖），覆土深度约1cm，镇压后覆塑料膜保墒，出苗后掀去塑料膜，当年晚秋便可移栽。

（二）嫁接法

1. 砧木选择

西府海棠可用播种繁殖，但后代容易产生变异，观赏效果有些会较差，而海棠属扦插难生根，因此，选择观赏效果好的西府海棠为接穗，进行嫁接繁殖可保持优良特性，开花结果早。我国北方常用的砧木种类有西府海棠、山定子、裂叶海棠果等；南方则用湖北海棠。

2. 嫁接方法

春季用切接、劈接等方法枝接（见图4-49），夏秋季（6～9月）可以用“T”字芽接法，具体方法见第一章第三节嫁接育苗。

图4-49　西府海棠嫁接苗

【栽培管理】

海棠栽植时期以早春萌芽前或初冬落叶后为宜。一般大苗要带土球移植，小苗可裸根栽植。栽植前施足基肥，栽后浇透水。定植后幼树期保持土壤疏松湿润，适当灌溉。成活后每年秋施基肥，生长季追肥3～4次即可。每次土壤施肥后结合灌水。

十七、樱花

【学名】 *Prunus serrulata*

【科属】 蔷薇科、樱属

【产地分布】

分布北半球温和地带，亚洲、欧洲至北美洲。在中国北京、西安、青岛、南京、南昌等城市庭园栽培。

【形态特征】

樱花为落叶乔木或灌木。高4～16m，树皮灰色。叶片椭圆卵形或倒卵形，先端渐尖或骤尾尖，基部圆形，稀楔形，边有尖锐重锯齿（见图4-50）。花常数朵着生在伞形、伞房状或短总状花序上有花3～4朵，先叶开放；花瓣白色或粉红色，先端圆钝、微缺或深裂；樱花可分单瓣和重瓣两类（见图4-52）。单瓣类能开花结果，重瓣类多半不结果（见图4-51）。核果成熟时肉质多汁，不开裂。花期4月，果期5月。

图4-50 樱花的叶

图4-51 樱花的果实

【生长习性】

性喜阳光和温暖湿润的气候条件，有一定抗寒能力。对土壤的要求不严，宜在疏松肥沃、排水良好的砂质壤土生长，但不耐盐碱土。根系较浅，忌积水低洼地。有一定的耐寒和耐旱力，但对烟及风抗力弱，因此不宜种植有台风的沿海地带。

【园林应用前景】

樱花常用于园林观赏，可大片栽植造成“花海”景观，可孤植或三五成丛点缀于绿地，也可作小路行道树（见图4-53）。

图 4-52 樱花形态特征

图 4-53 樱花园林应用

【繁殖方法】

樱花以嫁接繁殖为主，播种、扦插也可。

(一) 播种繁殖

樱花单瓣品种可结实，可用播种繁殖，种子需要层积处理后翌年春播。具体参见第一章第二节播种育苗。

(二) 嫁接繁殖

嫁接一般选用樱桃、山樱桃实生苗作砧木，以优良品种樱花作接穗。主要采用切接，具体操作参见第一章第三节嫁接育苗。芽接则很少采用。

(三) 扦插繁殖

1. 插条的处理

6月中上旬至9月中上旬采集当年萌发的半木质化枝条剪成10～15cm长的枝段每个枝段保留顶部2～3片叶，其余叶片连同叶柄一起摘掉，插条下端平剪。把剪好的插条捆成50枝或100枝的小捆，将插条基部约3～4cm在50mg/L的ABT生根粉1号溶液中浸泡5～8小时或在100mg/L的溶液中浸泡2～4小时。

2. 插床设置

选阴凉易排水处建宽1.2～1.5m、长5.0～6.0m苗床，上部建小拱棚，拱棚高度70～90cm。底部先下挖25cm而后铺垫厚10cm左右的炉渣，上面再铺厚10cm左右的膨胀珍珠岩或干净河沙作为扦插基质，浇透水。

3. 扦插

将插条按株距3cm、行距5cm扦插于插床内（以插条叶片互不重叠为宜）。扦插时先用稍粗于插条的短木棒打孔，然后将插条插入孔内，压实插条周围的基质，使基质与插条紧密接触，扦插深度为4～5cm。

4. 插后管理

扦插后立即用清水喷透，盖严棚膜，相对湿度保持在95%以上。以后每天清晨适量喷清水1次。拱棚内温度宜保持在30℃左右，若超过35℃可喷水降温，基质温度以25℃左右为宜。扦插初期喷水量应偏大一些，以后逐渐减少。插条开始生根时（一般在扦插后15天左右），早晚可适当通风，随后逐渐加大通风量延长通风时间。待插条根长达到3～5cm、每插条有3～5条根时即可移栽。

5. 移栽

移栽前将棚膜逐渐打开炼苗 7 天左右并减少喷水量。将经锻炼的扦插苗直接移入大田，立即浇透水用遮阳网遮荫几天，忌暴晒。也可先移入营养钵中（基质要求通透性好）放入小拱棚内浇透水，覆上棚膜保湿遮荫几天，开始时每天早晚通风，2～3 天后逐渐加大通风量，10 天后打开棚膜去掉遮荫物，再炼苗 4～5 天后即可移入大田。

【栽培管理】

南方在落叶后至萌芽前均可带土球移植，北方在早春土壤解冻后立即带土球移植。定植后苗木易受旱害，除定植时充分灌水外，以后 8～10 天灌水一次，保持土壤潮湿但无积水。灌后及时松土，最好用草将地表薄薄覆盖，减少水分蒸发。在定植后 2～3 年内，为防止树干干燥，可用稻草包裹。

樱花每年施肥两次，以酸性肥料为好。一次在冬季或早春施用豆饼、鸡粪等腐熟的有机肥；另一次在落花后，施用硫酸铵、硫酸亚铁、过磷酸钙等速效肥料。

十八、玉兰

【学名】 *Magnolia denudata Desr*

【科属】 木兰科、木兰属

【产地分布】

原产于中国长江流域，庐山、黄山、峨眉山等处有野生。现北京及黄河流域以南都有栽培。

【形态特征】

别名白玉兰，落叶乔木，高达 25m，胸径 1m，树冠宽阔；树皮深灰色，粗糙开裂；小枝梢粗壮，灰褐色；冬芽及花梗密被淡灰黄色长绢毛。叶纸质，倒卵形、宽倒卵形或倒卵状椭圆形，叶上深绿色，嫩时被柔毛，下面淡绿色。花蕾卵圆形，花先叶开放，直立，芳香；花梗显著膨大，密被淡黄色长绢毛；花被片 9 片，白色，基部常带粉红色（见图 4-54）。花期 2～3 月（亦常于 7～9 月再开一次花），果期 8～9 月。

【生长习性】

图 4-54 玉兰形态特征

玉兰性喜光，较耐寒，北京以南可露地越冬。爱干燥，忌低湿，栽植地渍水易烂根。喜肥沃、排水良好而带微酸性的砂质土壤，在弱碱性的土壤上亦可生长。在气温较高的南方，12 月至翌年 1 月即可开花。玉兰花对有害气体的抗性较强，对二氧化硫和氯气具有一定的抗性和吸硫的能力，因此，玉兰是大气污染地区很好的防污染绿化树种。

【园林应用前景】

古时多在亭、台、楼、阁前栽植。现多见于园林、厂矿中孤植，散植，或于道路两侧作行道树（见图 4-55）。

图 4-55 玉兰园林应用

【品种介绍】

二乔玉兰为杂交种，有许多品种，不同品种颜色不同，花被片红色、淡紫红色、玫瑰色、白色等，花先叶开放（见图 4-56）。

图 4-56　二乔玉兰形态特征

紫玉兰为中国特有植物种类，分布在中国云南、福建、湖北、四川等地，花与叶同时或稍后于叶开放；花被片紫色或紫红色（见图 4-57）。

图 4-57　紫玉兰形态特征

【繁殖方法】

（一）播种繁殖

1. 种子采收和贮藏

玉兰的果实在 9～10 月成熟，成熟时果实开裂，露出红色假种皮，需在它的果实微裂、假种皮刚呈红黄色时及时采收。果实采下后，放置阴处晾 5～6 天，促使开裂，取出具有假种皮的种子，放在清水中浸泡1～2天，擦去假种皮除出瘪粒，也可拌以草木灰搓洗除去假种皮。取得的白净种子拌入煤油或磷化锌以防鼠害。

2. 播种

播种期有随采随播（秋播）及春播两种。苗床地要选择肥沃疏松的砂质土壤，深翻并灭草灭虫，施足基肥。床面平整后，开播种沟，沟深5cm，宽5cm，沟距20cm左右，进行条播，将种子均匀播于沟内，覆土后稍压实。

3. 播种苗管理

在幼苗具2～3片真叶时可带土移植。由于苗期生长缓慢，要经常除草松土。5～7月间，施追肥3次，可用充分腐熟的稀薄粪水。

（二）扦插繁殖

1. 苗床铺建

苗床基质要求排水、通气良好，安装自动间歇喷雾设备，扦插前基质用800倍多菌灵消毒。

2. 插穗处理

春末至夏初选择半木质化的枝条作插穗，插穗下端纵刻几刀，并用1000mg/L的吲哚丁酸速蘸处理后扦插。扦插密度以叶片互不重叠为宜。

3. 苗床管理

在间歇喷雾条件下，温度控制在24℃左右，湿度在90%左右，为插穗提供良好的生根条件。

【栽培管理】

玉兰一般在萌芽前10～15天或花刚谢而未展叶时移栽较为理想。玉兰既不耐涝也不耐旱，新种植的玉兰应该保持土壤湿润。玉兰喜光，幼树较耐阴，不耐强光和西晒，可种植在侧方挡光的环境下，种植于大树下或背阴处则生长不良。

玉兰较耐寒，能耐－20℃的短暂低温，但不宜种植在风口处，否则易发生抽条，在北京地区背风向阳处无需缠干等措施就可以在露地安全越冬。

玉兰喜肥、喜湿润，早春的返青水，初冬的防冻水是必不可缺的；在生长季节，可每月浇一次水，雨季应停止浇水，在雨后要及时排水。玉兰除在栽植时施用基肥外，每年施肥4次，即花前施用一次氮、磷、钾复合肥；花后要施用一次氮肥；在7、8月施用一次磷、钾复合肥；入冬前结合浇冬水再施用一次腐熟发酵的圈肥。

十九、碧桃

【学名】 *Amygdalus persica var. persica f. duplex*

【科属】 蔷薇科、桃属

【产地分布】

主要分布江苏、山东、浙江、安徽、浙江、上海、河南、河北等地。

【形态特征】

别名千叶桃花，是桃的一个变种。落叶小乔木，高3～8m；树冠宽广而平展；芽2～3个簇生，多中间为叶芽，两侧为花芽。叶片长圆披针形、椭圆披针形或倒卵状披针形；叶色多绿色，少有紫红色品种。花单生，先于叶开放；花多种类型，多重瓣，色彩鲜艳丰富，有红色、粉色、红白双色等（见图4-58）。花期3～4月，

图4-58　碧桃形态特征

果实成熟期因品种而异，通常为8～9月。

【生长习性】

碧桃性喜阳光，耐旱，不耐潮湿的环境。喜欢气候温暖的环境，耐寒性较好。要求土壤肥沃、排水良好。不喜欢积水，如栽植在积水低洼的地方，容易出现死苗。

【园林应用前景】

碧桃的园林绿化用途广泛，绿化效果突出。可列植、片植、孤植，当年既有特别好的绿化效果（见图4-59）。

图4-59 碧桃园林应用

【繁殖方法】

用嫁接法繁殖，砧木用山桃、毛桃。山桃、毛桃用播种法繁殖，参见紫叶李繁殖。

1. 接穗选择

碧桃母树要健壮而无病虫害，花果优良的植株，选当年的新梢粗壮枝、芽眼饱满枝为接穗。

2. 嫁接方法

夏季芽接南方以6～7月中旬为佳，北方以7～8月中旬为宜。一般用“T”字形芽接。参见第一章第三节嫁接育苗。

3. 接后管理

芽接成活后及时解绑、剪砧、除萌，同时结合施肥，一般施复合肥 1～2 次，促使接穗新梢木质化，增强抗寒性。

【栽培管理】

碧桃一般裸根栽植。碧桃喜干燥向阳的环境，故栽植时要选择地势较高且无遮阴的地点，不宜栽植于沟边及池塘边，也不宜栽植于树冠较大的乔木旁。

碧桃耐旱，怕水湿，一般除早春及秋末各浇一次开冻水及封冻水外其他季节不用浇水。但在夏季高温天气，如遇连续干旱，适当的浇水是非常必要的。雨天还应做好排水工作，以防水大烂根导致植株死亡。

碧桃喜肥，但不宜过多，可用腐熟发酵的有机肥作基肥，每年入冬前施入，6～7 月如施用 1～2 次速效磷、钾肥，可促进花芽分化。

二十、梅花

【学名】 *Armeniacamume Sieb*

【科属】 蔷薇科、杏属

【产地分布】

长江流域以南各省最多，江苏和河南也有少数品种，某些品种已在华北引种成功。

【形态特征】

落叶小乔木，稀灌木，高可达 10m，小枝绿色。叶片卵形或椭圆形，先端尾尖，基部宽楔形至圆形，叶边常具小锐锯齿，灰绿色。花单生或有时 2 朵同生于 1 芽内，香味浓，先于叶开放；花瓣倒卵形，多为白色、粉色、红色、紫色、浅绿色（见图 4-60）。果实近球形。花期冬春季，果期 5～6 月（在华北果期延至 7～8 月）。

【生长习性】

对土壤要求不严，喜湿怕涝，较耐瘠薄；喜阳光充足，通风良好。

【园林应用前景】

梅花最宜植于庭院、草坪，或成片栽植营造专类园。可孤植、丛植、群植（见图 4-61 和图 4-62）。

【繁殖方法】

图 4-60 梅花形态特征

图 4-61 梅花园林应用（1）

图 4-62 梅花园林应用（2）

梅花常用嫁接法育苗，也可用扦插、压条。

1. 嫁接

南方多用梅和桃作砧木，北方多采用杏与山杏作砧木，嫁接成活率高，且耐寒力强。嫁接主要用切接、劈接、腹接等。具体嫁接方法参见第一章第三节嫁接育苗。

2. 扦插

适用于较易生根的梅花品种，如朱砂、宫粉、绿萼、骨里红、素白台阁等。扦插可在11月份梅花落叶后进行，选取幼龄母株上当年生健壮枝条，剪成长度为10～15cm的段，基部切口用1000～2000mg/kg吲哚丁酸浸泡5～10秒钟，然后插于准备好的苗床中，扦插深度为插穗长度的1/3～2/3，插后浇透水，用小拱棚覆盖保温，温度控制在10～20℃为宜，翌年3月份可生根发芽。也可选用梅花嫩枝扦插，于4月底至5月初进行。插穗选用当年生带踵的枝条，长度以10～15cm为宜，用ABT-1生根粉浸泡切口处30分钟，再加以间歇性喷雾，可促使其快生根，且成活率高，可达70%以上。

3. 压条

在早春将1～2年梅花萌蘖条，用利刃环割1cm左右宽，埋入土中3～4cm，保持土壤水分，于秋后割离，另行分栽。也可用高压法，一般是在繁殖大苗时所采用的方法，常在梅雨季节进行。

【栽培管理】

梅在南方可地栽，在黄河流域耐寒品种也可地栽，但在北方寒冷地区则应盆栽室内越冬。在落叶后至春季萌芽前均可带土球栽植。

栽植前施好基肥，同时掺入少量磷酸二氢钾。栽植成活后花前再施1次磷酸二氢钾，花后施1次腐熟的饼肥，补充营养。6月还可施1次复合肥，以促进花芽分化。秋季落叶后，施1次有机肥，如腐熟的粪肥等。

梅既不能积水，也不能过湿过干，浇水掌握见干见湿的原则。一般天阴、温度低时少浇水，否则多浇水。

第二节 落叶灌木的育苗技术

一、牡丹

【学名】 *Paeonia suffruticosa*

【科属】 芍药科、芍药属

【产地分布】

牡丹原产于中国西部秦岭和大巴山一带山区，是我国特有的木本名贵花卉。经过多年栽培技术的改进，目前牡丹的栽植遍布了全国各省市自治区。栽培面积最大最集中的有菏泽、洛阳、北京、临夏、天彭县、铜陵县等。

【形态特征】

别名花王、洛阳花、富贵花、木芍药等。落叶灌木。株高多在0.5～2m之间；分枝短而粗。根系发达，具有多数深根形的肉质主根和侧根。叶通常为二回三出复叶，偶尔近枝顶的叶为3小叶（见图4-63）；顶生小叶宽卵形，3裂至中部，裂片不裂或2～3浅裂，表面绿色，背面淡绿色。花单生枝顶，花瓣5片或多片，花瓣倒卵形，顶端呈不规则的波状；按花瓣多少可分为单瓣类、重瓣类、千瓣类；花色有玫瑰色、红紫色、粉红色、白色等，通常变异很大（见图4-64）；蓇葖长圆形，密生黄褐色硬毛。花期5月；果期6月。

图4-63 牡丹叶的形态特征

图 4-64　牡丹花的形态特征

【生长习性】

性喜温暖、凉爽，耐寒，最低能耐－30℃的低温。喜阳光，也耐半阴，充足的阳光对其生长较为有利，但不耐夏季烈日暴晒。耐干旱，忌积水。适宜在疏松、深厚、肥沃、地势高燥、排水良好的中性沙壤土中生长。酸性或黏重土壤中生长不良。

【园林应用前景】

牡丹是我国特有的木本名贵花卉，素有“国色天香”、“富贵之花”、“花中之王”的美称。可孤植、丛植于园林绿地、庭园等处，观赏效果极佳。在园林中常用作专类园，供重点美化区应用（见图4-65）。

【牡丹品种分类介绍】

（一）按株型分

牡丹因品种不同，牡丹植株有高有矮、有丛有独、有直有斜、有聚有散，各有所异。一般来说按其形状或分为五个类型：直立型、疏散型、开张型、矮生型、独干型。

（二）按花瓣多少和形态分

根据花瓣层次的多少，传统上将花分为：单瓣（层）类、重瓣

图 4-65 牡丹园观赏效果

（层）类、千瓣（层）类。在这三大类中，又视花朵的形态特征分为：葵花型、荷花型、玫瑰花型、半球型、皇冠型、绣球型六种花型。新的花型分类，即把牡丹花型分为单瓣型、荷花型、菊花型、蔷薇型、千层台阁型、托桂型、金环型、皇冠型、绣球型、楼子台阁型。

（三）按花色分

复色类、绿色类、黄色类、墨紫色类、粉色类、白色类、粉蓝（紫）色类、紫色类、紫红色类、红色类。

【繁殖方法】

牡丹的繁殖方法分为两类：一类是有性繁殖，即播种繁殖；另一类是无性繁殖，包括分株、嫁接、扦插、压条、组织培养等。

（一）播种繁殖

牡丹种子的千粒重约为 150～180g，所以，播种繁殖系数较大，可以在短期内获得大量苗木，根据这个特点，牡丹播种繁殖多用于培养药用牡丹和嫁接用的砧木。牡丹单瓣型品种结实力强、籽粒饱满、发芽率高、适应性广、生长势强、变异性小，其中以单瓣型品种“凤丹”最具代表性，常用作嫁接的砧木。牡丹种子九分成熟时采收并立即播种，第二年春季发芽整齐，若种子老熟或播种过晚，第二年春季多不发芽，要到第三年春季才发芽。一般采用条播，行距30～50cm，开沟深4～6cm，沟内每隔5cm点一粒种子，播种后覆土12～15cm，成土丘状，翌年春平土。种子发芽率可达60%～80%。播种后3～5年方可开花，但以5年生以上的植株结籽多，籽粒饱满。

（二）无性繁殖

1. 嫁接法

嫁接是牡丹最常用的繁殖方法，具有成本低、速度快、繁殖系数高、苗木整齐规范等优点。影响嫁接成活的因素主要有嫁接时间、砧木、接穗和嫁接方法等几个方面。牡丹嫁接可用单瓣牡丹作砧木，用枝接的方法嫁接，参见第一章有关嫁接内容。

牡丹也可采用根接法（见图4-66），选择2～3年生芍药根作砧木，在立秋前后先把芍药根挖掘出来，阴干2～3天稍微变软后，取下面带有须根的一段截成10～15cm。采生长充实的当年生牡丹枝条作接穗，截成长6～10cm，每段接穗上要有1～2个充实饱满的侧芽，用劈接法或切接法嫁接在芍药的根段上，接好后立即栽植在苗床上，栽时将接口栽入土内6～10cm，然后再轻轻培土，使之呈屋脊状。培土高度要高于接穗顶端10cm以上，以便防寒越冬。寒冷地方要进行盖草防寒，来年春暖后除去覆盖物和培土，露出接穗让其萌芽生长。

图4-66　牡丹根接法

2. 分株法

牡丹没有明显的主干，为丛生状灌木，很适合分株，也较简便易行。分株在寒露（10 月 8 日）前为宜，暖地可稍迟，寒地宜略早，分株过迟，发根弱或不发根，过早则易秋发，黄河流域多在 9 月下旬至 10 月下旬进行。

选择 4～5 年生健壮的母株掘出，去其泥土，顺其自然长势，从根颈处一株分为二，繁者为三；分株后，可在根颈上部 3～5cm 处剪去，伤口用 1%$CuSO_4$或 400 倍多菌灵浸泡，然后栽植，壅土越冬，翌年春平地浇肥。每 3～4 年施行 1 次分株，每次得到 1～3 株苗，其繁殖缓慢，但分株苗当年可以开花，如果能结合植物生理的促萌手段，增加枝条数量，其繁殖系数可望有所提高。

3. 压条法

（1）地面压条　适合根蘖（土芽）少及根系不发达的品种，入秋后，选择近地面的 1～2 年生枝刻伤压入土壤里，在刻伤处可生新根，翌年秋剪断压条分别种植。也可以在 5 月底、6 月初花期后，选择健壮的1～3 年生枝，在当年生枝与多年生枝交界处刻伤后压入土中，经常保持土壤湿润以促进生根，翌年秋季须根已较多，可与母株分离种植。

（2）空中压条　是在牡丹开花后 10 天左右枝条半木质化时，于嫩枝基部第2～3 叶腋下 0.5～1cm 处环剥，宽约 1.5cm，用脱脂棉蘸生长素溶液如 IBA（50～70mg/L）或 ABT 1 号（40～60mg/L）缠于环剥口，以塑料薄膜在枝条切口部位卷成长筒状后固定，填入炉渣与苔藓混合基质，封口固定，立竿支撑，以后每隔 15～20 天注水保湿，嫩枝生根率可达 70%以上。

【栽培管理】

秋季是牡丹的最佳栽植时期，以 9 月中旬至 10 月下旬带土球移栽为宜。牡丹是深根性肉质根，平时浇水不宜过多，宜干不宜湿。栽培牡丹基肥要足，基肥可用堆肥、饼肥或粪肥。通常一年施肥 3 次，即开花前半个月喷一次磷肥为主的肥水加花朵壮蒂灵；花后半个月施一次复合肥；入冬前施一次有机肥。

二、中华金叶榆

【学名】*Ulmus pumila cv. jinye*

【科属】榆科、榆属

【产地分布】

在我国广大的东北、西北地区生长良好，同时有很强的抗盐碱性，在沿海地区可广泛应用。其生长区域北至黑龙江、内蒙古，东至长江以北的江淮平原，西至甘肃、青海、新疆，南至江苏、湖北等省，是我国目前彩叶树种中应用范围最广的一个。

【形态特征】

金叶榆是白榆变种。叶片金黄色，有自然光泽，色泽艳丽；叶脉清晰，质感好；叶卵圆形，比普通白榆叶片稍短；叶缘具锯齿，叶尖渐尖，互生于枝条上。一年中叶色随季节发生变化，初春娇黄，夏初叶片变得金黄艳丽，盛夏后至落叶前，树冠中下部的叶片渐变为浅绿色，枝条中上部的叶片仍为金黄色（见图 4-67）。金叶榆的枝条萌生力很强，比普通白榆更密集，树冠更丰满。

图 4-67　中华金叶榆形态特征

【生长习性】

中华金叶榆根系发达，耐贫瘠，对寒冷、干旱气候具有极强的适应性，抗逆性强，可耐－36℃的低温，同时有很强的抗盐碱性。工程养护管理比较粗放，定植后灌一两次透水就可以保证成活。对榆叶甲类有明显抗虫性，无明显病害。

【园林应用前景】

中华金叶榆生长迅速，枝条密集，耐强度修剪，造型丰富，用途广泛。既可培育为黄色乔木，作为园林风景树，又可培育成黄色灌木及高桩金球，广泛应用于绿篱、色带、拼图、造型（见图 4-68）。

图 4-68 中华金叶榆园林应用

【繁殖方法】

中华金叶榆以白榆为砧木嫁接繁殖。砧木培育参见榆树育苗。

（一）嫁接繁殖

1. 枝接

（1）高接 以培育乔木状金叶榆为目的。选取胸径 3cm 以上的主干通直白输苗作砧木（见图 4-69）。在砧木两米左右处锯断，削平茬口，一般可同时插两根接穗，较粗的砧木插 3～4 根接穗，可用劈接或插皮接的方法，具体操作见第一章有关嫁接内容。

图 4-69 中华金叶榆高接

（2）地接　以培育灌木形金叶榆（图4-70）为目的，适用于以一年至二年生白榆苗作砧木嫁接，在地面10cm左右处嫁接，方法同上，一般一株砧木只插一根接穗。

图4-70　中华金叶榆地接

2. 芽接

（1）夏季芽接　6～7月时，用“T”字形芽接方法，具体操作见第一章有关嫁接内容。

（2）秋季芽接　时间为8月中下旬，此时接穗已不离皮，采用带木质部芽接（或嵌芽接）的嫁接方法，具体操作见第一章的嫁接繁殖。

（二）扦插繁殖

1. 绿枝扦插

嫩枝扦插时间在5～7月上旬，以全光雾插较易管理。剪取当年生的半木质化的枝条，截成15～20cm，剪去中下部叶片，保留上部4～5片叶，绑缚成捆，用100mg/L的ABT生根粉6号浸泡基部2小时，扦插至沙土中，密度以叶子完全覆盖沙面既可，加遮荫网遮荫（见图4-71）。扦插后立即喷雾，每天3～4次，气温过高时，中午加喷一次。20天左右可长出新根。

2. 硬枝扦插

硬枝扦插扦插时间在3月中旬。插穗可在上年入冬前剪取，选取0.5cm以上的壮条，截成15～20cm，绑缚成捆，进行沙藏。扦插前取出插穗，用清水洗净沙土，用100mg/L的ABT生根粉6号浸泡基部2小时。一般可直接进行大田扦插，行距50cm，株距15cm，随开沟随扦插，插穗微露出地面，将土踩实，覆盖地膜，

图 4-71 中华金叶榆绿枝扦插

浇透水。4 月上旬开始出芽，此时应及时从芽眼处抠破地膜，利其长出地面。4 月底新根才能长出。

【栽培管理】

中华金叶榆移植一般在秋季落叶后至春季萌芽前进行，裸根移植，要尽量多带根。养护管理比较粗放，定植后灌一两次透水就可以保证成活。成活后每年春季萌芽前浇一次透水，北方初春旱风较厉害，相隔 7～10 天时间再补一次水，避免因风造成苗木失水死亡。夏季金叶榆生长旺盛，应根据土壤干旱情况及时浇水；雨季减少浇水次数。

金叶榆早春萌芽前主要以施氮、磷、钾复合肥较好，同时施用一些腐熟发酵的有机肥，不仅可以提升土壤的肥力和活性，还可以平衡整株植物的营养，提升萌芽动力。一般每 2 年施用一次。

三、连翘

【学名】 *Forsythia koreana* “*Sun Gold*”

【科属】 木犀科、连翘属

【产地分布】

中国北部和中部，朝鲜也分布。

【形态特征】

连翘为落叶灌木，植株高 0.8～1.2m，冠椭圆形或卵形，枝干丛生，枝开展，小枝黄色，弯曲下垂。单叶对生，边缘具锯齿或全缘，叶上面深绿色，下面淡黄绿色。花腋生，黄色，具 4 裂片，裂片长于筒部（见图 4-72）。蒴果卵形。花期 3～4 月，果期 7～9 月。

图 4-72　金叶连翘形态特征

【生长习性】

耐干旱，抗寒性强，喜光，栽植于阳光充足或稍遮荫，偏酸性、湿润、排水良好的土壤。钙质土壤上生长良好。

【园林应用前景】

连翘广泛用于城市美化，早春先叶开花，花开满枝金黄，艳丽可爱，是早春优良观花灌木。适宜于宅旁、亭阶、墙隅、篱下与路边配置，也适宜于溪边、池畔、岩石、假山下栽种（见图 4-73）。

【繁殖方法】

繁殖方法可用扦插、压条、分株等。于夏季阴雨天，将 1～2

图 4-73　连翘园林应用

年生的嫩枝中上部剪成30cm长的插条，在苗床上按株行距5cm×30cm，开20cm深的沟，插穗斜摆在沟内，然后覆土压紧，保持畦床湿润，当年即可生根成活。

【栽培管理】

连翘常在落叶后移植，一般裸根移植。栽植前穴内施足基肥，以后可不再追肥。萌芽前至花前灌水2～3次，夏季干旱时灌水2～3次，秋后土壤结冻前灌一次水，雨季注意排水。定植后，每年冬季结合松土除草施入腐熟厩肥、饼肥或土杂肥，用量为幼树每株2kg，大树每株10kg。

四、小叶女贞

【学名】 *Ligustrum quihoui Carr*

【科属】 木犀科、女贞属

【产区分布】

产于陕西南部、山东、河北、江苏、安徽、浙江、江西、云南、西藏等。

【形态特征】

落叶灌木，高1～3m。小枝淡棕色，圆柱形，密被微柔毛，后脱落。叶片薄革质，形状和大小变异较大，披针形、长圆状椭圆形、椭圆形等，先端锐尖、钝或微凹，基部狭楔形至楔形，叶缘反卷，上面深绿色，下面淡绿色。圆锥花序顶生，近圆柱形，花冠长4～5mm，花白色（见图4-74）。果倒卵形、宽椭圆形或近球形，呈紫黑色。花期5～7月，果期8～11月。

【生长习性】

小叶女贞喜阳，稍耐荫，较耐寒，但幼苗不甚耐寒。华北地区可露地栽培；对二氧化硫、氯化氢等毒气有较好的抗性。耐修剪，萌发力强。适生于肥沃、排水良好的土壤。

【园林用途】

小叶女贞为园林绿化中的重要绿篱材料；小叶女贞球主要用于道路绿化，公园绿化，住宅区绿化等（见图4-75）。抗多种有毒气体，是优秀的抗污染树种。

【繁殖方法】

图 4-74　小叶女贞形态特征

图 4-75　小叶女贞园林应用

可用播种、扦插和分株方法繁殖，但以播种繁殖为主。

1. **播种繁殖**

10～11 月当核果呈紫黑色时即可采收，采后立即播种；也可晒后干藏至翌年 3 月播种。播种前将种子进行温水浸种 1～2 天，待种浸胀后即可播种。采用条播，行距 30cm，播幅 5～10cm，深 2cm，播后覆细土，然后覆以稻草。注意浇水，保持土壤湿润。待幼苗出土后，逐步去除稻草，枝叶稍开展时可施以薄肥。当苗高 3～5cm 时可间苗，株距 10cm。实生苗一般生长较慢，2 年生可作绿篱用。

2. 扦插繁殖

扦插时间在 3～4 月。春插是冬初采取当年生枝条，剪成 15～20cm 长，然后沙藏，经过 3～4 个月的沙藏后，可形成愈伤组织，到翌年春扦插时，就较易成活，用萘乙酸处理后提高成活率一倍左右。扦插株行距 20cm×30cm，扦插深度为插穗的 2/3。插后常浇水，以保持适当的湿度，一个月后可生根。

3. 分株繁殖

在春季将根蘖带根分割后，分栽于苗圃，栽后立即浇水。

【栽培管理】

小叶女贞移植以春季 2～3 月份为宜，秋季亦可。一般中小苗带宿土，大苗需带土球，栽植时不宜过深。为提高成活率，可剪去部分枝叶，减少水分蒸发。定植时，在穴底施肥，促进生长。

五、紫叶小檗

【学名】 *Berberisthunbergiicv. atropurpurea*

【科属】 小檗科、小檗属

【产地分布】

产地在中国浙江、安徽、江苏、河南、河北等地。中国各省市广泛栽培，各北部城市基本都有栽植。

【形态特征】

紫叶小檗也叫红叶小檗，为落叶灌木，高 1～2m。叶深紫色或红色，幼枝紫红色，老枝灰褐色或紫褐色，具刺。叶全缘，菱形或倒卵形，在短枝上簇生。花单生或 2～5 朵成短总状花序，黄色，下垂，花瓣边缘有红色纹晕（见图 4-76）。浆果红色，宿存。花期 4 月，果期 8～10 月。

【生长习性】

紫叶小檗喜凉爽湿润环境，耐寒也耐旱，不耐水涝，喜阳也能耐阴，萌蘖性强，耐修剪，对各种土壤都能适应，在肥沃深厚排水良好的土壤中生长更佳。

【园林应用前景】

图 4-76　紫叶小檗形态特征

是园林绿化中色块组合的重要树种，适宜在园林中作花篱或在园路角丛植、大型花坛镶边或剪成球形对称状配植，或点缀在岩石间、池畔（见图 4-77）。

图 4-77　紫叶小檗园林应用

【繁殖方法】

（一）播种繁殖

1. 土壤准备

紫叶小檗在北方易结实，所以可用播种繁殖。在播种前深翻土壤 30cm，然后整地作床。紫叶小檗可采用高床育苗及高垄育苗，尤其是在容易引起土壤板结的壤土及黏土上更是如此。在沙壤土上可以采用低床、平床育苗。高床宽 1～1.2m，高 0.2～0.25m；高垄宽 0.4m，高 0.3m。在播种前的 3～5 天进行土壤消毒，选择晴朗的天气，用 5%的多菌灵喷洒床面或垄面。

2. 种子处理

10 月下旬采种，洗净果肉，放于通风干燥处晾干，立即秋播或低温沙藏处理至翌年 3 月下旬春播。

3. 播种要点

开深 5cm 的播种沟，将种子均匀撒于沟内。播种量为每亩 15kg，覆土厚度为 3～5cm 较合适。覆土后镇压或踩实，灌一次透水。播种后 20 天即可出苗。

(二) 全光迷雾扦插

(1) 插床准备 插床采用悬臂式全光自动喷雾装置（见图 4-78)，建成直径 13m、高 50cm 的圆形插床，周边用砖与水泥砌成，基部 1.5～2m 留洞作排水孔，先在床底铺一层 15～20cm 厚的大鹅卵石，上覆一层 10cm 厚的小石子，表层铺 20cm 厚纯净河砂。扦插前插床应灭菌，先用清水充分淋洗床面，再用高锰酸钾溶液喷淋。用量为每平方米 2500～3000mL。

图 4-78 悬臂式全光自动喷雾圆形插床

(2) 扦插 6 月下旬在生长健壮的母树上，采集半木质化嫩枝作插穗。采穗最好随采、随处理、随扦插。将穗材剪成 12～15cm 长，50 根一捆，将基部 2～3cm 浸入浓度 100mg/L 的吲哚丁酸或 ABT 生根粉溶液中 30～50 分钟。于当天上午 10 时前和下午 4 时后扦插。插深 2～3cm，株行距 2.5cm×3cm。插后轻按，随插随淋水，使插穗与插壤密切结合。

(3) 管理 插后 20 天是生根关键时期，每次喷雾时间以臂杆旋转 2 周为宜；间歇时间，晴天上午 10 时至下午 6 时每隔 2～3 分钟喷1次，上午10时前和下午6时后每隔10分钟喷1次。20天后间歇时间不断增加，50天后间歇50分钟，阴天减少喷雾次数，夜间不喷。

插后20天至9月下旬，每7～10天喷施1次0.2%尿素和0.3%磷酸二氢钾混合液。插后每隔10天喷1次500倍多菌灵药液，根外施肥和喷药时间在傍晚停止喷雾后进行。

（三）露地扦插

（1）苗床准备　一般苗床宽1m，长4～5m，四周用砖砌50cm高，周围留排水孔，下部垫10cm厚的碎石子，上面是腐熟的腐叶土。用50%的多菌灵粉剂消毒，每100kg土施5g药剂。拌土后，覆盖塑料薄膜3～5天，能很好地杀死土壤中的多种病虫害。

（2）插穗选择与扦插　方法同前全光迷雾扦。

（3）插后管理　插后搭小拱棚（见图4-79），覆盖80%～40%遮光网。根据湿度及时喷水、放风，保证空气相对湿度在80%以上，温度25℃左右，这样的环境条件能够使插条成活率达90%以上。

图4-79　紫叶小檗露地小拱棚扦插

【栽培管理】

紫叶小檗移植常在春季或秋季进行，可以裸根带宿土或蘸泥浆栽植，如能带土球移植更有利于恢复。栽植后灌透水，并进行强度修剪。小檗适应性强，长势强健，管理也很粗放，浇水应掌握见干见湿的原则，不干不浇。较耐旱，但长期干旱对其生长不利，高温干燥时，如能喷水降温增湿，对其生长发育大有好处。生长期间，每月应施一次20%的饼肥水等液肥。秋季落叶后，在根际周围开沟施腐熟有机肥。

六、锦带花

【学名】 *Weigela florida*（*Bunge*）*A. DC*

【科属】 忍冬科、锦带花属

【产地分布】

原产于中国北部、东北以及朝鲜半岛。主要分布在东北、华北及江苏、浙江等。

【形态特征】

落叶灌木，高达1～3m；幼枝梢四方形，有2列短柔毛；树皮灰色。叶矩圆形、椭圆形至倒卵状椭圆形，顶端渐尖，基部阔楔形至圆形，边缘有锯齿，具短柄至无柄。花单生或成聚伞花序生于侧生短枝的叶腋或枝顶；花冠紫红色或玫瑰红色（见图4-80），外面疏生短柔毛。花期4～6月。

图4-80 锦带花形态特征

【生长习性】

喜光，耐荫，耐寒；对土壤要求不严，能耐瘠薄土壤，但以深厚、湿润而腐殖质丰富的土壤生长最好，怕水涝。萌芽力强，生长迅速。

【园林应用前景】

锦带花的花期正值春花凋零、夏花不多之际，花色艳丽而繁多，故为东北、华北地区重要的观花灌木之一，其枝叶茂密，花色艳丽，花期可长达两个多月，在园林应用上是华北地区主要的花灌木。适宜庭院墙隅、湖畔群植；也可在树丛林缘作篱笆、丛植配植；点缀于假山、坡地（见图 4-81）。锦带花对氯化氢抗性强，是良好的抗污染树种。

图 4-81　锦带花园林应用

【品种分类】

近百年来经杂交育种，选出百余园艺类型和品种。

① 美丽锦带花：花浅粉色，叶较小。

② 白花锦带花：花白色。花近白色，有微香。

③ 变色锦带花：初开时白绿色，后变红色。

④ 花叶锦带花：株高 2～3m。株丛紧密，株高 1.5～2m，冠幅 2～2.5m，叶缘乳黄色或白色，叶对生，长卵形，叶端渐尖。聚伞花序生于枝顶，萼筒绿色，花冠喇叭状，花色由白逐渐变为粉红色，由于花开放时间不同，有白、有红，使整个植株呈现两色花，在花叶衬托下，格外绚丽多彩。

⑤ 紫叶锦带花：叶带紫晕，花紫粉色等。

⑥ 毛叶锦带花：与锦带花近似，重要特点是，叶两面都有柔毛；

花冠狭钟形，中部以下突然变细，外面有毛，玫瑰红或粉红色，喉部黄色；3～5 朵着生于侧生小短枝上；开花较早（4～5 月）。

⑦ 斑叶锦带花：叶有白斑。

⑧ 红王子锦带花：其植株较矮，株高 1～2m，冠幅 1.4m。嫩枝淡红色，老枝灰褐色。叶长椭圆形，整个生长季叶片为金黄色。夏初开花，花期 4～10 月，枝条开展成拱形。聚伞花序生于叶腋或枝顶，花冠漏斗状钟形，花朵密集，花冠胭脂红色。

【繁殖方法】

（一）播种繁殖

1. 采种

可于 9～10 月采收，采收后，将蒴果晾干、搓碎、风选去杂后密藏。千粒重 0.3g，发芽率 50%。

2. 种子处理（催芽）

播前用冷水浸种 2～3 小时，捞出放室内，用湿布包着催芽后播种，效果更好。

3. 播种

床面应整平、整细。可采用撒播或条播，播种量 $2g/m^2$，播后覆土厚度不能超过 0.5cm，上盖草，播后 30 天内保持床面湿润，20 天左右出苗。

4. 苗期管理

苗木长出 3～4 片真叶时可进行 1 次间苗，并及时松土除草。苗木可于春、秋带宿土移栽，或夏季带土球移栽。当年苗高 30～50cm。1～2 年生苗可出圃栽植。

（二）扦插育苗

锦带花的变异类型种子繁殖难以保持优良性状，常扦插繁殖。在 4 月上旬，剪取 1～2 年生未萌动的枝条，剪成长 10～12cm 的插穗，用萘乙酸 2000mg/L 的溶液蘸插穗后插入露地沙质插床中，沙床底部最好垫上一层腐熟的马粪增加地温。建小弓棚覆膜、遮阳，地温要求在 25～28℃，气温要求在 20～25℃，棚内空气湿度要求在 80%～90%，透光度要求在 30%左右。50～60 天即可生根，成活率在80%左右。

此外，还可用分株法和压条法繁殖。

（三）大苗培育

选择排水良好的沙质壤土作为育苗地，1～2年生苗木或扦插苗均可上垄栽植培育大苗，株距50～60cm，栽植后离地面10～15cm平茬，定植3年后苗高100cm以上时，即可用于园林绿化。

【栽培管理】

生长季节注意浇水，春季萌动后，要逐步增加浇水量，经常保持土壤湿润。夏季高温干旱易使叶片发黄干缩和枝枯，要保持充足水分，每月要浇1～2次透水，以满足生长需求。

七、木绣球

【学名】 *Viburnum macrocephalum*

【科属】 忍冬科科、荚蒾属

【产地分布】

长江流域，南北各地都有栽植。

【形态特征】

别名琼花。落叶或半常绿灌木，高达4m；树皮灰褐色或灰白色。叶临冬至翌年春季逐渐落尽，纸质，卵形至椭圆形或卵状矩圆形，边缘有小齿。聚伞花序，全部由大型不孕花组成；花冠白色（见图4-82）雌蕊不育。花期4～5月。

图4-82 木绣球形态特征

【生长习性】

喜阴湿，不耐寒，喜肥和湿润，对土壤要求不严，以湿润、肥沃、排水良好的壤土为宜，但适应性较强。萌芽、萌蘖力强。

【园林应用前景】

最宜孤植于草坪及空旷地，使其四面开展，体现个体美；群植，花开之时有白云翻滚之效，十分壮观。常栽于园路两侧或配置于庭院中（见图 4-83）。

图 4-83　木绣球园林应用

【繁殖方法】

常扦插、压条、分株繁殖。扦插一般于秋季和早春进行。压条在春季当芽萌动时将去年枝压埋土中，次年春与母株分离移植。其变型琼花可播种繁殖，10 月采种，堆放后熟，洗净后置于 1～3℃低温下 30 天，露底播种，次年 6 月发芽可出土，搭棚遮荫，留床 1 年后分栽，用于绿化需培育 4～5 年。

【栽培管理】

木绣球移植宜在落叶后或萌芽前进行，需带宿土，较容易成活。木绣球主枝易萌发徒长枝，扰乱树形，花后可适当修剪，夏季剪去徒长枝先端，以调整株形。花后应施肥 1 次，以利于生长。

八、紫薇

【学名】 *Forsythia koreana* “*Sun Gold*”

【科属】千屈菜科、紫薇属

【产地分布】

原产亚洲，我国广东、广西、四川、浙江、江苏、湖北、河南、河北、山东、安徽、陕西等均有生长或栽培。

【形态特征】

别名百日红、满堂红、痒痒树等。落叶灌木或小乔木，高可达7m；树皮平滑，灰色或灰褐色；枝干多扭曲，小枝纤细，具4棱。叶互生或有时对生，纸质，椭圆形、阔矩圆形或倒卵形。花淡红色或紫色、白色，常组成7～20cm的顶生圆锥花序；花瓣皱缩（见图4-84）。蒴果椭圆状球形或阔椭圆形。花期6～9月，果期9～12月。

图4-84 紫薇形态特征

【生长习性】

紫薇其喜暖湿气候，喜光，略耐阴，喜肥，尤喜深厚肥沃的沙质壤土，耐干旱，忌涝，忌种在地下水位高的低湿地方。有一定的抗寒性，北京以南可露地越冬。还具有较强的抗污染能力，对二氧化硫、氟化氢及氯气的抗性较强。

【园林应用前景】

紫薇作为优秀的观花乔木，被广泛用于公园绿化、庭院绿化、道路绿化、街区城市等，在实际应用中可栽植于建筑物前、院落内、池畔、河边、草坪旁及公园中小径两旁均很相宜（见图4-85）。也是作盆景的好材料。

图 4-85 紫薇园林应用

【繁殖方法】

(一) 播种繁殖

11～12 月收集成熟的种子，去掉果皮，将种子稍晾干，放入容器干藏。翌年 3 月播种，播前种子用 4℃温水处理，至种子充分吸水。采用条播，行距 30cm，播后覆土以不见种子为度，上覆草。10 余天发芽出土，及时揭草，待幼苗出现 2 对真叶时间苗；苗期勤除草，6～7 月追施薄肥 2～3 次，入夏灌溉防旱，年终苗高约 40～50cm，生长健壮的当年可开花，宜及时剪除，翌春移栽。

(二) 扦插繁殖

1. 硬枝扦插

3 月中下旬至 4 月初选取粗壮的一年生枝条，剪成 15cm 长的插穗，插入疏松、排水良好的沙壤土苗床，扦插深度以露出插穗最上部一个芽即可。插后灌透水，覆以塑料薄膜以保湿保温。苗株长成 15～20cm 就可以将薄膜掀开，改成遮阳网，适时浇水。

2. 嫩枝扦插

7～8 月选择半木质化的枝条，剪成 8～10cm 长的插穗，上端留 2～3 片叶子。扦插深度为 3～4cm。插后灌透水，并搭荫棚遮荫，一般 20 天左右即可生根，适时浇水，成活率很好。

(三) 分生繁殖

在 3～4 月初或秋天将植株根际萌发的分蘖苗带根掘出，适当修剪根系和枝条，另行栽植。小苗可以裸根，大苗应带泥球，抚育中要经常修剪、整形，保持优美树形，促进花枝繁茂。

（四）压条繁殖

压条繁殖在紫薇的整个生长季节都可进行，以春季3～4月较好。采用空中压条法，参见第一章的压条育苗。

（五）嫁接法繁殖

紫薇有几个变种，如银薇，花为白色；翠薇，花蓝紫色、淡紫色；红微，花桃红色，深红色等，播种繁殖后代会发生变异，嫁接繁殖可保持优良特性；有时为提高观赏效果需要在同一株树上嫁接几种不同花色品种，或需要培养高桩大苗可用高接的方法（见图4 86）。

图4-86　紫薇高桩嫁接大苗观赏效果

紫薇嫁接一般在2月下旬至3月上旬，用劈接、切接、插皮接的方法（参见第一章有关嫁接内容）。砧木选用紫薇的实生苗，成活率可达98%以上。

【栽培管理】

紫薇移植以3月至4月初为宜，裸根移植，起苗时保持根系完整。栽植前施足基肥，5～6月酌情追肥。栽植后浇足水，生长期每15～20天浇水1次，入冬前浇一次封冻水。

九、榆叶梅

【学名】 *Amygdalus triloba*（*Lindl.*）*Ricker*

【科属】 蔷薇科、桃属

【产地分布】

产于黑龙江、吉林、辽宁、内蒙古、河北、山西、陕西、甘肃、山东、江西、江苏、浙江等省区。全国各地多数公园内均有栽植。

【形态特征】

别名小桃红。落叶灌木，稀小乔木，高 2～3m；枝条开展，叶片宽椭圆形至倒卵形，先端短渐尖，常 3 裂，叶边具粗锯齿或重锯齿。花 1～2 朵，先于叶开放，花瓣近圆形或宽倒卵形，粉红色(见图 4-87)。果实近球形，外被短柔毛。花期 4～5 月，果期 5～7 月。榆叶梅品种极为丰富，花瓣有单瓣、有重瓣，颜色有深、有浅，据调查，北京具有 40 多个品种。

图 4-87 榆叶梅形态特征

【生长习性】

喜光，稍耐阴，耐寒，能在－35℃下越冬。对土壤要求不严，以中性至微碱性而肥沃土壤为佳。根系发达，耐旱力强。不耐涝。抗病力强。生于低至中海拔的坡地或沟旁乔、灌木林下或林缘。

【园林应用前景】

榆叶梅是早春优良的观花灌木，花形、花色均极美观，可孤植、丛植，广泛用于草坪、公园、庭院的绿化和美化，适宜在各类园林绿地中种植（见图 4-88）。

【品种分类】

① 单瓣榆叶梅：开粉红色或粉白色花，单瓣；花朵小，花萼、花瓣均为 5 片，与野生榆叶梅相似，小枝呈红褐色。

图 4-88 榆叶梅园林应用

② 重瓣榆叶梅：开红褐色花，花朵大，重瓣，花朵多而密集，花萼 10 片以上，花萼和花梗均带有红晕。重瓣榆叶梅，枝条皮多开裂。因其花朵大，故又称“大花榆叶梅”，是一种观赏价值较高的品种，但开花时间要比其他品种晚。

③ 半重瓣杨叶梅：粉红色花朵，半重瓣，花萼、花瓣均在 10 片以上。植株的小枝呈红褐色，园林、庭院中栽培比较广泛。

④ 弯枝榆叶梅：花朵小，密集生在枝上，花色呈玫瑰紫红，半重瓣或重瓣，花萼 10 片，其 5 片为三角形，5 片为披针形。植株小枝呈紫红色，光滑，开花时间较其他品种早，花期长达 10 天左右。

⑤ 截叶榆叶梅：花粉色。截叶榆叶梅的特点是叶的前端呈阔截形，近似三角形，耐寒力强，我国东北地区多见栽培。

⑥ 紫叶大花重瓣榆叶梅：新品种，叶色紫红鲜艳，花重瓣，花多粉色。是大花重瓣榆叶梅的最新品种。

【繁殖方法】

1. 砧木选择与培养

榆叶梅的繁殖可以采取嫁接、播种、压条等方法，但以嫁接效果最好，只需培育二、三年就可成株，开花结果。可选用山桃、榆叶梅实生苗和杏作砧木，砧木一般要培养两年以上，基径应在 1.5cm 左右可进行高接。砧木用播种法培养。

（1）苗圃地整理　榆叶梅播种前要结合翻耕用 5%辛硫磷颗粒剂或溶液与基肥混拌施入土中，一般每 1000kg 肥料可混入 0.25kg

的药剂，也可将硫酸亚铁粉碎后直接撒于土中，每亩用量10kg左右，然后耙平、作畦等待播种。

（2）种子处理　榆叶梅种子一般于8月中旬成熟，当果皮呈橙黄色或红黄色时，即可采收，然后将采回果实取肉后晾干，经筛选后装入麻袋或通透的容器内，置于阴凉干燥通风处贮藏。

秋播在播种前应用0～5%的高锰酸钾溶液浸种2～3小时，再用清水冲洗数次后播种，然后及时灌水越冬。

春播将冬季贮藏保存的种子筛选提纯后，用40℃温水浸泡2～4天，取出后与1～2倍量湿沙混拌后堆积在室内或棚窑内催芽，每4～5天翻动1次，待40%的种子破壳萌动时，即可下种。

（3）播种　播种方法以条播最好，一般播种深度为2～3cm，每亩播种量为7kg。播种时按30～60cm行距开沟，沟深2～3cm，再将种子按3～5cm间隔，均匀撒布在沟内，然后覆土、镇压。

（4）田间管理　春播榆叶梅一般于5月下旬至6月上旬开始出苗，当幼苗基本出齐后，及时加强浇水和追肥管理，通常每间隔15～20天浇1次透水，每月追施化肥1～2次。当苗高达到20～25cm，可适当进行间苗，促使幼苗茁壮成长。

2. 芽接

8月底到9月中旬用“T”字形芽接，方法参见第一章有关嫁接内容。

3. 枝接

春季枝接可用劈接、切接、腹接、插皮接等方法，参见第一章有关嫁接内容。枝接可培养观赏效果独特的高砧榆叶梅（见图4-89）。

【栽培管理】

榆叶梅春秋两季均可带土球移植，为促进大苗移植后生长，可在移植前半年进行断根处理，对移植成活有利。榆叶梅喜湿润环境，但也较耐干旱。移栽后头一年还应特别注意水分的管理，在夏季要及时供给植株充足的水分，防止因缺水而导致苗木死亡。在进入正常管理后，要注意浇好三次水，即早春的返青水，仲春的生长水，初冬的封冻水。榆叶梅喜肥，定植时可施足底肥，以后每年春季花落后，夏季花芽分化期，入冬前各施一次肥。

图 4-89　榆叶梅高砧嫁接苗

十、紫丁香

【学名】 *Syringa oblata*

【科属】 木犀科、丁香属

【产地分布】

在中国，紫丁香的分布是以秦岭为中心，北到黑龙江，吉林、辽宁、内蒙古、河北，山东、陕西、甘肃等地区，南到四川，云南和西藏等地区。

【形态特征】

落叶灌木或小乔木，高可达 5m；树皮灰褐色或灰色。小枝较粗，疏生皮孔。叶片革质或厚纸质，卵圆形至肾形，宽常大于长，先端短凸尖至长渐尖或锐尖，基部心形、截形至近圆形，或宽楔形，上面深绿色，下面淡绿色。圆锥花序直立，近球形或长圆形；花冠紫色（见图 4-90）。果倒卵状椭圆形、卵形至长椭圆形。花期 4～5 月，果期 6～10 月。

【生长习性】

喜光，稍耐阴，阴处或半阴处生长衰弱，开花稀少。喜温暖、湿润，有一定的耐寒性和较强的耐旱力。对土壤的要求不严，耐瘠薄，喜肥沃、排水良好的土壤，忌在低洼地种植，积水会引起病害，直至全株死亡。

图 4-90　紫丁香形态特征

【园林应用前景】

紫丁香属植物主要应用于园林观赏，已成为全世界园林中不可缺少的花木。可丛植于路边、草坪或向阳坡地，或与其他花木搭配栽植在林缘，也可在庭前、窗外孤植（见图 4-91），或将各种丁香穿插配植，布置成丁香专类园。丁香对二氧化硫及氟化氢等多种有毒气体，都有较强的抗性，故又是工矿区等绿化、美化的良好材料。

图 4-91　紫丁香园林应用

【丁香属介绍】

丁香全属约有 27 个种，中国拥有丁香属 81％的野生种类（见

图4-92)，是丁香属植物的现代分布中心。中国西南、西北、华北和东北地区是丁香的主要分布区。

图4-92 丁香属其他种类

【繁殖方法】

紫丁香的繁殖方法有播种、扦插、嫁接、压条和分株。

(一) 播种繁殖

播种可于春、秋两季在室内盆播或露地畦播，北方以春播为佳。

1. 种子处理

播种前，种子用40℃的温水浸泡，然后将种子与湿沙混合，催芽，约10天后种子露白，即可播种。

2. 播种方法

3月下旬进行冷室盆播，温度维持在10～22℃，14～25天即可出苗，出苗率40%～90%，若露地春播，可于3月下旬至4月初进行。可开沟条播，覆土厚度1cm左右，播后半个月即出苗。当出苗后长出4～5对叶片时，即要进行移栽或间苗。露地可间苗或移栽1～2次，株行距为15cm×30cm。

(二) 扦插繁殖

扦插可于花后1个月，选当年生半木质化健壮枝条作插穗，插穗长15cm左右，用50～100mg/L的吲哚丁酸处理15～18小时，插后建棚用塑料薄膜覆盖，1个月后即可生根，生根率达80%～90%。扦插也可在秋、冬季取木质化枝条作插穗，一般于露地埋藏，翌春扦插。

(三) 嫁接繁殖

嫁接可用芽接或枝接，砧木多用水蜡、女贞。

【栽培管理】

紫丁香一般在春季萌芽前裸根栽植，宜栽于土壤疏松而排水良好的向阳处，栽植时施足基肥，栽植后浇透水，缓苗期每10天浇水1次。以后灌溉可依地区不同而有别，华北地区，4～6月是丁香生长旺盛并开花的季节，每月要浇2～3次透水，7月以后进入雨季，则要注意排水防涝。到11月中旬入冬前要灌足水。紫丁香一般不施肥或少施，切忌施肥过多，否则会引起徒长，影响花芽形成。但在花后应施些磷、钾肥及氮肥。

十一、紫荆

【学名】 *Cercis chinensis Bunge*

【科属】 豆科、紫荆属

【产地分布】

紫荆原产于中国，在湖北西部、辽宁南部、河北、陕西、河南、甘肃、广东、云南、四川等省都有分布。

【形态特征】

别名满条红、紫株、箩筐树等。落叶灌木或小乔木，高2～5m；树皮和小枝灰白色。叶纸质，近圆形或三角状圆形，嫩叶绿色，叶柄略带紫色。花紫红色或粉红色，2～10余朵成束，簇生于老枝和主干上（见图4-93），尤以主干上花束较多，越到上部幼嫩枝条则花越少，通常花先于叶开放，但嫩枝或幼株上的花则与叶同时开放。荚果扁狭长形，绿色，阔长圆形，黑褐色，光亮。花期3～4月；果期8～10月。

图 4-93 紫荆形态特征

【生长习性】

性喜光照，有一定的耐寒性。喜肥沃、排水良好的土壤，不耐积水。萌蘖性强，耐修剪。

【园林应用前景】

紫荆花朵漂亮，花量大，花色鲜艳，是春季重要的观赏灌木。适合绿地孤植、丛植，或与其他树木混植，也可作庭院树或行道树与常绿树配合种植。巨紫荆为乔木，胸径可达 40cm，高 15m，具有生长快、干性好、株型丰满，适合作行道树（见图 4-94 和图 4-95）。

【繁殖方法】

紫荆的繁殖常用播种、分株、压条、嫁接的方法，对于优良品种，可用嫁接的方法繁殖。

(一) 播种

1. 种子采收和处理

9 月至 10 月收集成熟荚果，取出种子，埋于干沙中置阴凉处越冬。3 月下旬到 4 月上旬播种，播前进行种子处理，这样才能做

图 4-94 紫荆园林应用

图 4-95 巨紫荆行道树

到苗齐苗壮。用 60℃温水浸泡种子，水凉后继续泡 3～5 天。每天需要换凉水一次，种子吸水膨胀后，放在 15℃环境中催芽，每天用温水淋浇 1～2 次，待露白后播于苗床。

2. 播种

紫荆播种采用条播，沟距 20～25cm，播种沟深 2cm，每亩播种量 4～5kg。播种后覆土厚约 1cm，播后苗床盖草，春播后约 1 个月发芽出土，当有 60%的幼苗出土时，即可揭取苗床覆盖的草，揭草宜在阴天或晴天的傍晚进行。揭草后要立即搭荫棚。并适时除草、间苗。

(二) 分株

紫荆根部易产生根蘖。秋季 10 月份或春季发芽前用利刀断蘖苗和母株连接的侧根另植，容易成活。秋季分株的应假植保护越冬，春季3月定植。一般第二年可开花。

（三）压条

生长季节都可进行，以春季3～4月较好，可用曲枝压条或空中压条，具体操作参见第一章压条育苗。有些枝条当年不生根，可继续埋压，第二年生根，再与母株分离。

（四）嫁接

可用长势强健的普通紫荆、巨紫荆作砧木，但由于巨紫荆的耐寒性不强，故北方地区不宜使用。以加拿大红叶紫荆等优良品种的芽或枝作接穗，可在4～5月用枝接的方法，7月用芽接的方法进行，具体操作参见第一章有关嫁接内容。如果天气干旱，嫁接前1～2天应灌一次透水，以提高嫁接成活率。

在紫荆嫁接后3周左右应检查接穗是否成活，若不成活应及时进行补接。嫁接成活的植株要及时抹去砧木上萌发的枝芽，以免与接穗争夺养分，影响其正常生长。

【栽培管理】

紫荆移植在春季萌芽前进行，移植前施足基肥，栽植后立即灌透水。紫荆耐旱，怕淹，但喜湿润环境，每年春季萌芽前至开花期间浇水2～3次，秋季切忌浇水过多，入冬前浇封冻水。紫荆喜肥，肥足则枝繁叶茂，花多色艳，缺肥则枝稀叶疏，花少色淡。应在定植时施足底肥，以腐的有机肥为好。正常管理后，每年花后施一次氮肥，促长势旺盛，初秋施一次磷钾复合肥，利于花芽分化和新生枝条木质化后安全越冬。初冬结合浇冻水，施用牛马粪。植株生长不良可叶面喷施0.2%磷酸二氢钾溶液和0.5%尿素溶液。

十二、石榴

【学名】 *Punica granatum Linn*

【科属】 石榴科、石榴属

【产地分布】

石榴原产于伊朗、阿富汗等国家。中国南北各地除极寒地区外，均有栽培分布，主要在山东、江苏、浙江等地。

【形态特征】

别名安石榴、若榴、丹若等。落叶灌木或小乔木，在热带是常绿树。树冠丛状自然圆头形。生长强健，根际易生根蘖。树高可达5～7m，一般3～4m，但矮生石榴仅高约1m或更矮。树干呈灰褐色，上有瘤状突起，干多向左方扭转。树冠内分枝多，嫩枝有棱，多呈方形。小枝柔韧，不易折断。叶对生或簇生，呈长披针形至长圆形，或椭圆状披针形，表面有光泽。花两性，有钟状花和筒状花之别；花瓣倒卵形，花有单瓣、重瓣之分（见图4-96）。花多红色，也有白色和黄、粉红、玛瑙等色。子房下位，成熟后变成多室、多子的浆果，每室内有多数子粒；外种皮肉质，呈鲜红、淡红或白色，多汁，甜而带酸，即为可食用的部分；内种皮为角质，也有退化变软的，即软籽石榴。果石榴花期5～6月，果期9～10月。花石榴花期5～10月。

图4-96　石榴形态特征

【生长习性】

石榴性喜光、喜温暖的气候，有一定的耐寒能力，冬季休眠期－17℃时发生冻害，建园应避开冬季最低温在－16℃以下的地区。

石榴较耐瘠薄和干旱，怕水涝，但生育季节需有充足的水分。喜湿润肥沃的石灰质土壤。

【园林应用前景】

重瓣的花多难结实，以观花为主；单瓣的花易结实，以观果为主。常孤植或丛植于庭院，游园之角，对植于门庭之出处，列植于小道、溪旁、坡地、建筑物之旁，也宜做成各种桩景观赏（见图4-97）。

图 4-97　石榴园林应用

【种类介绍】

石榴为石榴科石榴属植物，作为栽培的只有一个种，即石榴。石榴经长期的人工栽培和驯化，已出现了许多变异类型，现有以下6个变种。

① 白石榴：花大，白色。

② 红石榴：又称四瓣石榴，花大、果也大。

③ 重瓣石榴：花白色或粉红色。

④ 月季石榴（四季石榴）：植株矮小，花小，果小。每年开花次数多，花期长，均以观赏为主。

⑤ 墨石榴：枝细软，叶狭小，果紫黑色，味不佳，主要供盆栽观赏用。

⑥ 彩花石榴（玛瑙石榴）：花杂色。

【繁殖方法】

石榴常用扦插、分株、压条方法繁殖，也可播种繁殖。

(一) 分株繁殖

春季萌芽前将优良品种母树下的表土挖开，在暴露出的水平大根上，每隔 10～20cm 进行深达木质部刻伤，然后封土、灌水，即可促大量根蘖苗的生长。在 7～8 月沿已萌发的根蘖苗，挖去表土，将母树与相连的根蘖苗切断，再行覆土、灌水，促进已脱离母株的根蘖多发新根，落叶后可挖出根蘖苗移栽。

(二) 压条繁殖

春、秋季均可进行，不必刻伤，芽萌动前用根部分蘖枝压入土中，经夏季生根后割离母株，秋季即可成苗。露地栽培应选择光照充足、排水良好的场所。生长过程中，每月施肥 1 次。

(三) 硬枝扦插

1. 苗圃地的准备

扦插苗圃应选择地块平整，土层深厚，土质肥沃，灌溉条件良好的壤土和沙壤土。

2. 插条的采集及贮存

插条采集应在上一年的秋季进行，从优良的成龄健壮单株上，剪取发育充实的 1 年生营养枝，按不同品种每 50～100 根捆成一捆，挂上标签。种条采集后，采用沟藏法贮存。沟藏地点应选在苗圃地附近排水良好的背阴处，挖宽 1～1.5m、深 1～1.2m 的贮藏沟，长度根据种条数量而定。贮藏种条时，先在沟底铺一层湿沙，将种条一捆一捆平放入沟内，一层种条一层湿沙，沙子的湿度以能够握成团为宜。最上层种条距地面 20～30cm，最后覆土略高于地面。

3. 插条剪截与处理

春季取出种条，放置在清水中浸泡一昼夜，剪去干缩的部分，按 3～4 节剪成长 15cm，上端平剪，下端斜剪。50 根捆成一捆，下端整齐一致备用。

插穗用 50mg/L 的萘乙酸浸泡 12 小时，然后放在电热温床上催根，电热线的铺设方法，温湿度的调控参见葡萄育苗。一般20～

30 天后插穗基部出愈伤组织或露出幼根，即可扦插。

4. 扦插

扦插宜在土层 10～20cm 温度稳定高于 10℃时进行。可采用畦插、垄插、营养袋扦插。

（1）畦插　整地作低畦，畦宽 1.2m，浇一水，待半干时，铺膜。扦插时用小木棒，将地膜插破，插入插穗。一畦插 4 行，株距 10～15cm，扦条斜插入土中，上芽落出地面，插后从薄膜孔内少量灌水，使插穗与土壤密接，然后用一把土盖住插穗。

（2）垄插　整地作高垄，垄宽 40～60cm，垄高 20～30cm，垄上部铺地膜，每垄插 2 行，株距 10～15cm，扦插方法同上。

（3）营养袋扦插　2 月底至 3 月上旬，在设施内进行营养袋扦插。袋直径 8cm，高度 18cm，袋内基质为 3 份园土加 1 份腐熟的有机肥，过筛后混合均匀，用 800 倍液多菌灵消毒。营养袋扦插前，袋内先浇一次透水，使袋内营养土充分吸水变软，便于扦插。扦插移栽深度以插条顶芽基部与袋内土面平齐为准。扦插后再喷洒一次水，以便插条与土密接。

（4）插后管理　露地扦插，插后 10 天尽量不浇水，如墒情不足，只浇小水补墒。营养袋扦插，插后每 1～3 天喷一次水，4～5 周后，每一周喷一次水。

待新梢长至 10cm 时，留一个生长健壮的新梢，其余的萌蘖全部掰除。追施两次化肥，可进行叶面喷肥 1～2 次，8 月下旬后，控制肥水。

（四）绿枝扦插

1. 整地作畦

选择土质好，肥力高的土地作育苗地。育苗前先深翻，并结合施入土杂肥，一般亩施 5000～10000kg，耙匀整平，筑成高 15～20cm，宽 120cm 的小畦，用 800 倍多菌灵进行全面消毒。

2. 插穗剪截和处理

选择生长健壮的半木质化的粗壮枝条，粗度在 0.8～1.5cm 范围内。将枝条剪截成 15～20cm 的枝段，上部只保留两片叶，其余去掉叶片。剪好后每 100 根捆成一捆，放入 500mg/L 吲哚丁酸浸

1～2 分钟。

3. 扦插

插穗催根处理好后立即扦插。按 10cm×30cm 的株行距将枝条斜插土中，枝条入土 2/3，上端露出 1/3，插后立即浇水。

4. 插后管理

插后在畦以上 50～70cm 处搭荫棚。插穗生根前，要保持土壤水分充足，另外，每隔一周用 800～1000 倍多菌灵消毒一次，用 0.2%～0.5%的尿素液进行叶面喷肥，插后一般 25～30 天左右插条即可生根发芽，此时可揭去荫棚。对成活枝条只保留一个壮芽，并酌情摘心和去副梢。

（五）播种繁殖

9 月采种，洗净、阴干后湿沙层积处理或连果贮藏。翌年春季播种。干藏种子播前温水浸泡 12 小时，或凉水浸泡 24 小时。点播或条播。覆土厚约为种子的 3 倍，半月左右出苗。

【栽培管理】

石榴一般春季萌芽前移栽，栽植后立即灌透水，并保持土壤湿润。生长期如果不下雨，每 20 天浇水 1 次，入冬前浇封冻水。一般秋末施有机肥，生长季于花前、花后、果实膨大期和花芽分化期及采果后进行追肥。

十三、木槿

【学名】 *Hibiscus syriacus Linn*

【科属】 木犀科、石楠属

【产地分布】

木槿原产东亚，主要分布在热带和亚热带地区。我国分布南边到台湾、广东等，北边到河北、陕西等省区。

【形态特征】

别名木棉、荆条、木槿花等。落叶灌木，高 3～4m，小枝密被黄色星状绒毛。叶菱形至三角状卵形，具深浅不同的 3 裂或不裂，先端钝，基部楔形，边缘具不整齐齿缺。花单生于枝端叶腋间，花瓣形状多变，有单瓣、重瓣；有淡紫色、粉色、白色等（见

图 4-98 木槿形态特征

图 4-98）。蒴果卵圆形。花期 7～10 月。

【生长习性】

木槿喜光而稍耐阴，喜温暖、湿润气候，较耐寒，但在北方寒冷地区栽培需保护越冬，好水湿而又耐旱，对土壤要求不严，在重黏土中也能生长。萌蘖性强，耐修剪。

【园林应用前景】

木槿是夏、秋季的重要观花灌木，南方多作花篱、绿篱（见图 4-99）；北方作庭园点缀及室内盆栽。木槿对二氧二硫与氯化物等有害气体具有很强的抗性，同时还具有很强的滞尘功能，是有污染工厂的主要绿化树种。

【繁殖方法】

（一）扦插繁殖

木槿扦插较易成活，扦插材料的取得也较容易。当气温稳定通过 15℃以后，选择 1～2 年生健壮、未萌芽的枝，切成长 15～20cm 的小段，扦插时备好一根小棍，按株、行距在苗床上插小洞，再将木槿枝条插入，压实土壤，入土深度 10～15cm，即入土深度达插条的 2/3 为宜，插后立即灌足水。扦插时不必施任何基

图 4-99 木槿园林应用

肥。室内容器扦插时，选一二年生健壮枝条，长 10cm 左右，去掉下部叶片，上部叶片剪去一半，扦插于以粗沙为基质的营养钵里，用塑料薄膜罩上保湿，保持较高的湿度，在 18～25℃的条件下，20 天左右即可生根。

（二）分株繁殖

在早春发芽前，将生长旺盛的成年株丛挖起，以 3 根主枝为 1 丛进行分株，分株后按株、行距 50cm×60cm 进行栽植。

【栽培管理】

木槿春秋两季均可移栽，可裸根蘸泥浆移栽，适当剪去部分枝梢，极易成活。当枝条开始萌动时，应及时追肥，以速效肥为主，促进营养生长；现蕾前追施 1～2 次磷、钾肥，促进植株孕蕾；5～10 月盛花期追肥两次，以磷钾肥为主；冬季休眠期以农家肥为主，辅以适量无机复合肥。长期干旱无雨天气，应注意灌溉，而雨水过多时要排水防涝。

十四、迎春花

【学名】 *Jasmine nudiflorum*

【科属】 木犀科、茉莉属（素馨属）

【产地分布】

原产中国华南和西南的亚热带地区，南北方栽培极为普遍，华北、安徽、河南均可生长，河南鄢陵全县均有栽培生产。

【形态特征】

别名迎春、黄素馨、金腰带等。落叶灌木，枝条细长，呈拱形下垂生长，植株较高，可达5m。侧枝健壮，四棱形，绿色。三出复叶对生，长2～3cm，小叶卵状椭圆形，表面光滑，全缘。花单生于叶腋间，花蕾高脚杯状，花瓣鲜黄色（见图4-100），顶端6裂，或成复瓣。花期3～5月，可持续50天之久。

图4-100　迎春花形态特征

【生长习性】

喜光，稍耐阴，略耐寒，喜阳光，耐旱不耐涝。在北京以南均可露地越冬，要求温暖而湿润的气候，疏松肥沃和排水良好的沙质土，在酸性土中生长旺盛，碱性土中生长不良。

【园林应用前景】

迎春枝条披垂，冬末至早春先花后叶，花色金黄，叶丛翠绿。在园林绿化中宜配置在湖边、溪畔、桥头、墙隅，或在草坪、林缘、坡地，房屋周围也可栽植，可供早春观花（见图4-101）。迎春的绿化效果凸出，体现速度快，在各地都有广泛使用。栽植当年即有良好的绿化效果，在山东、北京、天津、安徽等地都有使用迎春作为花坛观赏灌木的案例，江苏沭阳更是迎春的首选产地。

【繁殖方法】

（一）扦插繁殖

春、夏、秋三季均可进行，剪取半木质化的枝条12～15cm长，插入沙土中，保持湿润，约15天生根。

图 4-101　迎春花园林应用

(二) 压条繁殖

将较长的枝条浅埋于沙土中，不必刻伤，40～50 天后生根，翌年春季与母株分离移栽。参见第一章压条育苗。

(三) 分株繁殖

可在春季芽萌动时进行。参见第一章分株育苗。

【栽培管理】

迎春移栽早春萌动前或春末夏初可，栽植前施基肥，栽后及时灌水。迎春性喜温暖、湿润环境，忌植于雨后积水的低洼地，否则根部易腐烂。一般开花前至开花期要视土壤干湿程度浇水 1～3 次，在雨季到来之前，要经常注意灌水，立秋后不要灌水，以防枝条过长过嫩而不能安全越冬。每年入冬前或早春萌动前施 1 次腐熟肥，谢花后追施稀薄液肥 1 次，利于花芽分化。

十五、贴梗海棠

【学名】 *Chaenomeles speciosa* (*Sweet*) *Nakai C.*

【科属】 蔷薇科、木瓜属

【产地分布】

产于我国，全国各地均有栽培。主要培育基地有江苏、浙江、安徽、湖南等地。

【形态特征】

别名铁脚海棠、铁杆海棠、皱皮木瓜等。落叶灌木，高达2m，具枝刺。叶片卵形至椭圆形，边缘具尖锐细锯齿，表面微光亮，深绿色。花2～6朵簇生于二年生枝上，叶前或与叶同时开放；花梗粗短，花瓣近圆形或倒卵形，猩红色或淡红色。梨果球形至卵形，芳香，果梗短或近于无（见图4-102）。花期4月，果期10月。

图4-102 贴梗海棠形态特征

【生长习性】

喜光，有一定耐寒能力，北京小气候良好处可露地越冬；对土壤要求不严，但喜排水良好的肥厚壤土，不宜在低洼积水处栽植。

【园林应用前景】

贴梗海棠花朵鲜润丰腴是庭园中主要春季花木之一，既可在园林中单株栽植布置花境，亦可成行栽植作花篱，又可作盆栽观赏（见图4-103），是理想的花果树桩盆景材料。

图4-103 贴梗海棠园林应用

【繁殖方法】

贴梗海棠的繁殖主要用分株、扦插和压条，播种也可以。播种繁殖可获得大量整齐的苗木，但不易保持原有的品种特性。

（一）分株繁殖

贴梗海棠分蘖力较强，可在秋季或早春将母株掘出分割，分成每株2～3个枝干，栽后3年又可进行分株。一般在秋季分株后假植，以促进伤口愈合，翌年春天即可定植，次年即可开花。

（二）嫩枝扦插

1. 扦插基质准备

扦插基质是铁梗海棠生根的关键。选择排水通畅，能保持一定水分，通气性能较好，呈中性或微酸性的基质。常用河沙与泥炭等量混合作为基质。

2. 穗条采集

选取母株上当年生或一二年生长健壮且无病虫害的半木质化枝条，要求粗度为0.8～1.2cm，剪截长度为10～12cm或带有2个节间。上切口平剪，下切口剪成马耳形，插条上部留1～2片叶片，减少蒸腾，防止失水凋萎，剪后下端浸于清水中，上面用湿布盖住。

3. 扦插技术

扦插前，将插条放入50mg/L的ABT2号生根粉中浸泡3～4小时，或100mg/L的吲哚丁酸浸泡2～4小时后进行扦插。插穗较短的插入1/3，较长的插穗插入1/2，插后将基质压实。充分浇水，以后经常喷水，保持基质湿润。

4. 插条管理

苗床扦插后，设立荫棚遮荫，早晨盖上，傍晚揭开，防止阳光直接照射，注意经常喷水以保持较高的土壤湿度。若铁梗海棠发生锈病用20%的粉锈宁400倍液或用65%的代森锰锌600倍液进行叶面喷洒。

【栽培管理】

贴梗海棠移栽常在冬、春两季进行，为了保证栽苗成活，栽后要浇水和培土保墒。苗木成活后，每年春季或秋季穴施腐熟的有机肥，生长季可追施磷、钾肥。施肥的基本原则是大树多施小树少施，一般按每年 2～3 次施肥。

十六、蜡梅

【学名】 *Chimonanthus praecox*（*Linn.*）*Link*

【科属】 蜡梅科、蜡梅属

【产地分布】

野生于山东、江苏、安徽、浙江、福建、江西、湖南、湖北、河南、陕西、四川、贵州、云南等省；广西、广东等省区均有栽培。

【形态特征】

落叶灌木，高可达 4～5m。常丛生。幼枝四方形，老枝近圆柱形，灰褐色。叶纸质至近革质，卵圆形、椭圆形、宽椭圆形至卵状椭圆形，有时长圆状披针形。花单生于二年生枝条叶腋，先叶开花，芳香，是冬季观赏的主要花木（见图 4-104）。花期 11 月至翌年 3 月，果期 4～11 月。

图 4-104　蜡梅形态特征

【生长习性】

喜阳光，耐荫、耐寒、耐旱，忌渍水。较耐寒，在不低于－15℃时能安全越冬，北京以南地区可露地栽培，花期遇－10℃低温，花朵受冻害。耐修剪，易整形。

【园林应用前景】

蜡梅作为丛生花灌木为街道绿化所用，常片植、群植或孤植(见图 4-105)。片植形成蜡梅花林，或以蜡梅作主景，配以南天竹或其他常绿花卉，构成黄花红果相映成趣、风韵别致的景观。用蜡梅、鸡爪槭、月季、牡丹等树种混栽，灌、乔混合配置，高低相配、错落有致。

图 4-105 蜡梅园林应用

【移植与栽培养护】

蜡梅移栽在春季萌芽前进行，小苗裸根蘸泥浆，大苗带土球移植。栽前施足基肥，每株施 5～8kg，栽后灌足水。

蜡梅平时以维持土壤半墒状态为佳，雨季注意排水，防止土壤积水。干旱季节及时补充水分，开花期间，土壤保持适度干旱，不宜浇水过多。盆栽蜡梅在春秋两季，盆土不干不浇；夏季每天早晚各浇一次水，水量视盆土干湿情况控制。每年花谢后施一次充分腐熟的有机肥；春季新叶萌发后至 6 月的生长季节，每 10～15 天施一次腐熟的饼肥水；7～8 月的花芽分化期，追施腐熟的有机肥和磷钾肥混合液；秋后再施一次有机肥。

第五章

常见常绿树种的育苗技术

第一节　常绿乔木的育苗技术

一、油松

【学名】 *Pinus tabulaeformis Carr.*

【科属】 松科、松属

【产地分布】

油松原产中国。自然分布辽宁、吉林、内蒙古、河北、河南、山西、陕西、山东、甘肃、宁夏、青海等地。

【形态特征】

油松常绿乔木，高达25m，胸径可达1m以上；树皮灰褐色或褐灰色，裂成不规则较厚的鳞状块片，裂缝及上部树皮红褐色；枝平展或向下斜展，老树树冠平顶，小枝较粗，褐黄色。针叶2针一束，深绿色，粗硬。雄球花圆柱形，在新枝下部聚生成穗状。球果卵形或圆卵形，有短梗，向下弯垂，成熟前绿色（见图5-1），熟时淡黄色或淡褐黄色，常宿存树上近数年之久。花期4～5月，球果第二年10月成熟。

【生长习性】

油松为喜光、深根性树种，喜干冷气候，在土层深厚、排水良好的酸性、中性或钙质黄土上均能生长良好。

【园林应用前景】

油松的主干挺拔苍劲，分枝弯曲多姿，四季常青，树冠层次有别。常种植在人行道内侧或分车带中；或孤植、丛植在园林绿地，

图 5-1　油松形态特征

亦宜行纯林群植和混交种植（见图 5-2）。

图 5-2　油松园林应用

【繁殖方法】

油松常用播种方法繁殖。

1. 整地、作床

选择地势平坦、灌溉方便、排水良好、土层深厚肥沃的中性（pH 6.5～7.0）沙壤土或壤土为苗圃地。秋季深耕，深度在 20～30cm，深耕后不耙。第二年春季土壤解冻后每公顷施入堆肥、绿肥、厩肥等腐熟有机肥 40000～50000kg，并施过磷酸钙 300～375kg。再浅耕一次，深度在 15～20cm，随即耙平。

作床前 3～5 天灌足底水，将圃地平整后作平床。苗床宽 1～

1.2m，步道宽30～40cm，苗床长度根据圃地情况确定。多雨地区苗圃可采用高床，在干旱少雨、灌溉条件差的苗圃可采用低床育苗。

2. 种子处理

用浓度0.5%的高锰酸钾溶液浸泡种子2小时后，清水洗净、阴干。播种前4～5天用45～60℃温水侵种，种子与水的容积比约为1∶3。浸种时不断搅拌，使种子受热均匀，自然冷却后浸泡24小时。种皮吸水膨胀后捞出，置于20～25℃条件下催芽。在催芽过程中经常检查，防止霉变，每天用清水淘洗一次，有1/3的种子裂嘴时，即可播种。

3. 播种

油松播种分为春播和秋播。秋播应在结冻前进行，可免去种子催芽程序；一般春播为好，应尽力早播种。播前灌足底水，播种方法以条播为主，播幅3～7cm，行距15～20cm（见图5-3），覆土1cm左右。催过芽的种子播后7～10天即可发芽出土。大棚育苗要提前1个月播种，但要注意通风，防苗木立枯病。

图5-3　油松播种育苗

4. 幼苗管理

播种后不进行灌溉也不覆盖，以保持适宜的地温，促进种子迅速发芽出土。在保水性能差的沙地，播后及时镇压。如土壤水分不足，可进行灌溉，但会使床面土壤板结，降低地温，延迟出苗期，幼苗生长不良。油松幼苗耐干旱，春季不宜多灌，以免影响地温，使幼苗生长缓慢。6～7月可增加灌溉量，在雨季要注意排水，防淤忌涝。

油松幼苗性喜密生，因此，间苗不宜早间，以利庇阴，促使生长旺盛，6～7 月间苗为宜。间苗工作可在雨后或灌溉后用手拔除，间苗后及时进行灌溉或松土。

油松全部出土后，种壳脱落前应注意防止鸟害，同时防止立枯病的发生。当地表温度达到 36℃时，立枯病就会出现，引起苗木大量死亡。立枯病与温度有很大关系，要及时喷洒 50%的 800 倍的退菌特溶液，每隔 10 天 1 次，喷药后要灌溉冲洗苗木。

油松防寒应在封冻前进行。用土覆盖苗木，覆土厚度以看不见苗木为止，翌春 4 月下旬晚霜后将土撤掉。

【栽培管理】

油松油松栽植以穴栽为主，要求穴大根舒、深埋、实扎，使土壤与根系紧密接触。油松移植多采用带宿土蘸浆丛植的方法（每丛 2～4 株），每丛的株数因不同培育目的有所不同。提高油松的成活率，在起、选、包、运、植的操作过程中，保持苗木水分是非常重要的。为提高移植成活率，最好培育容器苗。

肥水管理是保障植株正常生长、抵抗病虫害的重要措施。在移植成活后的一年中，在生长季节平均每 2 个月浇水 1 次；一年施肥 2～3 次，以早春土壤解冻后、春梢旺长期和秋梢生长期供肥较好。

二、雪松

【学名】 *Cedrus deodara*（*Roxb.*）*G. Don*

【科属】 松科、雪松属

【产地分布】

原产于喜马拉雅山脉海拔 1500～3200m 的地带和地中海沿岸 1000～2200m 的地带。北京、大连、青岛、上海、南京、武汉、昆明等地已广泛栽培作庭园树。

【形态特征】

常绿乔木，高达 30m 左右，胸径可达 3m；大枝一般平展，为不规则轮生，小枝略下垂（见图 5-4）。树皮灰褐色，裂成鳞片，老时剥落。叶在长枝上为螺旋状散生，在短枝上簇生。叶针状，质硬，先端尖细，叶色淡绿至蓝绿。雌雄异株，稀同珠，花单生枝顶。球果椭圆至椭圆状卵形，成熟后种鳞与种子同时散落，种子具翅。花期为 10～11 月，雄球花比雌球花花期早 10 天左右。球果翌年 10 月成熟。

图 5-4　雪松形态特征

【生长习性】

要求温和凉润气候和土层深厚而排水良好的土壤。喜阳光充足，也稍耐阴。雪松喜年降水量 600～1000mL 的暖温带至中亚热带气候，在中国长江中下游一带生长最好。

【园林用途】

雪松是世界著名的庭园观赏树种之一。它具有较强的防尘、减噪与杀菌能力，也适宜作工矿企业绿化树种。雪松树体高大，树形优美，最适宜孤植于草坪中央、建筑前庭之中心、广场中心或主要建筑物的两旁及园门的入口等处（见图 5-5）。

图 5-5　雪松园林应用

【繁殖方法】

一般用播种和扦插繁殖。

1. 播种繁殖

（1）种子处理　播种前，用冷水浸种1～2天，浸后用0.1%高锰酸钾消毒30分钟，然后用清水冲净晾干播种，切忌带湿播种。

（2）播种　播种时间一般在春分前进行，宜早不宜迟。选择排水、通气良好的沙质壤土作床。以条播为好，行距10～15cm，株距4～5cm（见图5-6）；将种子的大头向上插在沟内，每亩播种量15～20kg，播后用黄心土或焦泥灰覆上1～2cm厚。而且还要盖上一层薄稻草，再用喷水壶将水洒在上面保持床面湿润。3～5天后开始萌动，可持续1个月左右，发芽率达90%。幼苗期需注意遮荫，并防治猝倒病和地老虎的危害。一年生苗可达30～40cm高，翌年春季即可移植（见图5-7）。

图5-6　雪松播种育苗

图5-7　雪松移植苗

（3）幼苗管理　当出苗70%以上时分批揭去稻草，要及时搭架，加盖遮阳网或芦帘遮阴。在苗木生长期间，除应经常浇水、松土、除草外，每隔半月追施一次充分腐熟的稀薄饼肥水，浓度可逐渐增大；如施化肥，可撒埋在播种沟之间，切不要沾着小苗，否则可造成烧苗。为防止发生病害，当种苗出齐后，每隔半月喷一次1%的波尔多液，直到雨季结束。立秋后拆去荫棚。

2. 扦插繁殖

扦插繁殖在春、夏两季均可进行。春季宜在3月20日前，夏季以7月下旬为佳。春季，剪取幼龄母树的一年生粗壮枝条，用生根粉或 500mg/L 萘乙酸处理，能促进生根。然后将其插于透气良好的沙壤土中，充分浇水，搭双层荫棚遮阴。夏季宜选取当年生半木质化枝为插穗。在管理上除加强遮荫外，还要加盖塑料薄膜以保持湿度（见图 5-8）。插后 30～50 天，可形成愈伤组织，这时可用 0.2％尿素和 0.1％的磷酸的二氢钾溶液根外施肥。

图 5-8 雪松扦插育苗

【栽培管理】

雪松移植应在春季进行，必须带土球，并立支杆，及时浇水，旱时常向叶面喷水，切忌栽植在低洼水湿地带。成活后秋季施以有机肥，促进发根，生长期追肥 2～3 次。

三、侧柏

【学名】*Platycladus orientalis*（L.）*Franco*

【科属】柏科、侧柏属

【产地分布】

我国大部分地区均有分布。

【形态特征】

常绿乔木，高达 20m，胸径 1m；树皮薄，浅灰褐色，纵裂成条片；枝条向上伸展或斜展，幼树树冠卵状尖塔形，老树树冠则为广圆形；生鳞叶的小枝细，向上直展或斜展，扁平，排成一平面。叶鳞形，先端微钝。雄球花黄色，卵圆形；雌球花近球形，蓝绿色，被白粉。球果近卵圆形，成熟前近肉质，蓝绿色，被白粉，成熟后木质，开裂，红褐色。花期 3～4 月，球果 10 月成熟（见图 5-9）。

图 5-9　侧柏形态特征

【生长习性】

喜光，幼时稍耐荫，适应性强，对土壤要求不严，在酸性、中性、石灰性和轻盐碱土壤中均可生长。耐干旱瘠薄，萌芽能力强，耐寒力中等，耐强光照射，耐高温、浅根性，抗风能力较弱。

【园林应用前景】

侧柏在园林绿化中，有着不可或缺的地位。可用于行道、亭园、大门两侧、绿地周围、路边花坛及墙垣内外，均极美观。小苗可做绿篱（见图 5-10），隔离带围墙点缀。它的耐污染性，耐寒性，耐干旱，是绿化道路，绿化荒山的首选苗木之一。

图 5-10　侧柏园林应用

【繁殖方法】

生产上侧柏主要用播种方法育苗。

1. 整地与施肥

选择地势平坦，排水良好，较肥沃的沙壤土或轻壤土为宜。育苗地要深耕细耙，施足底肥。

2. 种子处理

侧柏种子空粒较多，先进行水选后，将浮上的空粒捞出。再用0.3%～0.5%硫酸铜溶液浸种 1～2 小时（或 0.5%高锰酸钾溶液浸种 2 小时），进行种子消毒。将经过消毒处理的种子用 45℃温水浸种 12～24 小时，再将种子捞出，装入草袋放在背风朝阳处，经常翻动，每天用温水冲洗 1～2 次，经过 5～6 天，待有 50%的种子裂嘴，即可进行播种。

3. 播种

侧柏于春季适当早播为宜，如华北地区 3 月中、下旬，西北地区 3 月下旬至 4 月上旬，而东北地区则以 4 月中、下旬为好。为确保苗木产量和质量，播种量不宜过小，当种子净度为 90%以上，种子发芽率 85%以上时，每亩播种量 10kg 左右为宜。侧柏多用高床或高垄育苗，干旱地区也可用低床育苗。

（1）垄播　垄底宽 60cm，垄面宽 30cm，垄高 12～15cm，每垄播双行或单行，双行条播播幅 5 厘米，单行条播播幅 12～15cm。

（2）高床（或低床）播种　床长 10～20m，床面宽 1m，每床纵向条播 3～5 行，播幅 5～10cm，横向条播，行距 10cm，播幅 3～5cm（见图 5-11）。播种时开沟深浅要一致，播种要均匀，播种后及时覆土 1～1.5cm，再进行镇压，使种子与土壤密接，以利于种子萌发。在干旱风沙地区，为利于土壤保墒，可覆土后覆草。

4. 苗期管理

（1）灌溉　催芽处理的种子，播种后 10 天左右开始发芽出土，20 天左右为出苗盛期。为利于种子发芽出土，常常维持种子层土壤湿润，播种前必须要灌透底水。如幼苗出土前土壤不过分干燥，最好不浇蒙头水以免降低地温，造成表层土壤板结，不利于出苗。

幼苗出齐后，立刻喷洒 0.5%～1%波尔多液，以后每隔 7～10 天喷 1 次，连续喷洒 3～4 次可预防立枯病发生。6 月中、下旬苗木速生期依据土壤墒情每 10～15 天灌溉一次，以一次灌透为原则。

图 5-11 侧柏播种育苗

进入雨季减少灌溉，注意排水防涝。土壤封冻前灌封冻水。

(2) 施肥 全年追施硫酸铵 2～3 次，每次亩施硫酸铵 4～6kg，在苗木速生前期追第 1 次，间隔半个月后再追施一次。也可追施腐熟的人粪尿。每次追肥后必须及时浇水。

(3) 间苗 侧柏幼苗期喜荫，适当密留；当幼苗高 3～5cm 时进行两次间苗，定苗后每平方米留苗 150 株左右，亩产苗量达 15 万株。

(4) 冬季防寒 寒冷地区冬季注意防寒，一般采用埋土防寒或设风障防寒，也可覆草防寒。埋土防寒时间不宜过早，在土壤封冻前的立冬前后为宜；而撤防寒土不宜过迟，多在土壤解冻后分两次撤除；撤土后要及时灌足返青水。

【栽培管理】

侧柏苗多二年出圃，春季移植。有时为了培养绿化大苗，尚需经过 2～3 次移植，培养成根系发达、冠形优美的大苗后再出圃栽植。大苗以早春 3～4 月带土球移植成活率较高，一样可达 95%以上。移植后要及时灌水，每次灌透，待墒情适宜时及时中耕松土、除草、追肥等措施。

四、圆柏

【学名】 *Sabina chinensis*（*L.*）*Ant.*

【科属】 柏科、侧柏属

【产地分布】

我国大部分地区均有分布。

【形态特征】

别名刺柏、柏树、桧、桧柏。常绿乔木，高达20m，胸径达3.5m；树皮深灰色，纵裂，成条片开裂；幼树的枝条通常斜上伸展，形成尖塔形树冠，老则下部大枝平展，形成广圆形的树冠；小枝通常直或稍成弧状弯曲。叶二型，即刺叶和鳞叶；刺叶生于幼树上，老龄树则全为鳞叶，壮龄树兼有刺叶和鳞叶。雌雄异株，稀同株，雄球花黄色，椭圆形；球果近圆球形，两年成熟，熟时暗褐色，被白粉或白粉脱落（见图5-12）。花期4月下旬，球果翌年10～11月成熟。

图5-12　圆柏形态特征

【生长习性】

喜光树种，较耐荫；耐寒、耐热性强；耐旱力强，忌积水。深根性，侧根也很发达，对土壤要求不严。对多种有害气体有一定抗性。

常见的病害有圆柏梨锈病、圆柏苹果锈病及圆柏石楠锈病等。这些病以圆柏为越冬寄主。对圆柏本身虽伤害不太严重，但对梨、苹果、海棠、石楠等则危害颇巨，故应注意防治，最好避免在苹果、梨园等附近种植。

【园林应用前景】

圆柏幼龄树树冠整齐圆锥形，树形优美，大树干枝扭曲，姿态奇古，可以独树成景，是中国传统的园林树种。桧柏性耐修剪又有很强的耐阴性，故作绿篱比侧柏优良，中国古来多配植于庙宇陵墓作墓道树或柏林，也可群植草坪边缘作背景，或丛植片林、镶嵌树丛的边缘、建筑附近（见图5-13）。

图 5-13　圆柏园林应用

【品种分类】

（1）球桧（cv. Globosa）　为丛生圆球形或扁球形灌木，叶多为鳞叶，小枝密生。

（2）金叶桧（cv. Aurea）　栽培变种，直立灌木，植株呈直立窄圆锥形灌木状，全为鳞形叶，鳞叶初为深金黄色，后渐变为绿色。

（3）金心桧（cv. Aureoglobosa）　栽培品种，为卵圆形无主干灌木，具 2 型叶，小枝顶部部分叶为金黄色。

（4）龙柏（cv. Kaizuka）　树形不规正，枝交错生长，少数大枝斜向扭转，小枝紧密多为鳞叶，幼嫩时淡黄绿色，后呈翠绿色；球果蓝色，微被白粉。长江流域及华北各大城市庭园有栽培。

（5）鹿角桧（cv. Pfutzeriana）　丛生灌木，中心低矮，外侧枝发达斜向外伸长，似鹿角分叉，多为紧密的鳞叶。华东地区多栽培作园林树种。

（6）塔桧（cv. Pyramidalis）　亦名圆柱桧。枝向上直展，密生，树冠圆柱状或圆柱状尖塔形；叶多为刺形稀间有鳞叶。华北及长江流域各地多栽培作园林树种。

（7）匍地龙柏（栽培变种）　植株无直立主干，枝就地平展。

【繁殖方法】

（一）播种育苗

11 月采种，堆放后熟，洗净后冬播或翌年春季催芽后播种。

催芽前可用50%的福尔马林溶液浸泡2分钟，再用清水洗净，然后将种子层积处理100天，春季待种皮开裂即可播种，2～3周后发芽。

（二）扦插育苗

选用沙质壤土，整地前亩施腐熟饼肥50kg作基肥，过磷酸钙100kg。深翻20cm，翻地时喷撒3%的硫酸亚铁液和1%的高锰酸钾液进行土壤消毒，亩撒施呋喃丹10kg防止地下蛀虫侵害。深翻耙平后作低畦，畦宽1.2m，长度据苗木数量而定。

硬枝、绿枝扦插均可，分别在2～3月和8～9月进行。选1～2年生枝条作插穗，将插穗剪成10～15cm的枝段，剪去下部叶片，捆成把，埋在湿沙内备用。采用直插的方法，插入深度为5～6cm，最好是随取随插。插后浇一次透水，利于穗条与土壤密合。绿枝扦插的圆柏要遮阴，荫棚高度以离地面1～2m为宜，选用遮光度70%的遮阳网。遮阴后前20天每天傍晚喷一遍水，以后保持床土湿润即可。

【栽培管理】

小苗移植带宿土，大苗移植需带土球。圆柏耐干旱，浇水不可偏湿，不干不浇，做到见干见湿。圆柏一般每年春季施稀薄腐熟的饼肥水2～3次，秋季施1～2次，保持枝叶鲜绿浓密，生长健壮。

五、香樟树

【学名】 *Cinnamomum camphora*（*L.*）*Presl.*

【科属】 樟科、樟属

【产地分布】

分布于长江以南及西南区域。

【形态特征】

常绿大乔木，高可达30m，直径可达3m，树冠广卵形；枝、叶及木材均有樟脑气味；树皮黄褐色，有不规则的纵裂。枝条圆柱形，淡褐色。叶薄革质，卵形或椭圆状卵形，先端急尖，基部宽楔形至近圆形，边缘全缘，离基三出脉，脉腋有腺点。圆锥花序腋生，花小，绿白或带黄色。果卵球形或近球形，熟时紫黑色。花期

4～5 月，果期 8～11 月（见图 5-14）。

图 5-14　香樟形态特征

【生长习性】

樟树多喜光，稍耐荫；喜温暖湿润气候，耐寒性不强，对土壤要求不严，较耐水湿，但不耐干旱、瘠薄和盐碱土。主根发达，深根性，能抗风。萌芽力强，耐修剪。生长速度中等，树形巨大如伞，能遮阴避凉。存活期长，可以生长为成百上千年的参天古木，有很强的吸烟滞尘、涵养水源、固土防沙和美化环境的能力。

【园林应用前景】

香樟枝叶茂密，冠大荫浓，树姿雄伟，是城市绿化的优良树种，广泛作为庭荫树、行道树、防护林及风景林，常丛植、群植、孤植于庭院、路边、草地、建筑物前，或配植于池畔、水边、山坡等（见图 5-15 和图 5-16）。因其对多种有毒气体抗性较强，有较强的吸滞粉尘的能力，常被用于城市及工矿区。

图 5-15　香樟园林应用

图 5-16　香樟大树移植观赏效果

【繁殖方法】

1. 苗圃地选择

选择整齐开阔、地面平坦、背风向阳、排水良好、水源充足、地下水位低的地带作苗圃地。一般以2°～5°的缓坡地为好。平地须开深沟，以便排水和降低地下水。土壤应选择土层深厚、有机质丰富的沙壤土或壤土。在冬初未上冻前进行第一次耕翻熟化，耕翻不宜过深，以控制主根生长过强，促使侧根生长。播种前施足基肥，基肥一般为农家肥。

2. 种子的采集和贮藏

在11月中下旬，香樟浆果呈紫黑色时，从生长健壮无病虫害的母树上采集果实。采回的浆果应及时处理，以防变质。即将果实放入容器内或堆积加水堆沤，使果肉软化，用清水洗净取出种子。将种子薄摊于阴凉通风处晾干后进行精选，使种子纯度达到95%以上。

3. 播种

香樟秋播、春播均可，以春播为好。秋播可随播，在秋末土壤封冻前进行。春播宜在早春土壤解冻后进行。播种前需用0.1%的新洁尔溶液浸泡种子3～4小时杀菌、消毒。并用50度的温水种催芽，保持水温，重复浸种3～4次，可使种子提前发芽10～15天。香樟可采用条播，条距为25～30cm，条沟深2cm左右，宽5～6cm，每米播种沟撒种子40～50粒，每亩播种15kg左右。

4. 苗期管理

幼苗出土后，及时除去覆盖物，以免幼苗黄化。当幼苗长出2～3片真叶时，进行间苗。做到早间苗，分期间苗，适时定苗，按7cm左右株距定苗。间出的健壮苗，应另行栽植，以节约种子，提高出苗率。栽植后注意遮荫、浇水养护，以保证成活（见图5-17）。

5. 适时移栽

一年生香樟苗高60cm左右，产苗量每亩2.5万株左右。除用作造林外，一年生香樟苗达不到城市绿化用苗标准，移植后须再培育3～6年。

图 5-17 香樟播种育苗

高温季节树体水分蒸发比较大，在根系没有完全恢复功能前，过多的失水将严重影响树木的成活率和生长势。遮荫有利于降低树体及地表温度，减少树体水分散失，提高空气湿度，有利于提高树木的成活率。可以在树体上方搭设 60%～70%左右遮光率的遮阳网遮荫。同时做好树木根际的覆盖保墒工作，可以在树木根周覆盖稻草及其他比较通气的覆盖材料，以提高土壤湿度。

【栽培管理】

香樟移植时间一般在 3 月中旬至 4 月中旬，在春季春芽苞将要萌动之前定植。移植时需要对树冠进行修剪，可连枝带叶剪掉树冠的 1/3～1/2，但应保持基本的树形。大树移植需带土球移植，最好先进行断根处理，还要用浸湿的草绳缠绕包裹主干和大枝。

香樟栽植后要立即浇水，为了提高成活率，在水中可加入生根宝、大树移植成活液等药剂以刺激新根生长。高温、干旱时，每天向枝叶喷水 1～2 次，以提高成活率。

香樟树栽好后要加强化养护管理。浇水要掌握“不干不浇，浇则浇透”的原则。栽植后 2～5 年适当施肥，冬春季施有机肥，每株施 15～20kg，生长前期可追施氮素肥料。

六、杜英

【学名】 *Elaeocarpus decipiens Hemsl*

【科属】 杜英科、杜英属

【产地分布】

产中国南部，浙江、江西、福建、台湾、湖南、广东、广西及贵州南部均有分布。

【形态特征】

别名假杨梅、青果、野橄榄、胆八树等。常绿乔木，高 5～15m；嫩枝及顶芽初时被微毛，不久变秃净。叶革质，披针形或倒披针形，先端渐尖，尖头钝，基部楔形，边缘有小钝齿；秋冬至早春部分树叶转为绯红色，红绿相间，鲜艳悦目。总状花序多生于叶腋，花序轴纤细；花白色，花瓣倒卵形，与萼片等长，上半部撕裂（见图 5-18）。核果椭圆形，外果皮无毛，内果皮坚骨质，表面有多数沟纹。花期 6～7 月，果期 10～12 月。

图 5-18　杜英形态特征

【生长习性】

杜英喜温暖潮湿环境，耐寒性稍差，稍耐阴。根系发达，萌芽力强，耐修剪。喜排水良好、湿润、肥沃的酸性土壤。适生于酸性之黄壤和红黄壤山区，若在平原栽植，必须排水良好，生长速度中等偏快。对二氧化硫抗性强。

【园林应用前景】

杜英则具分枝低、叶色浓艳、分枝紧凑、适合构造绿篱墙的特点，用作行道树更有一定优势（见图 5-19）。杜英还有降低噪声、防止尘垢污染的作用。

【繁殖方法】

（一）播种育苗

采种母树应选择树龄 15 年以上、生长健壮和无病虫害的植

图 5-19　杜英园林应用

株。于 10 月下旬果实由青绿色转为暗绿色时，核果成熟，应及时采种。果实可堆放在阴凉处或放入水中浸泡 1～2 天，待外果皮软化后，进行搓擦淘洗，再用清水漂洗干净，置室内摊开晾干后及时沙藏（种子切忌曝晒，也不宜长期脱水干藏）。杜英属种子大多有深度休眠现象，种子用湿沙低温层积贮藏可显著提高发芽率（可达 60％以上）。

播种时间为 2～5 月。采用条播，行距 25cm，沟深 3cm，播种量每亩 8～10kg，覆土以焦泥灰为好，厚度以不见种子为度。上面可以盖一层薄薄的干草，以保持土壤疏松、湿润，有利于种子发芽。出苗期 30～40 天左右。当 70％的幼苗出土后，傍晚揭除覆盖物，第二天傍晚，用敌克松 0.1％溶液喷洒苗床，预防病害发生。

（二）扦插育苗

夏初，从当年生半木质化的嫩枝剪取插穗，穗条长 10～12cm，并将下部叶子剪除，上部保留 2～3 个叶片，每叶片剪去一半，用浓度为 100mg/L 的 NAA，或浓度为 50mg/L 的 ABT 生根粉溶液，浸泡基部 2～4 小时。用蛭石或河沙做基质，插后浇足水分，用塑料薄膜拱棚封闭保湿，遮荫降温。一般不需再喷水管理，每隔一周喷 0.1％高锰酸钾液，防止腐烂。如使用全光自动喷雾育苗，扦插后20天左右开始生根，扦插成活率可达90%以上。

（三）苗期管理

苗木生长初期，每隔半月施浓度3%～5%稀薄人粪尿。5月中旬以后可用1%过磷酸钙或0.2%的尿素溶液浇施。梅雨季节应做好清沟排水工作；干旱季节应作好灌溉工作。生长盛期（6月中旬以后），应分期分批做好间苗工作，7月下旬做好定苗工作，保留30～40株/m^2，在立秋前半个月停施氮肥。9月中旬至11月中旬，可每隔10天喷一次0.3%～0.5%的磷酸二氢钾溶液和0.2%的硼沙溶液，交替喷施2～3次即可，以促使苗木提高木质化。一般一年苗可以生长到50cm左右高。

【栽培管理】

杜英移植常在2月下旬至3月中旬，在芽萌发前栽植，最好选择阴天或雨后栽植，切忌晴天中午干旱栽植。小苗移植带宿土，大苗移植带土球，起苗时注意深起苗、勿伤根。杜英怕高温烈日和日灼危害，栽植密度要适当，最好树冠能相互侧方荫蔽，无遮荫条件要用草绳包扎主干。

杜英苗木生长初期，每隔半月施浓度3%～5%稀薄人粪尿。5月中旬以后可用1%过磷酸钙或0.2%的尿素溶液浇施。梅雨季节应做好清沟排水工作；干旱季节应作好灌溉工作。

七、广玉兰

【学名】 *Magnolia grandiflora*

【科属】 木兰科、木兰属

【产地分布】

广玉兰别名洋玉兰，原产于美国东南部，分布在北美洲以及中国内地的长江流域及以南，北方如北京、兰州等地已有人工引种栽培。在长江流域的上海、南京、杭州也比较多见。

【形态特征】

常绿乔木，在原产地高达30m；树皮淡褐色或灰色，薄鳞片状开裂；小枝、芽、叶下面，叶柄、均密被褐色或灰褐色短绒毛。叶厚革质，椭圆形，长椭圆形或倒卵状椭圆形，先端钝或短钝尖，基部楔形，叶面深绿色，有光泽。花白色（见图5-20），有芳香，聚合果圆柱状长圆形或卵圆形，密被褐色或淡灰黄色绒毛。花期5～6月，果期9～10月。

图5-20 广玉兰形态特征

【生长习性】

广玉兰喜光，而幼时稍耐阴。喜温湿气候，有一定抗寒能力。适生于干燥、肥沃、湿润与排水良好微酸性或中性土壤，在碱性土种植易发生黄化，忌积水、排水不良。对烟尘及二氧化碳气体有较强抗性，病虫害少。根系深广，抗风力强。特别是播种苗树干挺拔，树势雄伟，适应性强。

【园林应用前景】

广玉兰为珍贵的树种之一，在庭园、公园、游乐园、墓地均可采用，可孤植、对植或丛植、群植配置，也可作行道树，最宜单植在宽广开旷的草坪上或配植成观赏的树丛，不宜植于狭小的庭院内，否则不能充分发挥其观赏效果。与彩叶树种配植，能产生显著的色相对比，从而使街景的色彩更显鲜艳和丰富（见图5-21）。

【繁殖方法】

嫁接繁殖

1. 砧木选择与培育

可用玉兰、紫玉兰等作砧木，紫玉兰又叫木兰常用作广玉兰的砧木。紫玉兰可用播种法育苗（参见玉兰）。

扦插是紫玉兰的主要繁殖方法。扦插时间对成活率的影响很大，一般5～6月进行，插穗以幼龄树的当年生技成活率最高。用

图 5-21 广玉兰园林应用

50mg/L 的萘乙酸浸泡基部 6 小时，可提高生根率。

2. 嫁接方法

用春季枝接，参见第一章嫁接繁殖。为提高广玉兰嫁接成活率，注意嫁接时期以 3 月中旬较好；砧木粗度以 1.0cm 以上为好。接穗事先沙藏 1 周，砧木提前 2～3 天剪断，对提高嫁接成活率有利。嫁接方法最好采用带顶芽切接，此方法嫁接成活率明显高于不带顶芽切接和芽接。

【栽培管理】

广玉兰移植以早春为宜，但以梅雨季节最佳。广玉兰大树移植需带大土球，一般土球直径为树干胸径的 10～15 倍。

广玉兰移栽后，第一次定根水要及时，并且要浇足、浇透。7 天后再浇 1 次，以后根据实际情况适当浇水。若移植后降水过多，还需开排水槽，以免根部积水，导致广玉兰烂根死亡。高温季节每天 9 时至 17 时，对树体喷水 5～8 次，以喷湿树体枝叶为宜，直到成活为止。

广玉兰补充养分就成了日常养护的重中之重。只有给苗木提供了充足的养分，它才会多开花、花期长、气味浓郁，更加惹人喜爱。施肥的原则是少量多次，不能一次施肥太多，否则会对广玉兰的根产生影响。

八、桂花

【学名】 *Osmanthus fragrans Loureiro*

【科属】木犀科、木犀属

【产地分布】

原产中国西南、华南及华东地区，现四川、云南、贵州、广东、广西、湖南、湖北、浙江等地有野生资源。现今欧美许多国家以及东南亚各国都普遍栽培，成为重要的香花植物。

【形态特征】

别名汉桂。常绿乔木或灌木，高 3～5m，最高可达 18m；树皮灰褐色。小枝黄褐色。叶片革质，椭圆形、长椭圆形或椭圆状披针形，先端渐尖，基部渐狭呈楔形或宽楔形，全缘或通常上半部具细锯齿，两面无毛。聚伞花序簇生于叶腋，或近于帚状，每腋内有花多朵；花极芳香；花冠黄白色、淡黄色、黄色或橘红色（见图 5-22）。果歪斜，椭圆形，呈紫黑色。花期 9～10 月，果期翌年 3 月。

图 5-22 桂花形态特征

【生长习性】

桂花适应于亚热带气候广大地区。性喜温暖湿润气候和微酸性土壤，不耐干旱瘠薄。种植地区平均气温 14～28℃，7 月平均气温 24～28℃，1 月平均气温 0℃以上，能耐最低气温－10℃。湿度对桂花生长发育极为重要，若遇到干旱会影响开花，强日照和荫蔽对其生长不利，一般要求每天6～8小时光照。

【园林应用前景】

桂花终年常绿，枝繁叶茂，秋季开花，在园林中应用普遍，常作园景树，有孤植、对植，也有成丛成林栽种。在我国古典园林中，桂花常与建筑物、山、石相配，以丛生灌木型植于亭、台、楼、阁附近（见图5-23）。旧式庭园常用对植，古称“双桂当庭”或“双桂留芳”。桂花对有害气体二氧化硫、氟化氢有一定的抗性，也是工矿区的一种绿化的好花木。

图5-23　桂花园林应用

【品种分类】

桂花分为四个品种群，即丹桂、金桂、银桂和四季桂。其中丹桂，金桂和银桂都是秋季开花又可以统称为八月桂。

1. 丹桂

丹桂花朵颜色橙黄，气味浓郁，叶片厚，色深。一般秋季开花且花色很深，主要以橙黄、橙红和朱红色为主。丹桂分为满条红、堰红桂、状元红、朱砂桂、早红丹桂败育丹桂和硬叶丹桂。

2. 金桂

金桂花朵为金黄色，且气味较丹桂要淡一些，叶片较厚。金桂秋季开花，花色主要以黄色为主（柠檬黄与金黄色）。其中金桂又分长柄金桂、球桂、金球桂、狭叶金桂、柳叶苏桂和金秋早桂等众多品种。

3. 银桂

银桂花朵颜色较白，稍带微黄，叶片比其他桂树较薄，花香与金桂差不多，不是很浓郁。银桂开花于秋季，花色以白色为主，呈纯白，乳白和黄白色，极个别特殊的会呈淡黄色。银桂分为玉玲珑、柳叶银桂、长叶早银桂、籽银桂、白洁、早银桂、晚银桂和九龙桂等。

4. 四季桂

也叫月月桂。花朵颜色稍白，或淡黄，香气较淡，且叶片比较薄。与其他品种最大的差别就是它四季都会开花，但是花香也是众多桂花中最淡的，几乎闻不到花香味。四季桂分为月月桂，四季桂，佛顶珠，日香桂等。

【繁殖方法】

桂花的繁殖方法有播种、扦插、嫁接和压条等。生产上以扦插和嫁接繁殖最为普遍。桂花播种繁殖后代变异大，有的品种不结实或结实少，所以生产上很少采用这种方法。

（一）嫁接繁殖

1. 培育砧木

多用女贞、小叶女贞、小叶白蜡等 1～2 年生苗木作砧木。其中用女贞嫁接桂花成活率高、初期生长快，但伤口愈合不好，遇大风吹或外力碰撞易发生断离。

2. 嫁接繁殖

嫁接在清明节前后进行。生产上最常用的方法有两种，一是劈接法，二是腹接法。接穗选取成年树上充分木质化的 1～2 年生的健壮、无病的枝条为宜，去掉叶片、保留叶柄，随取穗随嫁接。参见第一章嫁接繁殖。

（二）扦插繁殖

1. 扦插时间

可在 3 月初至 4 月中旬选 1 年生春梢进行扦插，这是最佳扦插时间。也可在6月下旬至8月下旬选当年生的半熟枝进行带踵扦插，但它对温湿度的控制要求高。

2. 插穗的剪取与处理

从中幼龄树上选择树体中上部、外围的健壮、饱满、无病虫害的枝条作插穗。将枝条剪成10～12cm长，除去下部叶片，只留上部2片叶，也可将叶片剪掉一半。有条件的可用50～100mg/L生根激素中浸0.5～1小时，对插条生根大有好处。

3. 基质准备

用微酸性、疏松、通气、保水力好的土壤作扦插基质。扦插前用多菌灵等药物对基质消毒杀菌。

4. 插后管理

主要是控制温度和湿度，这是扦插能否生根成活的关键。最佳生根地温为25～28℃，最佳相对湿度应保持在85%以上。可采用遮阳、拱塑料棚、喷水等办法控制（见图5-24）。其次要注意防霉，因高温高湿易生霉菌，每周可交替使用多菌灵、甲基托布津喷洒杀菌。

图5-24　桂花扦插育苗

（三）压条繁殖

压条时间应选在春季芽萌动前进行。因桂花枝条不易弯曲，所以它一般不采用地压法，只采用高压法。采用高压法时，选优良母株上生长势强的2～3年生枝条，在枝上环剥0.3cm宽的一圈皮层，再在环剥涂以100mg/L的萘乙酸，再用塑料薄膜装上山泥，腐叶土、苔藓等，将刻伤部分包裹起来，浇透水，再把袋口包扎固定。时常注意观察，并及时补水，使包扎物总是处于湿润状态。经过夏秋二季培育会长出新根。在次年春季将长出根的枝条剪离母体，拆开包扎物，带土移入容器内，浇透水，置于阴凉处养护，待萌发大量的新梢后，再接受全光照。

【栽培管理】

移植常在 3 月中旬至 4 月下旬或秋季花后进行，必要时雨季也可。桂花需带土球移植，移植时还需进行树冠修剪，拢冠，用草绳包扎主干和大枝。栽植宁浅勿深，以土球露出土表 1/5 为宜。栽植后浇足定根水，高温时应搭建荫棚，以防强烈日晒，减少水分蒸发。也可用地膜覆盖树盘，减少土壤水分蒸发，促进根系生长。

栽后根据天气和土壤湿度确定浇水次数和浇水量。雨天可不浇水，干热大风天气，每天早晚都浇水或向树体（树冠和包裹草绳的主干、大枝）喷雾多次。花前注意灌水，花期控水。桂花喜肥，每年施肥 2 次，11～12 月施基肥，7 月施追肥。

九、榕树

【学名】 *Ficus microcarpa Linn.*

【科属】 桑科、榕属

【产地分布】

分布于台湾、浙江、福建、广东、广西、湖北、贵州、云南等。

【形态特征】

常绿大乔木，高达 15～25m，胸径达 50cm，冠幅广展；老树常有锈褐色气生根（见图 5-25）。树皮 深灰色。叶薄革质，狭椭圆形，先端钝尖，基部楔形，表面深绿色，干后深褐色，有光泽，全缘，基生叶脉延长，侧脉 3～10 对；托叶小，披针形。榕果成熟时黄或微红色，扁球形；雄花、雌花、瘿花同生于一榕果内，瘦果卵圆形。花期 5～6 月。

【生长习性】

喜阳光充足、温暖湿润气候，不耐旱，怕烈日曝晒。不耐寒，除华南地区外多作盆栽。对土壤要求不严，在微酸和微碱性土中均

图 5 25　榕树形态特征

能生长。

【园林用途】

榕树四季常青，树冠浓密，叶色深绿，耐修剪；能大量地吸收噪声，极耐污染。气生根得天独厚，姿态优美，具有较高的观赏价值和良好的生态效果，广栽于南方各地。常用作行道树，亦可孤植或丛植园林绿地、庭园观赏（见图 5-26）。

图 5-26　榕树观赏效果

【繁殖方法】

南方可于早春在温室内扦插，多在雨季于露地苗床扦插。扦插基质可采用河沙或蛭石、珍珠岩，插后应遮荫保湿，25～30℃气温下，1个多月即可发根。为了加快生根，可用萘乙酸、吲哚丁酸或生根粉处理插穗后再插。

为了促使榕树上长出气生根，可以在需要长根的位置用刀刻伤，蘸抹少许萘乙酸或生根粉，用塑料布包裹起来，形成一个湿度较大的小环境，这种方法很快便可长出许多不定根。

【栽培管理】

榕树移植多在春季萌芽前进行，要尽量多带宿土，少伤根。栽植后浇一次透水，适当遮荫，炎热季节常向叶面或周围环境喷水，以提高成活率。成活后，冬春浇水少些，夏秋适当多些。

十、棕榈

【学名】 *Trachycarpus fortunei*（*Hook.*）*H.Wendl*

【科属】 棕榈科，棕榈属

【产地分布】

分布于长江以南各省区。在长江以北虽可栽培，但冬季茎须裹草防寒。

【形态特征】

别名棕树、山棕，常绿，乔木状，高3～10m或更高。树干圆柱形，茎上常残存老叶柄和纤维叶鞘。叶簇生于顶部，近圆形，掌状深裂达中下部（见图5-27）。雌雄异株，花序粗壮，多次分枝，从叶腋抽出；雄花序长约40cm，具有2～3个分枝花序，雄花无梗，黄绿色；雌花淡绿色，通常2～3朵聚生。果实阔肾形，成熟时由黄色变为淡蓝色。花期4月，果期12月。

【生长习性】

棕榈性喜温暖湿润的气候，极耐寒，较耐阴，成品极耐旱，不耐太大的日夜温差。棕榈是国内分布最广，分布纬度最高的棕榈科种类。适生于排水良好、湿润肥沃的中性、石灰性或微酸性土壤，耐轻盐碱。抗大气污染能力强。易风倒，生长慢。

【园林应用前景】

常零星种植于草地、树荫、路旁、宅旁等，最适对植、列植于庭前和路边，或群植于池旁，为分部区内四旁绿化的优良树种（见图5-28）。

图 5-27　棕榈形态特征

图 5-28　棕榈园林应用

【繁殖方法】

常用播种繁殖。

1. 采种贮存

在 11～12 月间，从 15～40 年生的壮年树上采种，种实完全成熟、呈灰褐色时采收。种实除去小枝梗后，放在室内，铺 12～15cm 厚，摊晾 15 天左右，即可播种。若待春播应将种子与湿沙混合，摊放室内，上盖一层稻草，保湿贮存。

2. 整地播种

应选择靠近水源、较肥沃的沙壤土或粘壤土，施肥、耕翻后，作宽 1.4m 的畦。播前要将种子放在草木灰水中浸泡 48～64 小时，擦去果皮和种子外的蜡质，洗净播种。由于棕树种子的发芽率一般只有40%左右，每亩播种50～60kg。多采用条播，行距20～25cm。播后用灰粪和细碎肥沃的土杂粪混合后盖种，覆盖2～2.5cm为度。然后上盖一层稻（麦）草，以防土壤干燥板结。

3 苗期管理

出苗80%以上时，于傍晚将盖草掀去，用喷壶喷湿畦面。幼苗期要保持土壤湿润，及时拔除杂草。出苗一个月后，浇施0.5%的尿素。高温季节，要遮荫，9月后停长追肥，以免徒长，影响越冬。冬季可在圃地上盖草防冻。

4. 移栽

次年春、秋均可移植。选择土壤潮湿肥沃、排水良好的地块，深翻30cm左右，把杂草灌丛埋入土中。移植时，小苗可以裸根，起苗时注意多带须根；大苗需带土球移植。棕苗无主根，栽植时注意使须根群向四方伸展，然后填土踩实，不宜栽植过深，严防把苗心埋入土中。

【栽培管理】

棕榈移栽于春秋两季进行，尽量避免夏冬两季。移植时尽量保护茎生长点，并用草绳裹干，去除老叶，根据树势强弱保留的叶片可剪去1/5～1/3，以尽量减少水分蒸发。

十一、椰子

【学名】 *Cocos nucifera*

【科属】 棕榈科、椰子属

【主要产区】

主要分布在南北纬20°之间，尤以赤道滨海地区分布最多。中国种植椰子已有2000多年的历史，现主要集中分布于海南各地，台湾南部、广东雷州半岛，云南西双版纳。

【形态特征】

植株高大，乔木状，高15～30m，茎粗壮，有环状叶痕，基部增粗。叶羽状全裂，裂片多数，外向折叠，革质，线状披针形；叶柄粗壮，长达1m以上（见图5-29）。花序腋生，多分枝；佛焰苞纺锤形，厚木质，老时脱落。果卵球状或近球形，顶端微具三棱，外果皮薄，中果皮厚纤维质，内果皮木质坚硬，基部有3孔，其中的1孔与胚相对，萌发时即由此孔穿出，其余2孔坚实，果腔含有胚乳（即“果肉”或种仁）、胚和汁液（椰子水）。花果期主要在秋季。

图 5-29　椰子形态特征

【生长习性】

椰子为热带喜光树种，在高温、多雨、阳光充足和海风吹拂的条件下生长发育良好。要求年平均温度在24～25℃以上，温差小，全年无霜，椰子才能正常开花结果，最适生长温度为26～27℃。一年中若有一个月的平均温度为18℃，其产量则明显下降，若平均温度低于15℃，就会引起落花、落果和叶片变黄。

水分条件应为年降雨量1500～2000mm以上，而且分布均匀，有灌溉条件，年降雨量为600～800mm也能良好生长；干旱对椰子产量的影响长达2～3年，长期积水也会影响椰子的长势和产量。

椰子适宜的土壤是海淀冲积土和河岸冲积土，其次是沙壤土，再次是砾土，黏土最差。地下水位要求1.0～2.5m，排水不良的黏土和沼泽土不适宜种植。就土壤肥力来说，要求富含钾肥。土壤pH值可为5.2～8.3，但以7.0最为适宜。

【园林用途】

适宜作行道树，或孤植、丛植于草坪或庭院之中，观赏效果极佳。是少数能直接栽种于海边的棕榈植物（见图5-30）。

图 5-30 椰子园林中应用

【繁殖方法】

种子繁殖

1. 种子催芽方法

椰子催芽要注意不同品种、不同类型发芽时间的不同，才能得到最佳发芽率。海南高种椰子播种后 30 天左右开始发芽，90 天发芽率达到高峰，150 天后不发芽种果应予以淘汰；马黄矮、矮种椰子播种后 30 天开始发芽，80 天左右达到发芽高峰期，110 天发芽率开始下降，150 天不发芽种果应予以淘汰；马哇杂交种椰子播种约 90 天开始发芽，180 天发芽率达到高峰，240 天后种果不发芽给予淘汰。

椰子品种不同，其发芽时间也不同，这是某一品种固有特性的表现，可以遗传给后代，如马哇杂交种，其父本为西非高种，种果发芽比较迟，故杂交种马哇发芽时间也迟，持续时间也长，不能采用自然催芽方法催芽，种果采收之后，应立即在催芽圃播种催芽，淋水、管理，才能达到满意结果。

(1) 悬挂种果催芽法 把种果串起来吊在空中，让其自然发芽，长出芽的种果取下育苗，不发芽的种果卖给工厂加工各种产品(见图 5-31)。

（2）穿株堆叠催芽法　用竹篾或铁线把种果10个串成一串，然后把一串一串堆叠成柱状，高度0.5～0.8m，在树荫下或空旷地上，让其自然发芽、待种果大部分发芽后，取出果芽育苗，不发芽种果出售加工（见图5-31）。

（3）自然堆叠法催芽　种果随意堆成堆，让其自然发芽，芽长15cm取出育苗。该法发芽不整齐，畸形苗多（见图5-31）。

以上3种为自然催芽法，是过去农民习惯的传统催芽方法，只能用于高种椰子，不适用于矮种椰子和杂交种椰子或种果较小的椰子，以及发芽迟的椰子品种。自然催芽法，虽然不建催芽圃，省地省工，管理费用低些，但由于种果摆放不当，发芽率低，畸形苗和劣质苗多，持续时间长，种苗质量差，易遭鼠害，不宜采用。

图5-31　椰子自然催芽

（4）半荫地播催芽　选择半荫蔽、通风、排水良好的环境，清除杂草树根，耕深15～20cm，开沟，宽度比果稍宽，将种果一个接一个的斜靠沟底45°角，埋土至果实的1/2～2/3（见图5-32）。

这种方法大大改善了自然催芽方法中的光、温、水分和通气条件，并可提早1个月发芽，催芽7个月发芽率就可达到70%以上，同时又可避免鼠害，且能及时分床育苗，提高了成苗率，改善了幼苗的生长状况。

图 5-32 椰子半荫地播催芽

(5) 露天地播催芽 果实处理 播种前要将椰果的果蒂摘除，发现有果蒂湿润、响水轻微的果实，应拣出来，分别催芽，以利掌握情况提早处理加工。6～8 月采收的种果，适当划松果肩椰衣和切除果顶一面约鸭蛋大小的部分椰衣，简称松衣、去顶。这种处理法，有利于种果通气和吸收水分，对促进发芽和根系入土，加速幼苗生长均有良好效果。但在 9～10 月采收的种果，则不宜松衣，以免冷空气侵入，影响其发芽速度和幼苗生长。

选择有水源条件、光充足之处建苗圃，要求土壤疏松、排水良，圃地要清除杂草树根，深翻 20cm 以上，开沟，宽度比果稍宽，将种果一个接一个的斜靠沟底 45°角，埋土至果实的 1/2～2/3。在开始发芽后，每隔 1～2 天喷灌或浇灌种果 1 次，6 个月的发芽率提高到 90%左右，并且椰苗抽叶快，羽化早，生长健壮。因此，这是目前最好的催芽方法（见图 5-33）。

2. 移栽

种子催芽后，芽长 10～15cm，就应及时移栽到苗圃中育苗（也可以采用容器育苗）。此时已长出船形叶，种苗优劣外观上可以鉴别，种果刚开始出根，移苗时伤根少，起苗和育苗操作比较容易。由于种果发芽不整齐，持续时间较长，品种不同发芽时间也有所差异。因此，移苗时应按其规律分期，分批移苗和育苗。

图 5-33　椰子露天地播催芽

种果发芽率一般为 70%～80%，其中混杂一些劣苗。因此，每次移苗，必须严格选择优良壮苗，淘汰劣苗。一般后期发芽的苗多属劣苗，往往是低产类型。在选择移苗数量达种果数的 70%～80%时，就可停止移苗。余下种苗和种果均予以淘汰。优良种苗选择标准：健壮，笔直，单芽，发芽早，叶片羽化早，茎粗，生势旺盛。应淘汰的劣苗是瘦弱苗、畸形苗、白化苗、鼠尾苗、短叶和窄叶苗。

移苗到有适度荫蔽的苗圃中，注意浇水、排水、除草和施肥。一般一年左右，苗高约 1m 便可出圃定植。

【栽培管理】

椰子一般在雨季定植，成活率高。定植前施足基肥，植后初期要适当遮荫，并要灌水保湿，常向树冠喷水，可提高成活率。

椰子树需钾肥最多，其次为氮、磷和氯肥，但必须注意平衡施肥。一般施肥以有机肥为主，化肥为辅并施一些食盐。每年可在 4～5月及 11～12 月施肥，在距离树基部 1.5～2m 处开施肥沟，效果较好。

第二节　常绿灌木的育苗技术

一、铺地柏

【学名】 *Sabina procumbens* （*Endl.*） *Iwata et Kusaka*

【科属】柏科、圆柏属

【产地分布】

铺地柏原产日本。在黄河流域至长江流域广泛栽培，现各地都有种植。

【形态特征】

别名爬地柏、匍地柏、偃柏、地柏等，是一种矮小的常绿匍匐小灌木，高达75cm，冠幅2m。枝干贴近地面伸展，小枝密生。叶多为刺形叶，先端尖锐，3叶交互轮生，表面有2条白色气孔线，下面基部有2白色斑点，叶基下延生长；球果球形，被白粉，内含种子2～3粒（见图5-34和图5-35）。

图5-34 铺地柏叶片形态特征

图5-35 铺地柏枝条形态特征

【生长习性】

铺地柏为温带阳性树种，栽培、野生均有。喜生于湿润肥沃排水良好的钙质土壤，耐寒、耐旱、抗盐碱，在平地或悬崖峭壁上都能生长；在干燥、贫瘠的山地上，生长缓慢，植株细弱。浅根性，但侧根发达，萌芽性强、寿命长，抗烟尘，抗二氧化硫、氯化氢等有害气体。

【园林应用前景】

在城市绿化中是常用的植物，铺地柏对污浊空气具有很强的耐力，在市区街心、路旁种植，生长良好，不碍视线，吸附尘埃，净化空气。常配植于草坪、花坛、山石、林下，可增加绿化层次，丰富观赏美感（见图 5-36）。

图 5-36　铺地柏的园林应用

【繁殖方法】

常用扦插法繁殖，也可嫁接育苗。

(一) 扦插育苗

休眠枝扦插于 3 月进行，插穗长 10～12cm，剪去下部鳞叶，插入土中 5～6cm 深，插后按实，充分浇水，搭棚遮阴（见图 5-37），保持空气湿润，但土壤不宜过湿，插后约 100 天开始发根。6～7月亦可用半木质化枝扦插，但管理要求高，而且成活率不是太高。

(二) 嫁接育苗

2 月下旬至 4 月下旬行腹接（具体操作参见第一章第三节嫁接育苗），以侧柏作砧木，接后埋土至接穗顶部，成活后先剪去砧木上部枝叶，第二年齐接口截去，成活率可达 95%。

(三) 压条育苗

春夏季选择生长旺盛的枝条，割伤皮层（不割也可以），用竹

图 5-37 铺地柏扦插育苗

签固定，上覆肥土和盖草，经常保持湿润，当年即可发根，第二年春季剪去分栽。

【栽培管理】

铺地柏移植以 3～4 月为好。铺地柏适应性强，对土壤要求不严，但最好选择肥沃、湿润、排水良好、富含腐殖质的土壤栽植。铺地柏喜湿润，但怕水涝，夏季要常浇水，可保持叶色鲜绿，但也不宜渍水。

铺地柏宜在早春新枝抽生前修剪，将不需要发展的侧枝及时剪短，以促进主枝发育伸展。

二、夹竹桃

【学名】 *Nerium indicum Mill.*

【科属】 夹竹桃科、夹竹桃属

【产地分布】

原产伊朗、印度等国家和地区。现广植于亚热带及热带地区。中国引种始于 15 世纪，各省区均有栽培。

【形态特征】

常绿直立大灌木，高达 5m，枝条灰绿色，含汁液；嫩枝条具棱。叶 3～4 枚轮生，窄披针形，叶面深绿，叶背浅绿色。聚伞花序顶生，着花数朵；花芳香；花冠深红色或粉红色，栽培演变有白色或黄色，花有单瓣和重瓣（见图 5-38）。花期几乎全年，夏秋为最盛；果期一般在冬春季，栽培品种很少结果。

图 5-38　夹竹桃形态特征

【生长习性】

喜光，喜温暖湿润气候，不耐寒，忌水渍，耐一定程度空气干燥。适生于排水良好、肥沃的中性土壤，微酸性、微碱土也能适应。

【园林应用前景】

夹竹桃是有名的观赏花卉，常孤植、丛植、列植于园林绿地、庭院、路旁（见图 5-39）。夹竹桃有抗烟雾、抗灰尘、抗毒物和净化空气、保护环境的能力。叶片对人体有毒、对二氧化硫、二氧化碳、氟化氢、氯气等有害气体有较强的抵抗作用。

【繁殖方法】

主要用扦插繁殖。

1. 苗床的选择及处理

选择背风向阳、不积水地块建苗床，深耕、整地。床宽 1m，步道宽 50cm，长度适宜。土壤黏重时，可适当掺沙，并注意土壤消毒。

图 5-39 夹竹桃园林应用

2. 选穗

选插条一般要选择当年生中上部向阳的枝条，且节间较短，枝叶粗壮，芽子饱满。在同一枝条上，硬枝插一般选用中下部枝条，插穗上端平剪，下端斜剪。剪取枝条时，选直径 1～1.5cm 的粗壮枝条，插穗长度 15～20cm，插穗必须带有二三个芽，去除下部叶片。

3. 插穗处理

做到随采条、随短截、随扦插。为提高扦插成活率，在扦插时，把数十根插条整齐地捆成捆，用 ABT 生根粉 1 号 100mg/L 浸条 2～8 小时，用生根粉 6 号 30～100mg/L 浸条 1～8 小时。

4. 扦插

扦插前灌足水，将处理过的插穗按 5cm×5cm 株行距扦插。要注意插穗的上下端，不能倒插，必须使插穗切口与土壤密接，并防止擦伤插穗下切口的皮层。为此，用铁条等先在插床穿孔，再插入插穗。扦插深度一般以地上部露一两个芽为宜（见图 5-40）。

5. 插后管理

扦插后一定要喷足水，使土壤与插条密切接触。为防止中午气温过高，最好遮荫。根据土壤湿度状况每天早晚喷水一次，但喷水量不可过多，否则影响插条愈合生根。为防止病菌发生，每隔 10 天左右，喷洒一次杀菌药液。第二年春季移栽。

【栽培管理】

夹竹桃移栽需在春季进行，移栽时树冠应进行重剪。小苗和中

图 5-40　夹竹桃绿枝扦插生根

苗带宿土移植，大苗需带土球移植。

夹竹桃的适应性强，栽培管理比较容易，较粗放。一般露地栽植夹竹桃，在 9 月中旬，也应在主杆周围切切毛根（毛细根生长快），切根后浇水，施稀薄的液体肥。冬季注意保护，越冬的温度需维持在 8～10℃，低于 0℃气温时，夹竹桃会落叶。

三、红叶石楠

【学名】 *Photinia x fraseri*

【科属】 蔷薇科、石楠属

【产地分布】

中国华东、中南及西南地区有栽培。

【形态特征】

红叶石楠是蔷薇科石楠属杂交种的统称，为常绿小乔木，园林绿化常作灌木栽培。株高 4～6m，叶革质，长椭圆形至倒卵披针形，春季新叶红艳，夏季转绿，秋、冬、春三季呈现红色，霜重色逾浓，低温色更佳（见图 5-41 和图 5-42）。花期 4～5 月，梨果红色，能延续至冬季，果期 10 月。

【生长习性】

喜光，稍耐阴，喜温暖湿润气候，耐干旱瘠薄，不耐水湿。喜温暖、潮湿、阳光充足的环境。耐寒性强，能耐最低温度－18℃。适宜各类中肥土质。耐土壤瘠薄，有一定的耐盐碱性和耐干旱能

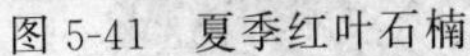
图 5-41　夏季红叶石楠

图 5-42　秋季红叶石楠

力。红叶石楠生长速度快，萌芽性强，耐修剪，易于移植，成形。

【园林应用前景】

红叶石楠因其耐修剪且四季色彩丰富，适合在园林景观中作高档色带。一至二年生的红叶石楠可修剪成矮小灌木，在园林绿地中作为色块植物片植，或与其他彩叶植物组合成各种图案。也可群植成大型绿篱或幕墙（见图 5-43 和图 5-44），在居住区、厂区绿地、街道或公路旁作绿化隔离带应用。红叶石楠还可培育成独干、球形树冠的乔木，在绿地中作为行道树或孤植作庭荫树。它对二氧化硫，氯气有较强的抗性，具有隔音功能，适用于街坊、厂矿绿化。

图 5-43　红叶石楠绿篱

【繁殖方法】

红叶石楠的繁殖主要通过组织培养或扦插两种方法。

图 5-44　红叶石楠修剪造型

扦插繁殖

1. 选好圃地

应选水源较好而地势较高的沙壤土作圃地，建立苗床、搭建拱棚。苗床宽 1.2m，长度适宜，在苗床中铺设扦插基质，用 50％的多菌灵可湿性粉剂消毒，每平方米拌 1.5g。也可按 1∶20 的比例配制成药土撒在苗床上，均能有效防治苗期病害。

2. 扦插时间

红叶石楠扦插时间是春季 3 月上旬，夏季扦插 6 月上旬，秋季扦插 9 月上旬。

3. 扦插方法

（1）从红叶石楠扦插母本中采取半木质化或木质化的当年枝条为插穗，剪成长度约 3～5cm 一芽一叶，或 10～15cm（3～5 节）插穗（见图 5-45）。每个穗条保留半张叶片，插穗下端采用平切口，切口平滑。

（2）扦插枝条进行生根剂处理。常用强力生根粉 500～1000mg/L 速蘸或 50～100mg/L 全穗浸泡 3～10 小时。

（3）扦插深度为 2～4cm，密度以扦插后叶片不重叠为宜，一般株行距 4m×5cm，密度为 500 株/m^2左右。

（4）扦插后浇透水，叶面喷洒 1000 倍液的多菌灵消毒杀菌，然后在拱棚上覆盖塑料薄膜和遮阳网，进入扦插后管理。

4. **苗床管理**

红叶石楠扦插后一周，在雨天或晴天的早晨或傍晚，要检查苗床，基质含水量为饱和含水量的60%～70%，空气相对湿度95%以上为宜。红叶石楠扦插20天以后，有部分穗条发根。当多数穗条开始发根后，应适当降低基质含水量，保持在饱和含水量的40%左右即可。这时可以逐步开膜通风，以降低基质含水量。当有50%以上的穗条抽芽发出新叶片时，可除去薄膜，这时期应注意保持基质湿润。

红叶石楠小拱棚扦插时，晴天，特别是夏季和秋季时，小拱棚上面要加盖遮阳网（见图5-46），控制小拱棚内的气温在38℃以下，否则容易烧苗，甚至造成整个小棚全军覆没；全部发根和50%以上发叶后，逐步除去小拱棚的薄膜和遮阳网（见图5-47）。

注意防治炭疽病和根腐病，一般扦插后每隔7～10天喷一次炭疽福美和多菌灵防治，可每次一种药，交替使用。

图5-45 红叶石楠插穗

图5-46 红叶石楠露地荫棚下扦插

【栽培管理】

红叶石楠移栽在春季3～4月进行，秋末冬初也可，小苗带宿土，大苗带土球并剪去部分枝叶。栽前施足基肥，栽后及时浇足定根水。成活后生长期注意浇水，特别是6～8月高温季节，宜半月浇1次水。春夏季节可追施一定量的复合肥和有机肥。

四、红花檵木

【学名】 *Loropetalum chinense var. rubrum*

图 5-47　红叶石楠小拱棚下扦插

【科属】金缕梅科、檵木属

【产地分布】

主要分布于长江中下游及以南地区。产于湖南浏阳、长沙县，江苏苏州、无锡、宜兴、溧阳等。

【形态特征】

红花檵木为金缕梅科檵木属檵木的变种，别名红檵木、红桎木、红桎木、红檵花等。常绿灌木、小乔木。多分枝；叶革质，卵形，无光泽，全缘；嫩叶鲜红色，老叶暗红色（见图 5-48）。花3～8朵簇生，有短花梗，白色，比新叶先开放，或与嫩叶同时开放；花瓣 4 片，带状，先端圆或钝；雄蕊 4 个，花丝极短。4～5月开花，花期长，约 30～40 天，国庆节能再次开花。果期 9～10 月。

【生长习性】

喜光，稍耐阴，但阴时叶色容易变绿。适应性强，耐旱。喜温暖，耐寒冷。萌芽力和发枝力强，耐修剪。耐瘠薄，但适宜在肥沃、湿润的微酸性土壤中生长。

【园林应用前景】

红花檵木枝繁叶茂，姿态优美，耐修剪，耐蟠扎，可用于绿篱和灌木球，也可用于制作树桩盆景。可孤植、丛植、群植，主要用于园林景观、城市绿化景观、道路绿化隔离带、庭院绿化。花和叶色泽美丽、多变，是观叶、观花、观形的优良树种（见图 5-49）。

图 5-48 红花檵木形态特征

图 5-49 红花檵木观赏效果

【繁殖方法】

(一) 播种繁殖

一般在 10 月采收种子，11 月冬播或将种子密封干藏。春季播种前种子用沙子擦破种皮后条播于半沙土苗床，覆土厚 1cm，并覆草保温、保湿。播后 25 天左右发芽，发芽率较低。

红花檵木有性繁殖因其苗期长，生长慢，且有白檵木苗出现(返祖现象)，一般不用于苗木生产，而用于嫁接用砧木。

（二）嫁接繁殖

主要用切接和芽接2种方法。嫁接于2～10月均可进行，切接以春季发芽前进行为好，芽接则宜在9～10月。以白檵木中、小型植株为砧木进行多头嫁接，加强水肥和修剪管理，1年内可以出圃。嫁接苗人工整形后观赏效果见图5-50。

图5-50　红花檵木人工整形后观赏效果

（三）扦插繁殖

嫩枝扦插于5～8月，采用当年生半木质化枝条，剪成10～15cm长的插穗，扦插密度为10cm×20cm，插入土中1/2～1/3；插床基质可用珍珠岩或用2份河沙、6份黄土或山泥混合。插后搭棚遮荫，适时喷水，保持土壤湿润，30～40天即可生根。

扦插法繁殖系数大，但长势较弱，出圃时间长，而多头嫁接的苗木生长势强，成苗出圃快，却较费工。

【栽培管理】

红花檵木移栽宜在春季萌芽前进行，小苗带宿土，大苗带土球，红花檵木移栽前，施基肥，移栽后适当遮荫。生长季节用中性叶面肥800～1000倍稀释液进行叶面追肥，每月喷2～3次，以促进新梢生长。南方梅雨季节，应注意保持排水良好，高温干旱季节，应保证早、晚各浇水1次，中午结合喷水降温。北方地区因土壤、空气干燥，必须及时浇水，保持土壤湿润，秋冬及早春注意喷水，保持叶面清洁、湿润。

五、大叶黄杨

【学名】*Euonymus japonicus* L.

【科属】卫矛科、卫矛属

【产区分布】

产于贵州西南部、广西东北部、广东西北部、湖南南部、江西南部。现各省均有栽培。华北北部地区需保护越冬，在东北和西北的大部分地区均作盆栽。

【形态特征】

别名冬青卫矛、正木 。常绿灌木或小乔木，高 0.6～2.2m，胸径 5cm；小枝四棱形，光滑、无毛。单叶对生，叶革质或薄革质，卵形、椭圆状或长圆状披针形以至披针形，先端渐尖，顶钝或锐，基部楔形或急尖，边缘下曲，叶面光亮。花序腋生，雄花 8～10 朵，雌花萼片卵状椭圆形，花柱直立，先端微弯曲，柱头倒心形，下延达花柱的 1/3 处。蒴果近球形。花期 3～4 月，果期 6～7 月（见图 5-51）。

图 5-51　大叶黄杨形态特征

【生长习性】

喜光，但也耐荫，喜温暖湿润性气候及肥沃土壤。耐寒性差，温度低于－17℃即受冻害。在北京以南地区可露地自然越冬。耐修剪，寿命很长。

【园林用途】

叶色浓绿有光泽，生长繁茂，四季常青，且有各种花叶变种，抗污染性强，园林绿化常用作绿篱，也可修剪成球。在园林中应用最多的是规模性修剪成型，配植有绿篱，栽于花坛中心或对植等

（见图 5-52 和图 5-53）。

图 5-52 大叶黄杨园林应用（1）

图 5-53 大叶黄杨园林应用（2）

【繁殖方法】

可采用扦插、嫁接、压条繁殖，以扦插繁殖为主，极易成活。

1. 扦插

硬枝扦插在春、秋两季进行，扦插株行距保持 10cm×30cm，春季在芽将要萌发时采条，随采随插；秋季在 8～10 月进行，随采随插，插穗长 10cm 左右，留上部一对叶片，将其余剪去。插后遮荫，气温逐渐下降后去除遮荫并搭塑料小棚，翌年 4 月去除塑料棚。

2. 嫁接

园艺变种的繁殖，可用丝棉木作砧木，春季进行靠接。参见第一章有关嫁接内容。

3. 压条

压条宜选用 2 年生或更老枝条，1 年后可与母株分离。参见第一章的压条育苗。

【栽培管理】

大叶黄杨移植多在春季 3～4 月进行，小苗可裸根移，大苗需带土球移栽。大叶黄杨喜湿润环境，种植后应立刻浇透水，第二天浇二水，第五天浇三水，三水过后要及时松土保墒，并视天气情况浇水，以保持土壤湿润而不积水为宜。

夏天气温高时也应及时浇水，并对其进行叶面喷雾，注意夏季浇水只能在早晚气温较低时进行，中午温度高时则不宜浇水。夏天大雨后，要及时将积水排除，积水时间过长容易导致根系因缺氧而腐烂，从而使植株落叶或死亡。入冬前应于 10 月底至 11 月初浇足浇透防冻水；3 月中旬也应浇足浇透返青水。

大叶黄杨喜肥，在栽植时应施足底肥，肥料以腐熟肥、圈肥或烘干鸡粪为好，底肥要与种植土充分拌匀。移植成活后每年仲春修剪后施用一次氮肥，可使植株枝繁叶茂；在初秋施用一次磷、钾复合肥，可使当年生新枝条加速木质化，利于植株安全越冬。在植株生长不良时，可采取叶面喷施的方法来施肥，常用的有 0.5%尿素溶液和 0.2%磷酸二氢钾溶液。

六、小叶黄杨

【学名】 *Buxus sinica var. parvifolia M. Cheng*

【科属】 黄杨科、黄杨属

【产区分布】

产安徽（黄山）、浙江（龙塘山）、江西（庐山）、湖北（神农架及兴山）；树种分布于北京市、天津市、河北 、山西 、山东 、河南 、甘肃等地。

【形态特征】

别名锦熟黄杨、瓜子黄杨。常绿灌木，高 2m。茎枝四楞，光滑，密集。叶小，对生，革质，椭圆形或倒卵形，先端圆钝，有时微凹，基部楔形，最宽处在中部或中部以上；有短柄，表面暗绿色，背面黄绿，表面有柔毛，背面无毛，二面均光亮。花多在枝顶簇生，花淡黄绿色，有香气（见图 5-54）。花期 3～4 月、果期 8～9 月。

图 5-54　小叶黄杨形态特征

【生长习性】

性喜肥沃湿润土壤，忌酸性土壤。抗逆性强，耐水肥，抗污染，能吸收空气中的二氧化硫等有毒气体，有耐寒，耐盐碱、抗病虫害等许多特性。极耐修剪整形。

【园林用途】

小叶黄杨枝叶茂密，叶光亮、常青，是常用的观叶树种。其抗污染，能吸收空气中的二氧化硫等有毒气体，对大气有净化作用，特别适合车辆流量较高的公路旁栽植绿化。为华北城市绿化、绿篱设置等的主要灌木品种（见图 5-55 和图 5-56）。

【繁殖方法】

（一）扦插繁殖

于 4 月中旬和 6 月下旬随剪条随扦插。扦插深度为 3～4cm，扦插密度为 278 株/m²。插前罐足底水，插后浇封闭水，然后在畦面上建拱棚，用塑料薄膜覆盖，每隔 7 天浇 1 次透水，温度保持在 20～30℃，温度过高要用草帘遮荫，相对湿度保持在 75%～85%。

图 5-55 小叶黄杨园林应用（1）

图 5-56 小叶黄杨园林应用（2）

（二）播种繁殖

1. 园地选择

小叶黄杨喜光，在阳光充足和半阴环境下均能正常生长，选择四周开阔、阳光充足、水肥土壤条件良好的地段种植。施入腐熟基肥，深翻，耙平，作畦，畦床宽 80cm，长度视种量多少而定。土壤要用 0.1%辛硫磷或五氯硝基苯进行土壤消毒。

2. 种子处理

种子采集后放在烈日下曝晒会降低含水量，导致出苗率低。采集后要放在阴凉通风处自然堆放，种果堆放不能超过 1cm。待放到种子开裂后，去除种皮杂质，把种子装入袋中，放在阴凉处备用。

3. 播种

9 月上中旬播种。播种前种子要用清水浸泡 30 小时，水量应以浸过种子为宜。在床面上条状开沟，深度 3cm，然后覆土 1cm，用木板把床面刮平，覆盖 30cm 厚稻草。用喷壶浇 1 次透水，以后每周往稻草上浇 2～3 次透水。

4. **幼苗管理**

4 月份为尽快提高地温，应分 2 次进行撤草。随着苗木的生长，杂草也会伴生，要及时除草。发生病虫害应及时防治。

【栽培管理】

小叶黄杨在春季带土球移栽。小叶黄杨易栽培，干旱季节要注意适当浇水，要满足苗木对水分的需求；10～11 月，苗木生长趋缓，应适当控水，注意入冬前浇封冻水，来年 3 月中旬浇返青水。结合浇水，可在生长前期施磷酸二铵和尿素，7 月后停止施尿素，控制生长，安全越冬。

七、瑞香

【学名】 *Daphne odora Thumb*

【科属】 瑞香科、瑞香属

【产地分布】

瑞香为中国传统名花。分布于长江流域以南各省区，主要分布在武夷山。

【形态特征】

别名睡香、蓬莱紫、毛瑞香、千里香等。常绿直立灌木；枝粗壮，通常二歧分枝，小枝近圆柱形，紫红色或紫褐色，无毛。叶互生，浓绿而有光泽，长圆形或倒卵状椭圆形，先端钝尖，基部楔形，边缘全缘，也有叶边缘金色的品种。花香气浓，数朵组成顶生头状花序，花冠黄白色至淡紫色（见图 5-57）。果实红色。花期 3～5月，果期 7～8 月。

【生长习性】

性喜半阴和通风环境，惧暴晒，不耐积水和干旱。

【园林应用前景】

瑞香的观赏价值很高，其花虽小，却锦簇成团，花香清馨高雅。最适合种于林间空地，林缘道旁，山坡台地及假山阴面，若散植于岩石间则风趣益增。庭院中瑞香修剪为球形，点缀于松柏之间（见图 5-58）。

图 5-57 瑞香形态特征

图 5-58 瑞香园林应用

【繁殖方法】

(一) 扦插繁殖

春季插在 2 月下旬至 3 月下旬，选用一年生的粗壮枝条约 10cm，剪去下部叶片，保留 2～3 片叶片即可，而后插入苗床；夏插在六月中旬至七月中旬；秋插在8月下旬至9月下旬，均选当年生枝条。夏、秋扦插，剪下当年生健壮枝条，插条基部最好带有节间，更有利于发根。扦插深度约为插穗的2/3，插后遮荫，保持湿润，但又不要过湿，45～60天，即可生根。如在插条基部蘸渍木本生根粉，则更有利于插条的生根。

（二）压条繁殖

高压法繁殖宜在3～4月份植株萌发新芽时进行。首先选取1～2年生健壮枝条，作1～2cm宽环状剥皮处理，再用塑料布卷住切口处，里面填上土，将下端扎紧，塑料布上端也扎紧，但要留一点小孔，以便透气和灌水，保持袋中土壤湿润，一般经2个多月即可生根。秋后剪离母体另行栽植。

【栽培管理】

瑞香移栽宜在春秋两季进行，但以春季开花期或梅雨期移植为宜。移栽时须多带宿土，并对枝条进行适当的修剪。

瑞香露地栽培比较粗放，天气过旱时才浇水；越冬前在株丛周围施肥，以氮肥、钾肥为主，常以饼肥、鱼腥肥混合用。但必须是充分发酵好的肥液，还要加上少量的黑矾水。瑞香的用肥不能浓，要淡薄。

八、杜鹃花

【学名】 *Rhododendron simsii Planch*

【科属】 杜鹃花科、杜鹃属

【产地分布】

杜鹃花分布非常广泛，北半球大部分地方都有分布，南半球分布于东南亚和北澳大利亚。全世界的杜鹃花约有900种，中国是杜鹃花分布最多的国家，约有530余种。中国杜鹃主要产于江苏、安徽、浙江、江西、福建、台湾、湖北、湖南、广东、广西、四川、贵州和云南。生于海拔500～1200m（最高可达3000m）的山地疏灌丛或松林下，为中国中南及西南典型的酸性土指示植物。

【形态特征】

别名映山红、山石榴等。落叶或半常绿灌木，高2～7m；分枝一般多而纤细，但也有罕见粗壮的分枝。叶革质，常集生枝端，卵形、椭圆状卵形或倒卵形或倒卵形至倒披针形，上面深绿色，下面淡白色。花 2～6 朵簇生枝顶；花冠阔漏斗形，玫瑰色、鲜红色或暗红色，裂片 5，倒卵形，上部裂片具深红色斑点（见图 5-59）。蒴果卵球形。花期 4～5 月，高海拔地区 7～8 月开花；果期 6～8 月。

图 5-59 杜鹃花形态特征

【生长习性】

杜鹃花种类多，习性差异大，喜凉爽、湿润气候，恶酷热干燥。要求富含腐殖质、疏松、湿润及 pH 值在 5.5～6.5 之间的酸性土壤。部分种及园艺品种的适应性较强，耐干旱、瘠薄，土壤 pH 值在 7～8 之间也能生长。但在黏重或通透性差的土壤上，生长不良。杜鹃花对光有一定要求，但不耐曝晒。杜鹃花最适宜的生长温度为 15～20℃，气温超过 30℃或低于 5℃则生长停滞。

【园林应用前景】

杜鹃花色绚丽，是中国十大传统名花之一。多丛植、群植，主要用于园林景观、城市绿化、庭院绿化（见图 5-60）。

【杜鹃花分类】

杜鹃花品种繁多，叫法五花八门，多同物异名或同名异物。由

图 5-60　杜鹃花园林应用

于来源复杂，在中国尚无统一的分类标准，常用的分类方法有以下4种。

(1) 按花色分　杜鹃品种可分为红色系、紫色系、黄色系、白色系、复色系及其他等系列。

(2) 按花期分　杜鹃品种可分春鹃、春夏鹃、夏鹃和西鹃。春天开花的品种称为春鹃，春鹃又分为大叶大花和小叶小花两种；6月开花的称为夏鹃；介于春鹃和夏鹃花期之间的称为春夏鹃；而将从西方传入的单独列为一类称为西洋鹃，简称西鹃。

(3) 按花型分　该分类方法主要针对西鹃，以花型为主、结合花色、叶片等形态特征，将西鹃品种分成10个系列，即紫凤朝阳系、芙蓉系（四海波系）、珊瑚系、五宝系、王冠系、冷天银系（仙女舞系）、紫士布系（紫霞迎晓系）、锦系、火焰系及其他品系。

(4) 按综合性状分　根据产地来源、亲缘关系、形态习性和观赏特征，进行逐级筛选，先分成东鹃、毛鹃、西鹃、夏鹃4个类型，然后再将每个类型划分为几个组群，最后从组群中分离出各个品种，如西鹃类可分为光叶组、尖叶组、扭叶组、狭叶组、阔叶组5个组。

【繁殖方法】

(一) 播种法

播种，常绿杜鹃类最好随采随播，落叶杜鹃亦可将种子贮藏至翌年春播。杜鹃花种子很小，播种后覆土一定要薄，然后覆草，气温 15～20℃时，约 20 天出苗。

（二）扦插法

扦插，一般于 5～6 月间选当年生半木质化枝条作插穗，插入插穗长的 1/3～1/2，插后浇透水，设棚遮荫（见图 5-61），在温度 25℃左右的条件下，1 个月即可生根。西鹃生根较慢，约需 60～70 天。

图 5-61　杜鹃扦插荫棚

（三）嫁接法

西鹃繁殖采用嫁接较多，常用劈接法，参见第一章有关嫁接内容。嫁接时间不受限制，砧木多用二年生毛鹃，成活率达 90%以上。

【栽培管理】

长江以南地区以地栽为主，宜选在通风、半阴的地方，土壤要求疏松、肥沃，含丰富的腐殖质，以酸性沙质壤土为宜，并且不宜积水，否则不利于杜鹃正常生长。

杜鹃花喜肥但怕浓肥。一般人粪尿不适用，适宜追施矾肥水。杜鹃花的施肥还要根据不同的生长时期来进行，3～5 月，为促使枝叶及花蕾生长，每周施肥 1 次。6～8 月是盛夏季节，杜鹃花生长渐趋缓慢而处于半休眠状态，过多的肥料不仅会使老叶脱落、新叶、发黄，而且容易遭到病虫的危害，故应停止施肥。9 月下旬天气逐渐转凉，杜鹃花进入秋季生长，每隔 10 天施 1 次 20%～30% 的含磷液肥，可促使植株花芽生长。一般 10 月份以后，秋季生长基本停止，就不再施。另外，浇水或施肥用水要注意，应酸化处理（加硫酸亚铁或食醋），在 pH 值达到 6 左右时再使用。

九、月季

【学名】 *Rosa chinensis*

【科属】 蔷薇科、蔷薇属

【产地分布】

中国是月季的原产地之一。为北京市、天津市、南阳市等市市花。

【形态特征】

别名月月红、蔷薇花。常绿或半常绿灌木，或蔓状与攀援状藤本植物。高 1～2m。茎直立；小枝绿色，具弯刺或无刺。羽状复叶具小叶 3～5 片，稀为 7 片，小叶片宽卵形至卵状椭圆形，先端急尖或渐尖，基部圆形或宽楔形，边缘具尖锐细锯齿，表面鲜绿色。花数朵簇生或单生；花瓣多为重瓣也有单瓣者，花色多变，有深红色、粉红色、白色等（见图 5-62）。果球形，黄红色，萼片宿存。花期北方 4～10 月，南方 3～11 月。果期 9～11 月。

【生长习性】

适应性强，不耐严寒和高温，耐旱，对土壤要求不严格，但以富含有机质、排水良好的微带酸性沙壤土最好。喜欢阳光，但是过多的强光直射又对花蕾发育不利，花瓣容易焦枯。喜欢温暖，一般气温在 22～25℃最为花生长的适宜温度，夏季高温对开花不利。较耐寒，冬季气温低于 5℃即进入休眠，一般品种可耐－15℃低温。

【园林应用前景】

月季可孤植、丛植、列植于园林绿地、庭院、路旁等，也常用于布置花柱、花墙、花坛、花境、色块，或专类园，供重点观赏（见图 5-63）。

【月季分类】

月季花种类主要有食用玫瑰、藤本月季（CI 系）、大花香水月季（切花月季主要为大花香水月季）(HT 系)、丰花月季（聚花月

图 5-62 月季花形态特征

图 5-63 月季园林应用

季)(F/FI 系)、微型月季（Min 系)、树状月季、壮花月季（Gr 系)、灌木月季（sh 系)、地被月季（Gc 系）等。

1. 藤本月季（Cl 系）

藤本月季为绿化新秀，植株较高大。每年从基部抽生粗壮新枝，于二年生藤枝先端长出较粗壮的侧生枝。属四季开花习性，但也只以晚春或初夏两季花的数量最多，攀援生长型，根系发达，抗性极强，枝条萌发迅速，长势强壮，一株年萌发主枝 7～8 个，每个主枝又呈开放性分枝，年最高长势可达 5m，具有很强的抗病害能力。管理粗放、耐修剪、花型丰富、四季开花不断（也有一部分是 1 季开花或 2 季开花型），花色艳丽、奔放、花期持久、香气浓郁。花色丰富，花头众多，可形成花球、花柱、花墙、花海、花瀑布、拱门形、走廊形等景观。

2. 丰花月季（F/Fl 系）

丰花月季扩张型长势，花头成聚状，耐寒、耐高温、抗旱、抗涝、抗病，对环境的适应性极强。广泛用于城市环境绿化、布置园林花坛、高速公路等。

3. 微型月季（Min 系）

月季家族的新品种，其株型矮小，呈球状，花头众多，因其品性独特又称为“钻石月季”。主要作盆栽观赏、点缀草坪和布置花色图案。

4. 树状月季

树状月季又称月季树、玫瑰树，它是通过两次以上嫁接手段达到标准的直立树干、树冠。现树状月季规格（高 0.4～2.0m、干茎 1～5cm）。观赏效果好形状独特、高贵典雅、层次分明；造型多样，有圆球型、扇面型、瀑布型、微型等，具有更高的审美价值。

5. 地被月季（Gc 系）

地被月季是新生态植被花卉，呈匍匐扩张型、高度不超过 20 厘米。每株一年萌生 50 个分枝以上，枝条触地生根，每枝一次开花 50～100 朵。根系发达最深扎根在 2m 以上。覆盖面大，单株覆盖面积达 1m^2 以上。开花群体性强，四季花期不断。耐瘠薄、耐高温、高湿，－30℃低温及 42℃高温均可正常生长。管理粗放、抗病能力强，不用施药、不修剪，减少了大量的管理费用。布置色块、路带效果显著。

【繁殖方法】

（一）扦插繁殖

1. 扦插时间

月季扦插一般在 5～6 月或 9～10 月进行，盛夏不适宜进行扦插。冬季扦插一般在温室或大棚内进行，如露地扦插要注意增加保湿措施。

2. 插穗处理

剪取生长健壮充实无病虫害的生长枝或刚开过花的枝条，把顶端的残花连同下面第一片复叶全剪去，插穗剪成有3个节，长7～12cm的枝段，插穗上留2片复叶，每个复叶留2～4片小叶，插穗上部平剪，下部斜剪。插穗基部用100mg/L的APT1号生根粉浸泡4小时。

3. 扦插

在准备好的基质上先用小棒插出一个小洞后，再把插条基部插入，深度为插条长的1/3～1/2，株行距以插条之间的叶不互相重叠为宜，插后将基质淋足水分。

4. 基质

基质最好用泥炭、珍珠岩、蛭石、河沙、苔藓等，可单独使用，或两种以上材料按一定比例混合使用，常用的是河沙。

5. 插后管理

气温保持在25～30℃，一般25天可以生根。插条失水是插扦失败的主要原因，插后10天内空气湿度要保持85%以上，露地插床上需要搭棚，上覆塑料薄膜，以保湿，再覆遮阳网以遮阳（见图5-64和图5-65），基质也要求保持湿润。最好有自动间歇喷雾设备。

插后第11天开始，可渐趋于干燥，插床可白天覆盖薄膜晚上揭开，并且逐渐见阳光，一般上午9：00前至下午16：00后不必遮阳，20天后接受全日照，基质可稍干一些有利生根。

当根长至约2cm长时，就可以进行移栽，移栽时不要伤根，若用盆栽，需把盆移至阴处，数天后再进行正常管理。

（二）芽插

选择健康饱满展开1对叶子的芽，取芽时间可选择清晨或傍晚以免脱水。剪掉基部的大叶，留最里面一对叶片即可。将芽投入百菌清内消毒10秒，浓度稀释程度1500～2000倍，或将芽最基部涂

图 5-64　月季露地扦插苗床

图 5-65　月季日光温室内扦插

抹一下硫黄粉，防止细菌感染。

扦插基质要求透水性好，最好选择蛭石＋珍珠岩，2∶1 或 1∶1。将芽插入基质，深度为整个芽的 1/3 即可，喷湿基质，覆盖薄膜放到黑暗处，大约 7 天后即长愈合组织，7 天后移到通风阴凉的地方，白天可通风，晚上继续覆盖保护膜（根据环境湿度和温度决定是否继续盖膜），15 天左右就可生根（见图 5-66）。

（三）嫁接繁殖

1. 砧木的选择

月季嫁接必须选择适宜的砧木。通常所用的砧木为蔷薇及其变种，如野蔷薇、“粉团”蔷薇、“曼尼蒂”月季等。这些蔷薇种根系发达、抗寒、抗旱，对于所接品种亲和力强、遗传性稳定。利用大砧木嫁接月季，培养树状月季有独特的观赏效果（见图 5-67）。

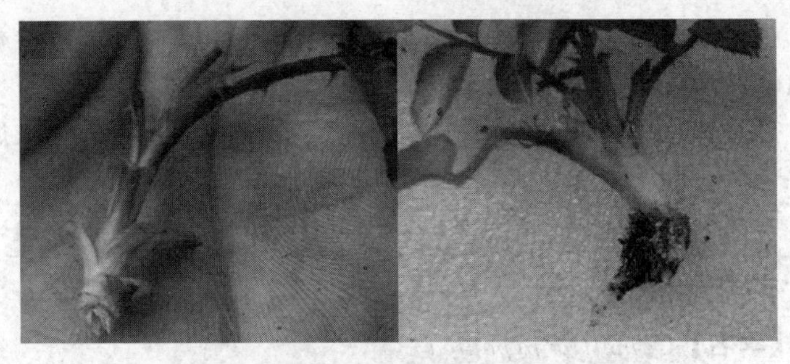

图 5-66 月季芽插

图 5-67 嫁接的树状月季

2. 嫁接时期

按月季的生长习性及生长规律，在一年中任何时期均可进行嫁接，但利用冬季休眠期嫁接较好。

3. 嫁接方法

依照生产实际以及月季嫁接的主流方法，可将月季嫁接方法分为带木质嵌芽接、“T”字形芽接等，具体操作参见第一章嫁接育苗。

【栽培管理】

月季移栽在 3 月芽萌动前进行，裸根栽植，栽植前注意修剪根系。栽植穴内施足有机肥，栽植嫁接苗接口要低于地面 2～3cm，扦插苗可保持原土印的深度，栽后及时灌水。春季及生长季每隔5～10天浇一次透水，雨季注意排水。

月季开花多，需肥量大，生长期宜多次施肥。入冬施一次腐熟的有机肥，春季萌芽前施一次稀薄液肥，以后每隔半月施一次液肥；肥料可用稀释的人畜粪尿，或与化肥交替使用。

十、茶花

【学名】 *Camellia japonica*

【科属】 山茶科、山茶属

【产地分布】

主要分布于中国和日本。中国中部及南方各省露地多有栽培，已有1400年的栽培历史，北部则行温室盆栽。

【形态特征】

常绿灌木，高1～3m；嫩枝、嫩叶具细柔毛。单叶互生；叶柄长3～7mm；叶片薄革质，椭圆形或倒卵状椭圆形，先端短尖或钝尖，基部楔形，边缘有锯齿（见图5-68）。花两性，芳香，通常单生或2朵生于叶腋；向下弯曲；萼片5～6，圆形，宿存；花瓣5～8，有单瓣、半重瓣、重瓣等；颜色有红、黄、白、粉等（见图5-69）。蒴果近球形或扁形。茶花的花期较长，一般从10月始花，翌年5月终花，盛花期1～3月。果期次年10～11月。

图5-68　茶花花蕾和叶片形态特征

【生长习性】

茶花生长适温在20～32℃之间，29℃以上时停止生长，35℃

图 5-69 茶花形态特征

时叶子会有焦灼现象，要求有一定温差；大部分品种可耐－10℃低温（自然越冬，云茶稍不耐寒），在淮河以南地区一般可自然越冬。喜半阴，忌烈日暴晒，环境湿度 70%以上。喜肥沃湿润、排水良好的酸性土壤，并要求较好的透气性。不耐盐碱和黏重积水的地段。

【园林应用前景】

茶花株形优美，叶浓绿而有光泽，花形艳丽缤纷，为中国传统名花，世界名花之一，是云南省省花，重庆市、宁波市的市花。可孤植、列植植于园林绿地、庭院等，也常种植专类园，供重点观赏（见图 5-70）。

【品种分类】

茶花品种大约有 2000 种，2013 年中国茶花品种已有 306 个以上。可分为 3 大类，12 个花型。

单瓣类：花瓣 1～2 轮，5～7 片，基部连生，多呈筒状，结实。其下只有 1 个型，即单瓣型。

复瓣类：花瓣 3～5 轮，20 片左右，多者近 50 片。其下分为 4 个型，即复瓣型、五星型、荷花型、松球型。

图 5-70　茶花园林应用

重瓣类：大部雄蕊瓣化，花瓣自然增加，花瓣数在 50 片以上。其下分为 7 个型，即托桂型、菊花型、芙蓉型、皇冠型、绣球型、放射型、蔷薇型。

【繁殖方法】

（一）扦插繁殖

1. 绿枝扦插

扦插时间以 9 月间最为适宜，春季亦可。选择生长良好，半木质化枝条，除去基部叶片，保留上部 3 片叶，下端切成斜口，立即浸入 200～500mg/L 吲哚丁酸 5～15 分钟，然后插入沙床，插后浇水，40 天左右伤口愈合，60 天左右生根。用蛭石作插床，出根也比沙床快得多。

2. 叶插法

叶插法茶花繁殖一般采用枝条扦插繁殖，但有些名贵品种由于受枝条来源的限制，或考虑到取材后会影响其树形，所以也采用叶插法。以山泥作扦插基质，可拌入 1/3 的河沙，以利通气排水，基质盛在瓦盆中，然后进行盆插。叶插最好在雨季进行，取一年生叶片作叶插材料，太老不易生根，过嫩容易腐烂。插入土中约 2cm，插后压紧土壤，浇足水，然后放在阴凉通风的地方。一般 3 个月可以发根，第二年春可以发芽抽枝。

（二）嫁接繁殖

1. 靠接法

选择适当的品种如茶盅茶或油茶作砧木，靠接名贵的茶花。靠接的时间一般在清明节至中秋节之间。先把砧木栽在花盆里，用刀子在所要结合的部位分别削去一半左右，切口要平滑，然后使双方的切面紧密贴合，用塑料薄膜包扎，每天给砧木淋水两次，60天后即可愈合。然后于嫁接口下切断接穗，将砧木与接穗植株分离，置于树阴下，避免阳光直射。翌年2月，用刀削去砧木的尾部，再行定植（参见第一章第三节中的靠接）。

2. 高接

6～7月间选择油茶树大苗作砧木，在离地面50～100cm的高度嫁接，利用枝接法中的切接、插皮接（见图5-71）等方法。参见第一章的嫁接繁殖。

①砧木切法

②接穗短削面

③接穗长削面

图5-71 茶花插皮接

（三）高压法

高空压条法最大的特点，就是可以将茶花上本应修剪掉的弱小枝条，全部赋予新的生命。且此法成活率高，复壮快，开花早。参见第一章压条育苗。

【栽培管理】

茶花秋植为好，不论苗木大小均应带土球移植。栽植后进行修剪，应剪除荫枝、病枝、枯老枝，除此之外，还应剪除部分小枝条，摘除1/3～2/3的叶片。地栽应选排水良好、保水性能强、不积水、烈日暴晒不到的地方。不耐寒，能忍耐短时间－10℃的低温。

山茶对肥水要求较高，一年施肥主要抓三个时期，在2～3月春季春梢生长和花后补肥；6月枝梢二次枝生长期施肥；10～11月施肥，提高抗寒能力。施肥以稀薄矾肥水为好，忌施浓肥。

地栽山茶修剪主要任务是明显影响树形的枝条，维持良好树形；同时要剪去干枯枝、病弱枝、交叉枝、过密枝，以及疏去多余的花蕾。

十一、三角梅

【学名】 *Bougainvillea spectabilis Willd*

【科属】 紫茉莉科、叶子花属

【产地分布】

原产巴西，中国各地均有栽培。是深圳市、珠海市、厦门市、三亚市、海口市等市花。上海大青园林绿化有限公司是目前华东地区三角梅品种最多、最全、种植面积最大的三角梅种植培育基地。

【形态特征】

别名九重葛、毛宝巾、三角花、叶子花等。为常绿攀援状灌木。枝具刺、拱形下垂。单叶互生，卵形全缘或卵状披针形，被厚绒毛，顶端急尖或渐尖。花很小、常三朵簇生于三枚较大的苞片内；苞片卵圆形，有大红色、橙黄色、紫红色、雪白色，樱花粉等，苞片则有单瓣、重瓣之分，苞片叶状三角形或椭状卵形，苞片为主要观赏部位，常被错认为花（见图 5-72）。花期 5～12 月。

【生长习性】

喜温暖湿润气候，不耐寒，在 3℃以上才可安全越冬，15℃以上方可开花。喜充足光照。对土壤要求不严，在排水良好、含矿物质丰富的黏重壤土中生长良好、耐贫瘠、耐碱、耐干旱、忌积水，耐修剪。

【园林应用前景】

三角梅广泛适用于厂区景观绿化、高档别墅花园、屋顶花园、休闲社区、公园、室内外植物租摆、城市高架护栏美化、办公绿化等多种场所需求。三角梅观赏价值很高，在中国南方用作围墙的攀援花卉栽培。在华南地区用于花架、供门或高墙，形成立体花卉，北方作为盆花主要用于冬季观花（见图 5-73）。

图 5-72 三角梅形态特征

图 5-73 三角梅园林应用

【繁殖方法】

扦插繁殖

1. 插床处理

选干净河沙先清除杂质，最好经太阳暴晒后再整平沙床，也可用杀菌灵或高锰酸钾进行消毒。

2. 插穗处理

6～9 月选健壮的半木质化枝条，剪成长度为 20cm 左右（3 个芽），上部保留1～2片叶。枝条底部剪成斜口，顶部剪成平口。用20mg/L的IBA处理24小时，有促进插条生根的作用。对于扦插不易生根的品种，可用嫁接法或空中压条法繁殖。

3. 扦插后管理

扦插后，立即浇足定根水。注意保湿、遮荫。一般温度在25℃左右，湿度90%，遮荫70%，30天左右即可生根。有自动间歇喷雾设备生根成活率可达90%。

【栽培管理】

三角梅多春季栽植，小苗可裸根移植，大苗需带土球，栽后浇透水，干旱高温时向树冠喷水。三角梅移植前应重修剪，一般每枝条保留2～3片叶短截。

三角梅喜水但忌积水，浇水一定要适时、适量。三角梅需要一定的养分，在生长期内要进行适当的施肥，才能满足其生长的需要。肥料应腐熟，施肥应少量多次，浓度要淡，否则，易伤害根系，影响生长。

第六章

常见藤本树种的育苗技术

一、紫藤

【学名】 *Wisteria sinensis*（*Sims*）*Sweet*

【科属】 豆科、紫藤属

【产地分布】

原产中国，朝鲜、日本亦有分布。华北地区多有分布，以河北、河南、山西、山东最为常见。中国南至广东，北至内蒙古普遍栽培于庭园，以供观赏。

【形态特征】

别名朱藤、藤萝等。落叶藤本。茎右旋，枝较粗壮，嫩枝被白色柔毛，后秃净。奇数羽状复叶，小叶3～6对，纸质，卵状椭圆形至卵状披针形。花为总状花序，在枝端或叶腋顶生，长达20～50cm，下垂，花密集，蓝紫色至淡紫色等，有芳香。每个花序可着花50～100朵。花冠旗瓣圆形，花开后反折。荚果倒披针形，悬垂枝上不脱落（见图6-1）。花期4～5月，果期5～8月。

【生长习性】

紫藤为暖带及温带植物，对气候和土壤的适应性强，较耐寒，能耐水湿及瘠薄土壤，喜光，较耐阴。以土层深厚，排水良好，向阳避风的地方栽培最适宜。主根深，侧根浅，不耐移栽。生长较快，寿命很长。缠绕能力强，它对其他植物有绞杀作用。

【园林应用前景】

紫藤是优良的观花藤本植物，一般应用于园林棚架，适栽于湖畔、池边、假山、石坊等处，具独特风格（见图6-2）。它对二氧化硫和氧化氢等有害气体有较强的抗性，对空气中的灰尘有吸附能

图 6-1　紫藤形态特征

力，有增氧、降温、减尘、减少噪声等作用。

图 6-2　紫藤园林应用

【紫藤品种介绍】

1. 野生类型

紫藤，花序长约20cm，性强，香浓，常作砧木用。

南京藤，花色淡紫而带蓝色，蓝紫花序很小，形矮，可作盆栽用。

红藤，花紫红色，花序短小。

2. 栽培品种

银藤，也叫白花紫藤，花白色，馥郁香气较浓，主蔓藤干多且较细瘦葱郁，抗寒性较差，是紫藤的变种，较罕见。

一岁藤，有白紫两种，开花甚易，花色浓紫或雪白，花序长约33～34cm，可盆栽。

麝香藤，花白色，香最浓烈，开花尚易，多作盆栽。

白玉藤，又称本白玉藤，色洁白，花大，花序短，为适供盆栽的小型品种。

红玉藤，又称本红玉藤，色桃红，花大，花序长中等，为盆栽珍品。

三尺藤，花序长达67cm左右，呈青莲色，盆栽、地栽均可。

台湾藤，枝叶细小，幼龄苗不易开花。

野白玉藤，花初开紫红色，后变全白，只适用于地栽。

多花紫藤，特点是花序长30～50cm，花朵多而小，花冠淡青色，江南普遍栽培。

重瓣紫藤，花重瓣，堇紫色。

国外有著名的紫藤品种：

本夏藤，盛夏开花，花白色或淡黄色，有淡淡幽香。

美国藤，北美原产，初夏开花，花碧紫色，芳香馥郁。

丰花紫藤，荷兰选育，全欧栽培，开花特丰多，花序长而尖。

【繁殖方法】

紫藤繁殖容易，可用播种、扦插、压条、分株、嫁接等方法，但因实生苗培养所需时间长，所以应用最多的是扦插。

（一）播种繁殖

11月采收种子，去掉荚果皮，晒干装袋贮藏。播种繁殖是在3月进行。播前用热水浸种，待开水温度降至30℃左右时，捞出种子并在冷水中淘洗片刻，然后保湿堆放一昼夜后便可播种；或冬季将种子用湿沙贮藏（层积处理），播前用清水浸泡1～2天。

（二）扦插繁殖

1. 硬枝扦插

3月中下旬枝条萌芽前，选取1～2年生的粗壮枝条，剪成15cm左右长的插穗，插入事先准备好的苗床，扦插深度为插穗长度的2/3。插后喷水，加强养护，保持苗床湿润，成活率很高，当年株高可达20～50cm，两年后可出圃。

2. 根插

根插是利用紫藤根上容易产生不定芽的特性。3 月中下旬挖取 0.5～2.0cm 粗的根系，剪成 10～12cm 长，插入苗床，扦插深度保持插穗的上切口与地面相平。其他管理措施同枝插。

【栽培管理】

紫藤是大藤本植物，为了使它生育良好，一般都设置一定的棚架进行栽培。由于紫藤寿命长，枝粗叶茂，制架材料必须坚实耐久。

紫藤直根性强，故移植时宜尽量多掘侧根，并带土坨。多于早春定植，定植后将粗枝分别系在架上，使其沿架攀缘。

紫藤的主根很深，所以有较强的耐旱能力，但是喜欢湿润的土壤，然而又不能让根泡在水里，否则会烂根。紫藤在一年中施 2～3 次复合肥就基本可以满足需要。

二、猕猴桃

【学名】*Actinidia Lindl*

【科属】猕猴桃科、猕猴桃属

【产地与分布】

全属 54 种以上，我国是优势主产区，有 52 种以上，集中产地是秦岭以南和横断山脉以东的大陆地区。

【形态特征】

落叶、半落叶至常绿藤本；新梢青褐色，密生灰棕或锈色茸毛，或被红褐色钢毛。叶为单叶，互生，膜质、纸质或革质，多数具长柄，有锯齿，很少近全缘。花白色、红色、黄色或绿色（见图 6-3），雌雄异株，聚伞花序。果长圆形至圆形，浆果，果皮多棕褐色、黄绿色或青绿色，无毛或被柔软的茸毛，或被刺状硬毛。花期 4 月下旬至 5 月下旬，果期 9～10 月。

【生长习性】

猕猴桃大多数种要求温暖湿润的气候，主要分布在北纬 18°～34°的广大地区，年平均气温约在 11.3～16.9℃。猕猴桃喜土层深厚、肥沃疏松、保水排水良好、腐殖质含量高的砂质壤土。pH 值适宜范围在 5.5～7。多数猕猴桃种类喜漫射光，忌强光直射，自

图 6-3 猕猴桃形态特征

然光照强度以 40%～45%为宜。猕猴桃是生理耐旱性弱的树种，它对土壤水分和空气湿度的要求比较严格。凡年降水量在 1000～1200mm、空气相对湿度在 75%以上的地区，均能满足猕猴桃生长发育对水分的要求。猕猴桃还怕涝，在排水不良时，影响根的呼吸，时间长了根系组织腐烂，植株死亡。

【园林应用前景】

猕猴桃攀缘缠绕，叶形多变，花香飘溢，果实累累，可作庭院观赏、观光采摘长廊和垂直绿化材料（见图 6-4）。

【品种介绍】

1. 猕猴桃分类

猕猴桃属植物有 54 个种 21 个变种，中国分布有 52 个种。栽培品种较多，常用以下分类方法。

按来源分类：中华猕猴桃、美味猕猴桃、软枣猕猴桃、毛花猕猴桃、杂交品种。

按用途分类：鲜食品种、加工品种、观赏品种。

按果肉颜色分类：绿色品种、红色品种、黄色品种。

图 6-4　猕猴桃长廊

按性别分类：雌性品种、雄性品种。

2. 观赏品种（见图 6-5）

江山娇：1 年开花约 5 次，一般每次花期 7～10 天，最长可达 20 天。花冠为玫瑰红色；果实平均重 30g，可溶性固形物含量 14%～16%，维生素 C 含量 800mg/100g；花果同存，既可观花，又可赏果，是观赏、食用兼备的好品种。

满天星：生长健壮。叶片浓绿而具光泽；花瓣大，水红色；花丝纤细，浅红色；花药黄色，红黄相间，衬托得非常漂亮。它开花最早，落花最迟，花期长达 14 天。花枝短，一个花枝上有 60 朵花左右，开花时显得非常繁茂，是庭院垂直绿化的优良品种。

超红：湖北省审定品种，以毛花为母本，中华为父本杂交一代中选育的观花品种。树势强旺，花色艳丽，玫瑰红色，花冠大，花量大，花粉多而芳香，花期长，一年开花 4 次以上，从 5 月至 8 月相继开花。枝条蔓性强，可以根据园林用途进行多种造形。

重瓣：花大而娇艳，花瓣多在 10 片以上，呈 2～3 轮排列，以淡水红色为主，也有红白相间，大小花瓣相间，有的花瓣微开，姿态特异。节间短，株型紧凑，且叶片较小，是盆栽的理想材料。

图 6-5 猕猴桃观赏品种

【繁殖方法】

（一）播种育苗

1. 种子的采集和处理

采收充分成熟的果实，待其后熟变软后，用干净的纱布或布袋包好、捣碎，用清水将果实冲洗干净，取出种子，置通风处晾干贮藏。播种前要进行层积处理，否则不易发芽。具体方法是在播种前40～60 天，将种子放入 35℃温水中浸 24 小时捞出，与 2 倍的湿沙混合，然后放入容器中，埋于背阴处。每隔 1 周检查、翻动 1 次，使湿度均匀，透气良好。当有 30%～50%种子开始萌动露白时即可播种。

2. 圃地选择与苗床准备

苗圃地应选择土质疏松、排灌方便的沙质壤土，pH 值 5.5～7.0。整地作床时，深翻土壤 20～30 cm，每亩施入底肥 100 kg 磷肥或优质有机肥 5000 kg，并用呋喃丹 1 kg、敌克松 4 kg 撒入土中进行土壤消毒，拣去杂草碎石，作成宽 105 cm 的苗床，长度随地势而定，床土要细碎、平整。

3. 播种

4 月上、中旬，当地温达到 15℃时进行播种，播前 2 天灌 1 次透水，将种子混在细沙中均匀地撒在苗床上，亩播种量为 1 kg。取土用筛子筛在苗床上，覆土厚度为 2～3mm,，以不见种子为宜，用稻草或塑料薄膜覆盖保墒，以保持土壤湿润、疏松，促进种子萌发出土。

4. 播后管理

播后 7 天左右种子可以伸出胚根，15～20 天可出苗。保持土壤湿度，以清晨或下午浇水为宜，同时注意排水防涝。出苗后，需搭棚适当遮阳，并在阴天或傍晚揭开棚膜。出苗 50 天 左右、长出 2～3 片真叶时进行间苗，长至 6～8 片真叶时定苗，通常每 667 m^2 可成苗 3 万株，并逐步除去遮阳物。苗高 30 cm 时，进行第一次摘心，以后长出副梢后留 6～8 片叶进行多次摘心。同时，要及时剪除基部的萌蘖枝，以保证主干粗壮，嫁接部位光滑。追肥要少量多次，追肥前除净杂草，不可把肥料撒在幼苗叶片上，从 6 月中旬至 8 月中旬追肥，每隔 10 天 施肥 1 次，每亩施尿素 2～4 kg。

（二）嫁接繁殖

1. 接穗与砧木选择

从落叶后至伤流期之前，一般在 12 月至翌年 4 月上旬为最佳嫁接时期。接穗宜选用 1 年生健壮、无病虫害、有饱满芽的成熟主梢或副梢（一次副梢）枝条。砧木多用充实、健壮、基部直径达 0.6～1cm 的猕猴桃实生苗。将砧木挖出在室内嫁接，嫁接后按（10～15）cm ×（20～25）cm 的间距进行移栽，可提高嫁接苗的成活率。

2. 嫁接方法

猕猴桃嫁接育苗可用枝接和芽接的方法，枝接可用切接、劈接、舌接的方法，芽接可用“T”字形芽接和带木质部的嵌芽接法，具体操作参见第一章嫁接育苗。

（三）扦插繁殖

1. 硬枝扦插

（1）插床准备　插床同上述实生育苗的自然苗床。其基质多选用疏松肥沃、通气透水的草炭土、蛭石或珍珠岩。蛭石和珍珠岩作基质时，一定要加1/5左右腐熟的有机肥，充分拌匀。基质常用1%～2%的福尔马林溶液均匀喷洒后，覆盖塑料膜熏蒸1周，再打开膜，通风1周即可用。

(2) 插穗准备　选择枝蔓粗壮、组织充实、芽饱满的一年生枝蔓，剪成20cm左右长段，上下一致捆成小把，如不立即扦插，两端封蜡，层积保存。方法为一层湿沙，一层插穗，沙子湿度为手握成团，松开即散。长期保存时，注意每1～2周翻查湿度是否合适，有无霉烂情况。

(3) 扦插　硬枝蔓扦插多在冬季到翌年2月末之间进行。取出插穗，插穗下端斜剪，用80～500mg/L的生长素处理，处理时间数分钟至6小时。中华和美味猕猴桃难生根，需用高浓度，处理时间长一些；而毛花、狗枣、葛枣、软枣猕猴桃等易生根，处理浓度低，时间短。生长素处理后的插穗先在21℃左右的温床中埋3周，诱导愈伤组织，然后扦插。扦插时将插穗的2/3～3/4插入床土，留一个芽在外，直插、斜插均可。插距为10cm×5cm，插后搭弓棚遮阳。其后管理同实生育苗。

2. 绿枝扦插

(1) 插床准备　绿枝扦插的插床基本同于硬枝蔓插床，有两点不同：一要有充足的光照条件；二要有弥雾保温设备。光照为插穗的叶片提供光合能量，弥雾保湿减少叶片的蒸腾作用，防止插穗干枯。

(2) 插穗准备　选用生长健壮、充实、无病虫害的木质化或半木质化新梢，随用随采。为了促进早生根，可用生长素类处理下部剪口。常用吲哚丁酸100～500mg/L处理0.5～3小时；萘乙酸200～500mg/L处理3小时。

(3) 扦插　绿枝扦插方法同上述硬枝蔓扦插，注意保湿，特别在前2～3周内，保持高湿度决定着扦插的成败。为了减少水分散失，可将叶片剪去1/2～2/3，弥雾的次数及时间间隔以苗床表土不干、叶面湿而不滚水为度。大约1周1次喷杀菌剂，多种杀菌剂交替使用。插后约3～4周，根系形成。此后，逐步减少喷水次数，逐渐降低空气湿度。绿枝扦插苗生根生后1～2周，约在插后40

天，即可移栽。

3. **根插**

猕猴桃的根插成功率比枝蔓插高，这是因为根产生不定芽和不定根的能力均较强。根插穗的粗度也可细至0.2cm，插时不用蘸生根粉或生长素。根插的方法基本同于枝插，插穗上端外露仅0.1～0.2cm。根插一年四季均可进行，以冬末春初插效果好。初春插后约一个月即可生根发芽，50天左右抽生新梢。

4. **根、嫩梢结合插**

此法为利用根插后，将插穗上萌发的多余的黄色嫩梢从基部掰下，蘸或不蘸生根粉，带叶扦插。因为根和黄色嫩梢都含有较高水平的生长素，对生根很有利，所以此方法的成功率很高。注意扦插后搭塑料小弓棚保湿。

【栽培管理】

猕猴桃栽植时间从秋末到开春，秋季10月下旬和春季2月下旬枝梢伤流期前较好。猕猴桃需肥量大，最好在秋季采果之后施基肥，每亩施有机肥5000kg，同时混合施入过磷酸钙80kg。生长季适当追肥，生长前期以氮肥为主，8月以速效P、K肥为主。

猕猴桃枝叶茂密，根系分布浅，不抗旱也不抗涝，因此，猕猴桃园内需要有灌水和排水设备。对结果大树，以用喷灌为宜。开花时期需要稍干燥的气候条件，有利蜜蜂传粉，因此花期为7～10天内不宜灌水，而在开花之前灌足水，一般结合施肥进行。雨季应注意排水，秋季控制灌水，以免影响果实及枝蔓成熟。入冬之前需灌水1～2次。

三、葡萄

【学名】 *Vitis vinifera*

【科属】 葡萄科、葡萄属

【产地与分布】

中国葡萄多在北纬30°～43°之间。我国葡萄主产区为环渤海地区和西北地区，主要有辽宁、河北、山东、北京、新疆。

【形态特征】

落叶木质藤本。小枝圆柱形，有纵棱纹。卷须2叉分枝，与叶对生。叶卵圆形，显著3～5浅裂或中裂（见图6-6），边缘有锯齿，齿深而粗大，不整齐，齿端急尖。叶上面绿色，下面浅绿色，无毛或被疏柔毛。圆锥花序密集或疏散，多花，花与叶对生；花蕾倒卵圆形，花瓣5，呈帽状脱落。果实球形或椭圆形，有紫色、红色、黄绿色等，花期4～5月，果期8～10月。

图6-6 葡萄形态特征

【生长习性】

对土壤的适应性较强，除了沼泽地和重盐碱地不适宜生长外，其余各类型土壤都能栽培，而以肥沃的沙壤土最为适宜。喜光，光照不足时，新梢生长细弱，产量低，品质差。喜温暖，在休眠期，欧亚品种成熟新梢的冬芽可忍受－16～－17℃，多年生的老蔓在－20℃时发生冻害。根系抗寒力较弱，－6℃时经两天左右被冻死，北方寒冷地区，需要埋土防寒。北方地区采用东北山葡萄或贝达葡萄作砧木，可提高根系抗寒力，可减少冬季防寒埋土厚度。

【园林应用】

葡萄为藤本攀缘植物，树形随架势变化多样，可作庭院观赏、长廊、垂直绿化材料（见图6-7）。

【繁殖方法】

(一) 压条繁殖

一般用于少数扦插难生根的品种，还在果园缺株时补株用。葡

图 6-7　葡萄园林应用

萄压条多用生长季基部发出的新梢，常用曲枝压条，具体操作参见第一章压条育苗。

（二）硬枝扦插繁殖

1. 促进插穗生根的措施

（1）药物处理　常用药物有：萘乙酸、吲哚丁酸、ABT 生根粉等，使用浓度与处理时间相关，一般处理 12～24 小时，NAA 用 50～100mg/L，IBA 用 25～100 mg/L。

（2）加温处理　葡萄插条形成不定根最适温度为 25～28℃，为了促进先发根后发芽，则采用火炕、电热温床、阳畦、小拱棚等加温措施，使地温保持在 25～28℃，以加速产生愈伤组织或幼根。一般进行 15～20 天即可出现愈伤组织和幼根。

电热温床的铺放（见图 6-8）：

① 选用 1000 瓦地热线，其长度约为 100m，在使用前检查是否通电。

② 作 3m×1.7m 的畦，畦底铺一层草帘或麦草，上铺地膜，膜上打孔，以利渗水。

③ 地膜上布设地热线，地热线间距 4～5cm，且地热线分布均匀，无交叉重叠。

④ 地热线上铺放干净的粗河沙 12cm，铺平、洒水、保持温床

湿度。

图 6-8 电热温床的铺放

图 6-9 葡萄插穗催根

2. 催根方法

将药剂处理过的插条，按品种整齐的摆放于温床中，并用细沙灌满缝隙，覆沙高度以不超过插条顶芽为宜（见图 6-9），摆满后浇 1 次透水，并在温床四周及中间分别插入一根竹筒以便插放地温计，观察温床温度变化情况，随后可调节温度。

通电前浇 1 次透水，使沙床含水量达 60%～70%，即手握成团且指缝有水渗出。以后每 2～3 天浇 1 次水，避免沙床缺水、干旱。通电加温 1 周以内，将温床温度控制在 18～20℃，维持一定的低温阶段。室内温度控制在 7～8℃，防止顶芽过早萌发，棚内湿度控制在 80%左右为宜。一周后，逐渐将温床温度升至 25～28℃，并随时检查生根情况，80%以上插条出现愈伤组织，插条基部吸水膨胀，长出根原体后，逐渐降低温度，使新根适应外界环境后再进行扦插。根原始体突破皮层长至 0.5cm 时进行扦插，扦插时将生根不理想的插条整理后重新放入温床继续进行催根。

3. 硬枝扦插方法

（1）苗床扦插　选背风向阳、地势平坦、排水良好、较肥沃的沙壤土或壤土地块，在扦插前 5～6 天深翻整地作畦，苗床宽 100cm 左右，插 4～5 行，整好苗床后浇透水，覆膜，在膜上用木棒打孔扦插（用已经催根处理的插穗）(见图 6-10)，一般株距 15～

20cm，插后用一把土压严插穗周围薄膜。

（2）营养袋（钵）扦插　快速育苗时，常常药剂＋加温＋用营养袋进行扦插，1～2月在温室进行，插穗先用药剂处理，再在电热温床上加热催根，插穗出愈伤组织或生根后，插入营养袋中（见图6-11）。4月带土移入大田，成活好，省去一年的育苗时间，可快速大量地繁殖葡萄苗木。

图6-10　露地硬枝扦插

图6-11　设施内营养袋硬枝扦插

（三）绿枝扦插繁殖

1. 整地

扦插前5～6天深翻整地，开沟作垄，垄宽40～50cm，垄高5～10cm，垄上覆膜，每垄插2行。或做成1m宽的平畦，畦土以含沙量50%以上为宜。最好设置自动喷雾装置。

2. 插条准备

结合夏季剪梢（一般在6～7月）采集插穗，剪成长15cm，插条上端距最上一芽2cm处平剪；下端紧靠节下斜剪；并取掉插条下部叶片，只留顶端一片叶，将该叶片剪去一半（见图6-12）。将插穗用25mg/L的吲哚丁酸（IBA）溶液浸泡24小时，或用500mg/L的该溶液浸蘸5～10秒后即可扦插。

3. 扦插

扦插在傍晚或清晨进行，每畦可插3～4行，株距10～20cm。将插条与地面呈45°角斜插入土壤，也可直插，外面只留一个顶芽，插后用手将插条周围的土压实。

图 6-12 葡萄绿枝扦插

4. 扦插后管理

插后应立即灌水，以防止插条失水萎蔫，为了避免插条失水，应随采随插。为促进早日生根成活，还要辅助遮阴，最好搭成高、宽各 1.5m 的拱棚。晴天中午应进行适当喷水（见图 6-12），以增加棚内空气湿度。保持土壤含水量在 20%～25%，经过 20～30 天后，插条已经生根，顶端夏芽相继萌发，此时可撤掉遮阴物，使其充分接受阳光的照射。在正常苗期管理下，当年就可发育成一级苗木，供翌年春定植。

（四）绿枝嫁接繁殖

嫁接方法常用于以下几个方面：①需用抗性砧木，②更换品种，③加速繁殖某一稀有品种。

1. 抗性砧木的选择

葡萄抗寒砧木包括山葡萄、贝达、5BB，SO4 等。

2. 接穗的选择与处理

选无病、粗细适中的健壮枝条作接穗，嫁接前 20～30 天摘除准备作接穗枝条上的果，促使接穗营养生长。

3. 嫁接的时间及应注意的事项

一般嫁接的时间从 5 月至 6 月底，宁早勿晚（晚接的苗抽生的枝不成熟，不能安全越冬）。嫁接前 2～3 天苗圃浇一次水。在晴天上午 9 时以后，下午 6 时以前嫁接为好。雨天或露水太大不宜嫁接。刀具要锋利，可用手术刀片。选用砧木苗的粗细与接穗枝的粗细要大致一样，均要半木质化（即茎的髓心发白）。接穗采后，立即去掉叶片用湿布包好，遮荫备用。接穗尽量随采随用，如果需要远距离采穗时，应用广口保温瓶贮运接穗，瓶内装冰块降温保湿，防止接穗失水。

4. **绿枝嫁接方法**

葡萄绿枝嫁接多用劈接法，用锋利的手术刀片，操作步骤见图6-13。

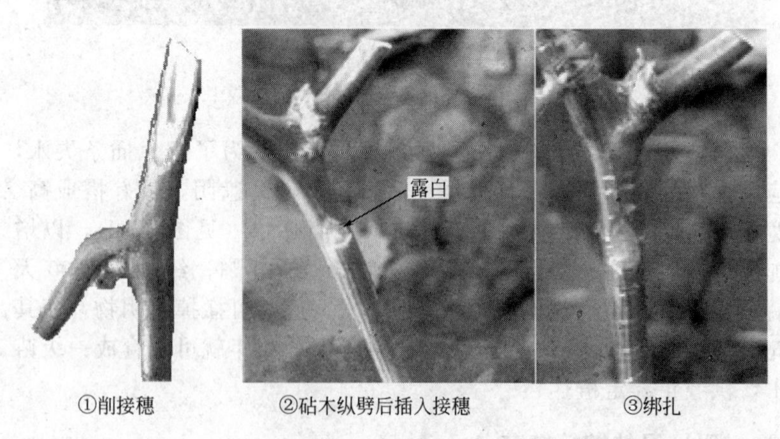

图 6-13　葡萄绿枝嫁接

5. **嫁接后管理**

嫁接成活后接穗发芽生长，注意不要摘心过早，否则影响增粗。要使幼苗期苗木加粗生长，必须进行综合管理，合理密植，加强肥水管理，松土除草。晚秋摘心对控制新梢徒长是有利的，可促进苗木枝条及时成熟，有利安全越冬。

（五）硬枝嫁接快速育苗法

是葡萄利用抗性砧木时的一种快速繁殖方法，将接穗嫁接在砧木枝段上，在电热温床上促进生根和嫁接口愈合，然后扦插，可当年嫁接、当年出圃。

1. **砧木枝段和接穗的选择和处理**

砧木枝段应选生长健壮、充实的枝条，粗度为 0.5～1.0cm。

接穗选用品种纯正，生长健壮的一年生枝蔓，且芽体饱满、无病虫害的。砧木枝段和接穗分别打捆，挂标签，入沟埋藏，埋藏的具体方法参见第一章嫁接育苗。春季嫁接前1天取出砧木枝段和接穗，用清水浸泡12～24小时。一般在露地栽植前50～60天进行嫁接。

2. 嫁接

用劈接法嫁接，砧木枝段剪截成15～20cm长，上端平剪，下端斜剪，并要抹除所有砧木上的芽；接穗剪截成长5～10cm，上端在芽上1cm平剪，下端削成双斜面，斜面长度2～3cm；砧木枝段上端纵切一刀，接穗插入砧木，对齐形成层（见图6-14）。将嫁接好的砧穗在熔化的蜡液中速蘸一下，密封接穗与接口。将嫁接后的砧木下斜面对齐，10个一捆，在1000mg/L的ABT2号生根粉中速蘸一下，上床催根。

图6-14　葡萄硬枝嫁接快速育苗法

3. 电热线铺设

铺双层电热线，第一层铺设见图6-8，第二层电热线与第一层垂直，且高出下层20cm。在温床两侧各固定一块木板，横向铺设电热线，边铺边码嫁接好的砧穗捆，电热线铺设宽度根据砧穗捆粗度而定，嫁接口处于上层电热线之间，捆间灌入河沙，接穗露出顶端的芽子即可。上下电热线分别配置温控器，上层温度控制在28～29℃，下层控制在24～25℃，经过20多天，嫁接口愈合，砧木出现根原体或幼根，即可停止加温，锻炼几天后移入温室苗床。

4. **温室内容器苗培育**

温室内作苗床，宽 1～1.5m，深 30cm。将 2 份河沙、3 份草炭土（或稻田土、园土）混匀后装入营养袋，基质与袋口相平。将营养袋整齐码放在苗床内，先灌水，后在营养袋内插生根的砧穗。以后注意苗床湿度和温室温度控制，加强肥水管理，促进苗木生长，待苗木长到 15cm 高时，开始逐渐通风透光，控水、炼苗。待苗木达到 4 叶 1 心时移植入大田。

【栽培管理】

葡萄移栽主要在春季，裸根栽植，栽植前施足基肥，栽后灌透水。

葡萄基肥在果实采摘后土壤封冻前施入效果为好，以有机肥和磷钾肥为主，根据树势配施一定量的氮肥。基肥施入量应随树龄增大而增加，幼龄树每株施农家肥 30～50kg，初结果施 50～100kg，成龄果树施 100～130kg。

葡萄一年追肥 3～4 次，萌芽前追施氮肥；在开花前追施氮肥并配施一定量的磷肥和钾肥；开花后，当果实如绿豆粒大小的时候，追施氮肥；在果实着色的初期，可适当追施少量的氮肥并配合磷、钾肥，以改善果实的内外品质。每次施肥结合灌水。

四、木香

【学名】 *Rosa banksiae W. T. Aiton*

【科属】 蔷薇科、蔷薇属

【产地与分布】

原产中国西南地区及秦岭、大巴山。

【形态特征】

别名木香花、木香藤、锦棚花。常绿或半常绿攀缘小灌木，高可达 6m；小枝圆柱形，无毛，有短小皮刺；老枝上的皮刺较大，坚硬，经栽培后有时枝条无刺。小叶 3～5，稀 7，椭圆状卵形或长圆披针形，先端急尖或稍钝，基部近圆形或宽楔形，边缘有紧贴细锯齿。花小、多朵成伞形花序，花直径 1.5～2.5cm；花瓣重瓣至半重瓣，白色或黄色（见图 6-15），倒卵形，先端圆，基部楔形。花期 4～5 月。

图 6-15 木香形态特征

【生长习性】

喜温暖湿润和阳光充足的环境，耐寒冷和半阴，怕涝。地栽可植于向阳、无积水处，对土壤要求不严，但在疏松肥沃、排水良好的土壤中生长好。

【园林应用前景】

木香花是中国传统花卉，在园林上可攀缘于棚架、墙垣或花篱，也可孤植于草坪、路边、林缘坡地（见图 6-16）。

图 6-16 木香园林应用

【繁殖方法】

木香花繁殖可扦插或压条。

1. 扦插

在春季萌芽前后用硬枝或开花前后用半硬枝进行扦插，都很容易成活。

2. 压条

多采用高空压条的方法。在生长季节选取健壮的枝条，在节处下端刻伤，用塑料薄膜围成袋装，里面填满基质，浇水后将袋口扎紧，保持土壤湿润，有很高的成活率。

3. 播种

对于一些优良品种，用蔷薇或单瓣木香作砧木，进行嫁接，芽接、劈接均可。具体操作参见第一章嫁接育苗。

【栽培管理】

木香移植在秋季落叶后或春季芽萌动前进行，移植前先对枝蔓进行强修剪，裸根或带宿土移植，大苗宜带土球移植。北方秋季移栽需注意保护越冬。木香花对土壤要求不严，但在疏松肥沃、排水良好的土壤生长较好，喜湿润，避免积水；春季萌芽后施1～2次复合肥，以促进花大味香，入冬后在根部周围开沟施腐熟有机肥，并浇透水。

五、凌霄

【学名】*Campsis grandiflora*（*Thunb.*）*Schum*

【科属】紫葳科、凌霄属

【产地分布】

产于长江流域各地，以及河北、山东、河南、福建、广东、广西、陕西。

【形态特征】

落叶攀缘藤本；茎木质，表皮脱落，枯褐色，以气生根攀附于它物之上。叶对生，为奇数羽状复叶；小叶7～9枚，卵形至卵状披针形，顶端尾状渐尖，基部阔楔形，两侧不等大，边缘有粗锯齿。顶生疏散的短圆锥花序，花萼钟状，分裂至中部，裂片披针形。花冠内面鲜红色，外面橙黄色，裂片半圆形（见图6-17）。蒴果顶端钝。花期5～8月。

【生长习性】

喜充足阳光，也耐半荫。适应性较强，耐寒、耐旱、耐瘠薄、

图 6-17　凌霄形态特征

耐盐碱，病虫害较少，但不适宜在暴晒或无阳光条件下。以排水良好、疏松的中性土壤为宜，忌酸性土。凌霄要求土壤肥沃的沙土，但是不喜欢大肥，否则影响开花。

【园林应用前景】

干枝扭曲多姿，翠叶团团如盖，花大色艳，花期甚长，为庭园中棚架、花门之良好绿化材料。适宜用于攀缘墙垣、枯树、石壁，或点缀于假山间隙（见图 6-18）。厚萼凌霄，具气生根，长达10m，更具独特的观赏价值（见图 6-19）。

图 6-18　凌霄的园林应用

【繁殖方法】

主要用扦插、压条繁殖，也可分株或播种繁殖。

图 6-19　厚萼凌霄（长长的气生根）

1. 扦插繁殖

可在春季或雨季进行，北京地区适宜在 7～8 月。截取较坚实粗壮的枝条，每段长 10～16cm，扦插于砂床，上面用薄膜覆盖，以保持足够的温度和湿度。一般温度在 23～28℃，插后 20 天即可生根，到翌年春即可移人大田，行距 60cm、株距 30～40cm。南方温暖地区，可在春天将头年的新枝剪下，直接插入地边，即可生根成活。

2. 压条繁殖

在 7 月间将粗壮的藤蔓拉到地表，分段用土堆埋，露出芽头，保持土湿润，约 50 天左右即可生根，生根后剪下移栽。南方亦可在春天压条。

3. 分株繁殖

宜在早春进行，即将母株附近由根芽生出的小苗挖出栽种。

【栽培管理】

凌霄移栽可在春、秋两季进行，带宿土，远距离运输应蘸泥浆，并保湿包装。大苗应带土球移植。栽植前在穴内施足有机肥，栽后应设立支架，使枝条攀援而上，栽植后连浇 3～4 次透水。发芽后应加强肥水管理，一般每月喷 1～2 次叶面肥。

栽植成活后，每年开花之前施一些复合肥，并进行适当灌溉，使植株生长旺盛、开花茂密。凌霄喜肥，但是不喜欢大肥，不要施肥过多，否则影响开花。一般冬季休眠前施基肥。

六、爬山虎

【学名】*Parthenocissus tricuspidata*

【科属】葡萄科、爬山虎属

【产地分布】

我国河南、辽宁、河北、山西、陕西、山东、江苏、安徽、浙江、江西、湖南、湖北、广西、广东、四川、贵州、云南、福建都有分布。

【形态特征】

爬山虎属多年生大型落叶木质藤本植物，其形态与野葡萄藤相似。藤茎可长达 18m。枝条粗壮，老枝灰褐色，幼枝紫红色。枝上有卷须，卷须短，多分枝，卷须顶端及尖端有黏性吸盘，遇到物体便吸附在上面。叶互生，边缘有粗锯齿，变异很大。花枝上的叶宽卵形，常 3 裂；下部枝上的叶分裂成 3 小叶；幼枝上的叶较小，常不分裂。叶绿色，秋季变为鲜红色。夏季开花，花小，成簇不显，黄绿色，与叶对生。花多为两性，雌雄同株。浆果小球形，熟时蓝黑色，被白粉（见图 6-20）。花期 6 月，果期 9～10 月。

图 6-20 爬山虎形态特征

【生长习性】

爬山虎适应性强，性喜阴湿环境，但不怕强光，耐寒，耐旱，耐贫瘠，气候适应性广泛，在暖温带以南冬季也可以保持半常绿或常绿状态。耐修剪，怕积水，对土壤要求不严，阴湿环境或向阳处，均能茁壮生长，但在阴湿、肥沃的土壤中生长最佳。它对二氧化硫和氯化氢等有害气体有较强的抗性，对空气中的灰尘有吸附能力。

【园林应用前景】

爬山虎夏季枝叶茂密，常攀缘在墙壁或岩石上，适于配植宅院墙壁、围墙、庭园入口、桥头等处。可用于绿化房屋墙壁、公园山石，既可美化环境，又能降温，调节空气，减少噪声，是垂直绿化的优选植物（见图 6-21）。

图 6-21　爬山虎园林应用

【繁殖方法】

爬山虎可采用播种法、扦插法及压条法繁殖。

1. 播种法

采收后的种子搓去果皮果肉，洗净晒干后可放在湿沙中低温贮藏一冬，保温、保湿有利于催芽，次年早春 3 月上中旬即可露地播种，薄膜覆盖，5 月上旬即可出苗，培养 1～2 年即可出圃。

2. 扦插法

早春剪取茎蔓 20～30cm，插入露地苗床，灌水，保持湿润，很快便可抽蔓成活，也可在夏、秋季用嫩枝带叶扦插，遮荫浇水养护，也能很快抽生新枝，扦插成活率较高，应用广泛。硬枝扦插于 3～4 月进行，将硬枝剪成 10～15cm 一段插入土中，浇足透水，保持湿润。嫩枝扦插取当年生新枝，在夏季进行。

3. 压条法

可采用波浪状压条法，在雨季阴湿无云的天气进行，成活率高，秋季即可分离移栽，次年定植。

【栽培管理】

爬山虎移植或定植在落叶期进行，定植前施入有机肥料作为基肥，并剪去过长茎蔓，浇足水，容易成活。可种植在阴面和阳面，寒冷地区多种植在向阳地带。

爬山虎幼苗生长一年后即可粗放管理，在北方冬季能忍耐－20℃的低温，不需要防寒保护。一年生苗株高可达 1m。

七、常春藤

【学名】 *Hedera nepalensis var. sinensis*（*Tobl.*）*Rehd*

【科属】 五加科、常春藤属

【产地分布】

分布地区广，北自甘肃东南部、陕西南部、河南、山东，南至广东、江西、福建，西自西藏波密，东至江苏、浙江的广大区域内均有生长。

【形态特征】

常绿攀缘灌木。茎长 3～20m，灰棕色或黑棕色，有气生根；一年生枝疏生锈色鳞片。叶片革质，营养枝上通常为三角状卵形或三角状长圆形，先端短渐尖，基部截形，稀心形，边缘全缘或 3 裂，花枝上的叶片通常为椭圆状卵形至椭圆状披针形。伞形花序单个顶生，或 2～7 个总状排列或伞房状排列成圆锥花序，有花 5～40 朵；花淡黄白色或淡绿白色，芳香；花瓣 5，三角状卵形。果实球形，红色或黄色（见图 6-22）。花期 9～11 月，果期次年 3～5 月。

【生长习性】

阴性藤本植物，也能生长在全光照的环境中，在温暖湿润的气候条件下生长良好，不耐寒。对土壤要求不严，喜湿润、疏松、肥沃的土壤，不耐盐碱。

【园林应用前景】

常攀缘于树木、林下路旁、岩石和房屋墙壁上，是良好的攀缘

图 6-22 常春藤形态特征

绿化植物（见图 6-23）。

图 6-23 常春藤园林应用

【繁殖方法】

常春藤的茎蔓容易生根，通常采用扦插繁殖，一般以春季 4～5 月和秋季 8～9 月扦插为宜，在温室栽培条件下，全年均可扦插。

扦插时选用疏松、通气、排水良好的沙质土作基质。春季硬枝扦插，从植株上剪取木质化的健壮枝条，截成 15～20cm 长的插条，上端留 2～3 片叶。扦插后保持土壤湿润，置于侧方遮荫条件下，很快就可以生根。秋季嫩枝扦插，则是选用半木质化的嫩枝，截成 15～20cm 长、含 3～4 节带气根的插条。扦插后进行遮荫，并经常保持土壤湿润，一般插后 20～30 天即可生根成活。

除扦插外，也可以进行压条繁殖。将茎蔓埋入土中，或用石块将茎蔓压在潮湿的土面上，待其节部生长出新根后，按3～5节一段截断，促进叶腋发出新的茎蔓。再经过30天培养，即可移栽。

【栽培管理】

常春藤在枝蔓停止生长期均可进行栽植，但以春末夏初萌芽前栽植最好。常春藤栽培管理简单粗放，但需栽植在土壤湿润、空气流通之处，南方多地栽于园林的蔽荫处。定植后需加以修剪，促进分枝，令其自然匍匐在地面上或假山上。

附　录

附表1　常见树木播种量与产苗量

树种	100m²播种量/kg	100m²产苗量/株	播种方法
油松	10～12.5	10000～15000	高床撒播或垄播
侧柏	2.0～2.5	3000～5000	高床或低床条播
银杏	7.5	1500～2000	低床条播或点播
小叶黄杨	4.0～5.0	5000～8000	低床撒播
榆叶梅	2.5～5.0	1200～1500	高垄或低床条播
国槐	2.5～5.0	1200～1500	高垄条播
合欢	2.0～2.5	1000～1200	高垄条播
元宝枫	2.5～3.0	1200～1500	高垄条播
山桃	10～12.5	1200～1500	高垄或低床条播
山杏	10～12.5	1200～1500	高垄或低床条播
海棠	1.5～2.0	1500～2000	高垄或低床条播
山定子	0.5～1.0	1500～2000	高垄或低床条播
贴梗海棠	1.5～2.0	1200～1500	高垄或低床条播
紫藤	5.0～7.5	1200～1500	高垄或低床条播
紫荆	2.0～3.0	1200～1500	高垄或低床条播
紫薇	1.5～2.0	1500～2000	高垄或低床条播
小叶女贞	2.5～3.0	1500～2000	高垄或低床条播
丁香	2.0～2.5	1500～2500	高垄或低床条播
连翘	1.0～2.5	2500～3000	高垄或低床条播
锦带花	0.5～1.0	2500～3000	高床条播

附表2　常见树木的常用砧木及砧木繁殖方法

接穗名称	常用砧木	砧木繁殖方法
西府海棠	山定子、湖北海棠	播种
玫瑰(月季)	野蔷薇	播种、扦插
牡丹	单瓣牡丹、芍药	分株、扦插
梅花	毛桃、果梅	播种

续表

接穗名称	常用砧木	砧木繁殖方法
桂花	女贞、白蜡	播种
碧桃	毛桃	播种
白玉兰、广玉兰	玉兰、木笔、厚朴	播种、扦插
丁香	女贞、水蜡	播种
龙爪槐	国槐	扦插
樱花	青肤樱	播种、扦插
茶花	油茶、金心茶	播种、扦插
中华金叶榆	白榆	播种
榆叶梅	山桃、榆叶梅	播种
紫薇	紫薇	播种
紫叶李	山桃、山杏、毛桃	播种
紫荆	紫荆、巨紫荆	播种

附表 3 常见树种繁殖方法

树种	繁殖方法
毛白杨	嫁接
垂柳	扦插、嫁接
榆树	播种
中华金叶榆	嫁接、扦插
银杏	播种、嫁接
黄栌	嫁接、扦插
紫叶李	嫁接，也可扦插
红叶石楠	扦插为主
连翘	扦插、压条
西府海棠	播种、嫁接
玉兰	播种、扦插、压条、嫁接
广玉兰	播种、扦插、压条、嫁接
碧桃	主要嫁接
樱花	播种、嫁接、分株、扦插
泡桐	播种，也可根插
合欢	播种
七叶树	播种，也可扦插
柿子	嫁接
紫薇	播种，也可扦插、压条

续表

树种	繁殖方法
榆叶梅	嫁接、播种
紫丁香	播种、扦插、嫁接
紫荆	播种,也可分株、扦插、压条
石榴	播种、扦插、分株、嫁接
夹竹桃	扦插容易生根,也可压条
木槿	扦插,也可分株
贴梗海棠	扦插,也可压条和分株
红花檵木	播种、扦插、分株
杜鹃花	扦插、播种、分株、压条、嫁接
牡丹	播种、分株、嫁接
月季	扦插、嫁接
茶花	扦插、嫁接、播种
桂花	扦插、压条、嫁接
迎春花	扦插、分株、压条
三角梅	扦插为主
木绣球	扦插
锦带花	播种、扦插
瑞香	扦插,也可压条
紫藤	扦插、播种、压条、分株和根插
木香	扦插、压条、嫁接
猕猴桃	播种、扦插
葡萄	扦插、嫁接、压条
油松	播种,也可扦插
雪松	播种,也可扦插
侧柏	播种
圆柏	播种
榕树	扦插、压条
椰子	播种
棕榈	播种
龙爪槐	嫁接
大叶黄杨	扦插,也可播种、压条
小叶黄杨	扦插,也可播种、压条
小叶女贞	播种,也可扦插
紫叶小檗	扦插、播种

参考文献

[1] 苏金乐. 园林苗圃学. 北京：中国农业出版社，2006
[2] 郭玉生. 中原地区主要树种育苗技术. 北京：中国林业出版社，2006
[3] 陈志远等. 常用绿化树种苗木繁育技术. 北京：金盾出版社，2012
[4] 徐晔春等. 观赏乔木. 北京：中国电力出版社，2012
[5] 郑志新，金正征，刘社平. 园林植物育苗. 北京：化工出版社，2010
[6] 史玉群. 绿枝扦插快速育苗实用技术. 北京：金盾出版社，2008
[7] 刘宏涛等. 园林花木繁育技术. 沈阳：辽宁科学技术出版社，2005
[8] 高新一，王玉英. 林木嫁接技术图说. 北京：金盾出版社，2009
[9] 叶要妹. 园林绿化苗木繁育技术. 北京：化工出版社，2011
[10] 王蒂. 植物组织培养. 北京：中国农业出版社，2004